駿台

2024
大学入学共通テスト
実戦問題集

化学

駿台文庫編

は じ め に

「大学入学共通テスト」は，従来の大学入試センター試験に代わる新しい大学入学のための関門として，きわめて重要なテストといえる。共通テストでは，知識・技能のみならず，〈思考力・判断力・表現力〉も重視して評価するという出題の方針が示されており，今後も受験生にとって厳しい試練となるだろう。しかし，出題範囲については，従来通り教科書の範囲から出題されるので，教科書の内容を正しく把握していれば問題はない。

本書は，**駿台オリジナルの実戦問題を5回分**，共通テスト本試験を3回分収録しており，共通テストの特徴や傾向を把握しながらより多くの演習を重ねることが可能である。そして，**わかりやすく，ポイントをついた解説によって学力を補強し，ゆるぎない自信をもって試験にのぞめるよう**サポートするものである。

本書の問題を演習することによって，自分の理解度と弱点を自己診断し，その弱点を一つ一つ補強し，知識をより完全なものにしておくことができる。出来なかった問題はもちろん，出来た問題も解説をよく研究し，思考力，応用力を養っておこう。

あいまいな100の知識は0に等しく，それよりも正確な10の知識のほうが大切であるということを肝に銘じておかなければならない。

この『**大学入学共通テスト実戦問題集**』および姉妹編の『**共通テスト実戦パッケージ問題**』を徹底的に学習することによって，みごと栄冠を勝ち取られることを祈ってやまない。

（編集責任者・共通テスト解説執筆者）　三門恒雄

本書の特長と利用法

●特　長

1　実物と同じ大きさの問題！

2　2024年度入試対策が効率よく行える！

　　本書には，実戦問題5回分と共通テスト本試験3回分が収録されています。実戦問題は，実際の共通テストと遜色のないよう工夫した駿台オリジナル問題を掲載しました。また，「共通テスト攻略のポイント」では，これまでのセンター試験の出題傾向もふまえた上で，共通テストに向けた学習のポイントをわかりやすく解説しました。

3　重要事項の総復習ができる！

　　別冊巻頭には，共通テストに必要な重要事項をまとめた「直前チェック総整理」を掲載しています。コンパクトにまとめてありますので，限られた時間で効率よく重要事項をチェックすることができます。

4　解説がわかりやすい！

　　解説は，ていねいでわかりやすいだけでなく，そのテーマの背景，周辺の重要事項まで解説してあります。また，正解となる選択肢だけでなく，間違っている選択肢についても解説を行いましたので，「なぜそれを選んではいけないのか？」までもわかります。

5　自分の偏差値がわかる！

　　共通テスト本試験の各回の解答のはじめに，大学入試センター公表の平均点と標準偏差をもとに作成した偏差値表を掲載しました。「自分の得点でどのくらいの偏差値になるのか」が一目でわかります。

●利用法

1　問題は，実際の試験にのぞむつもりで，必ずマークシート解答用紙を用いて，制限時間を設けて取り組んでください。

2　解答したあとは，自己採点（結果は解答ページの自己採点欄に記入しておく）を行い，ウイークポイントの発見に役立ててください。ウイークポイントがあったら，何度も同じ問題に挑戦し，次に同じ間違いを繰り返さないようにしましょう。

●マークシート解答用紙を利用するにあたって

1　氏名・フリガナ，受験番号・試験場コードを記入する

　　受験番号・試験場コード欄には，クラス番号などを記入して，練習用として使用してください。

2　解答科目欄に正しくマークする

　　共通テストでは，解答科目が無マークまたは複数マークの場合は，0点になりますので，注意しましょう。

2024年度　大学入学共通テスト　出題教科・科目

以下は，大学入試センターが公表している大学入学共通テストの出題教科・科目等の一覧表です。

最新のものについて調べる場合は，下記のところへ原則として志願者本人がお問い合わせください。

●問い合わせ先　大学入試センター

TEL　03-3465-8600　（土日祝日を除く　9時30分〜17時）　http://www.dnc.ac.jp

教　科	グループ	出題科目	出題方法等	科目選択の方法等	試験時間（配点）
国　語		『国　語』	「国語総合」の内容を出題範囲とし，近代以降の文章，古典（古文，漢文）を出題する。		80分 （200点）
地理歴史		「世界史A」 「世界史B」 「日本史A」 「日本史B」 「地理A」 「地理B」	『倫理，政治・経済』は，「倫理」と「政治・経済」を総合した出題範囲とする。	左記出題科目の10科目のうちから最大2科目を選択し，解答する。 　ただし，同一名称を含む科目の組合せで2科目を選択することはできない。 　なお，受験する科目数は出願時に申し出ること。	1科目選択 60分（100点） 2科目選択 130分（うち解答時間120分） （200点）
公　民		「現代社会」 「倫　理」 「政治・経済」 『倫理，政治・経済』			
数　学	①	「数学I」 『数学I・数学A』	『数学I・数学A』は，「数学I」と「数学A」を総合した出題範囲とする。 　ただし，次に記す「数学A」の3項目の内容のうち，2項目以上を学習した者に対応した出題とし，問題を選択解答させる。 〔場合の数と確率，整数の性質，図形の性質〕	左記出題科目の2科目のうちから1科目を選択し，解答する。	70分 （100点）
	②	「数学II」 『数学II・数学B』 「簿記・会計」 「情報関係基礎」	『数学II・数学B』は，「数学II」と「数学B」を総合した出題範囲とする。 　ただし，次に記す「数学B」の3項目の内容のうち，2項目以上を学習した者に対応した出題とし，問題を選択解答させる。 〔数列，ベクトル，確率分布と統計的な推測〕	左記出題科目の4科目のうちから1科目を選択し，解答する。	60分 （100点）
理　科	①	「物理基礎」 「化学基礎」 「生物基礎」 「地学基礎」		左記出題科目の8科目のうちから下記のいずれかの選択方法により科目を選択し，解答する。 A　理科①から2科目 B　理科②から1科目 C　理科①から2科目及び 　　理科②から1科目 D　理科②から2科目 　なお，受験する科目の選択方法は出願時に申し出ること。	2科目選択 60分（100点） 1科目選択 60分（100点） 2科目選択 130分（うち解答時間120分）（200点）
	②	「物　理」 「化　学」 「生　物」 「地　学」			
外国語		『英　語』 『ドイツ語』 『フランス語』 『中国語』 『韓国語』	『英語』は，「コミュニケーション英語I」に加えて「コミュニケーション英語II」及び「英語表現I」を出題範囲とし，【リーディング】と【リスニング】を出題する。 　なお，【リスニング】には，聞き取る英語の音声を2回流す問題と，1回流す問題がある。	左記出題科目の5科目のうちから1科目を選択し，解答する。	『英　語』 【リーディング】 80分（100点） 【リスニング】 60分（うち解答時間30分）（100点） 『ドイツ語』，『フランス語』，『中国語』，『韓国語』 【筆記】 80分（200点）

備考

1．「　」で記載されている科目は，高等学校学習指導要領上設定されている科目を表し，『　』はそれ以外の科目を表す。

2．地理歴史及び公民の「科目選択の方法等」欄中の「同一名称を含む科目の組合せ」とは，「世界史A」と「世界史B」，「日本史A」と「日本史B」，「地理A」と「地理B」，「倫理」と『倫理，政治・経済』及び「政治・経済」と『倫理，政治・経済』の組合せをいう。

3．地理歴史及び公民並びに理科②の試験時間において2科目を選択する場合は，解答順に第1解答科目及び第2解答科目に区分し各60分間で解答を行うが，第1解答科目及び第2解答科目の間に答案回収等を行うために必要な時間を加えた時間を試験時間とする。

4．理科①については，1科目のみの受験は認めない。

5．外国語において『英語』を選択する受験者は，原則として，リーディングとリスニングの双方を解答する。

6．リスニングは，音声問題を用い30分間で解答を行うが，解答開始前に受験者に配付したICプレーヤーの作動確認・音量調節を受験者本人が行うために必要な時間を加えた時間を試験時間とする。

2018～2023年度 共通テスト・センター試験 受験者数・平均点の推移（大学入試センター公表）

センター試験←　→共通テスト

科目名	2018年度 受験者数	平均点	2019年度 受験者数	平均点	2020年度 受験者数	平均点	2021年度第1日程 受験者数	平均点	2022年度 受験者数	平均点	2023年度 受験者数	平均点
英語 リーディング（筆記）	546,712	123.75	537,663	123.30	518,401	116.31	476,173	58.80	480,762	61.80	463,985	53.81
英語 リスニング	540,388	22.67	531,245	31.42	512,007	28.78	474,483	56.16	479,039	59.45	461,993	62.35
数学Ⅰ・数学A	396,479	61.91	392,486	59.68	382,151	51.88	356,492	57.68	357,357	37.96	346,628	55.65
数学Ⅱ・数学B	353,423	51.07	349,405	53.21	339,925	49.03	319,696	59.93	321,691	43.06	316,728	61.48
国語	524,724	104.68	516,858	121.55	498,200	119.33	457,304	117.51	460,966	110.26	445,358	105.74
物理基礎	20,941	31.32	20,179	30.58	20,437	33.29	19,094	37.55	19,395	30.40	17,978	28.19
化学基礎	114,863	30.42	113,801	31.22	110,955	28.20	103,073	24.65	100,461	27.73	95,515	29.42
生物基礎	140,620	35.62	141,242	30.99	137,469	32.10	127,924	29.17	125,498	23.90	119,730	24.66
地学基礎	48,336	34.13	49,745	29.62	48,758	27.03	44,319	33.52	43,943	35.47	43,070	35.03
物理	157,196	62.42	156,568	56.94	153,140	60.68	146,041	62.36	148,585	60.72	144,914	63.39
化学	204,543	60.57	201,332	54.67	193,476	54.79	182,359	57.59	184,028	47.63	182,224	54.01
生物	71,567	61.36	67,614	62.89	64,623	57.56	57,878	72.64	58,676	48.81	57,895	48.46
地学	2,011	48.58	1,936	46.34	1,684	39.51	1,356	46.65	1,350	52.72	1,659	49.85
世界史B	92,753	67.97	93,230	65.36	91,609	62.97	85,689	63.49	82,985	65.83	78,185	58.43
日本史B	170,673	62.19	169,613	63.54	160,425	65.45	143,363	64.26	147,300	52.81	137,017	59.75
地理B	147,026	67.99	146,229	62.03	143,036	66.35	138,615	60.06	141,375	58.99	139,012	60.46
現代社会	80,407	58.22	75,824	56.76	73,276	57.30	68,983	58.40	63,604	60.84	64,676	59.46
倫理	20,429	67.78	21,585	62.25	21,202	65.37	19,954	71.96	21,843	63.29	19,878	59.02
政治・経済	57,253	56.39	52,977	56.24	50,398	53.75	45,324	57.03	45,722	56.77	44,707	50.96
倫理, 政治・経済	49,709	73.08	50,886	64.22	48,341	66.51	42,948	69.26	43,831	69.73	45,578	60.59

（注1）2020年度までのセンター試験『英語』は、筆記200点満点、リスニング50点満点である。
（注2）2021年度以降の共通テスト『英語』は、リーディング及びリスニングともに100点満点である。
（注3）2021年度第1日程及び2023年度の平均点は、得点調整後のものである。

2023年度 共通テスト本試「化学」 データネット（自己採点集計）による得点別人数

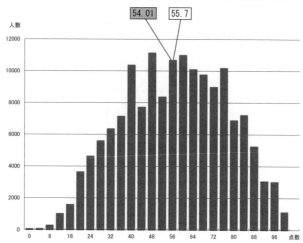

　上のグラフは、2023年度大学入学共通テストデータネット（自己採点集計）に参加した、化学：154,830名の得点別人数をグラフ化したものです。
　2023年度データネット集計による平均点は 55.7 、大学入試センター公表の2023年度本試平均点は 54.01 です。

共通テスト攻略のポイント

「出題分野」と「学習方法」

分野	内容	実戦問題					2023 本試	2022 本試	2021 第1日程
		第1回	第2回	第3回	第4回	第5回			
物質の構造	原子構造・電子配置 （一部▼）							○	
	物質量 ▼		○		○		○	○	○
	化学結合・結晶 （一部▼）	○	○	○		○	○	○	○
物質の状態	物質の三態 （一部▼）	○							○
	気体の性質	○	○	○	○	○	○	○	○
	溶解 （一部▼）	○	○	○	○			○	○
	希薄溶液の性質		○			○			
	コロイド						○		
物質の変化	化学反応と熱・光	○				○	○	○	○
	酸-塩基反応 ▼			○				○	
	酸化還元反応 ▼	○			○		○		
	電池 （一部▼）	○						○	○
	電気分解	○	○			○	○		○
	反応速度と化学平衡	○	○	○	○		○	○	○
無機物質	周期表と元素	○	○	○	○		○	○	○
	気体の発生		○	○	○	○	○	○	
	陽イオンの反応・分析	○	○	○	○		○	○	○
有機化合物	化学式の決定・異性体	○	○	○	○	○		○	○
	脂肪族化合物	○	○	○	○	○	○	○	○
	芳香族化合物	○	○	○	○	○	○	○	○
高分子化合物	合成高分子化合物	○		○	○	○	○	○	○
	天然高分子化合物		○	○	○	○	○	○	○
上記とは別に実験としての内容		○	○	○	○	○	○	○	○

▼は「化学基礎」の分野。

●センター試験の歴史

センター試験は，1979年から実施された**共通一次試験**が，1990年から**大学入試センター試験**と改名され，受験科目や試験結果の活用法が現在のように変更されたもので，試験の目的は共通一次試験と同じである。

その第一の目的は，従来は大学入試が一回の試験で合否を決める方式であったものを，二回の受験の機会を与えることにより，受験生が実力を十分に発揮できるようにする。

第二の目的は，センター試験によって，基礎知識，基本事項の理解度を見て，二次試験によって理解力，思考力，応用力などを中心に専門的能力を見ることである。

したがって，センター試験の出題範囲は高校の教科書の内容から逸脱することなく，主として基本事項，基礎知識を中心に出題されている。しかし，1992年から私立大学の参加が急速に増加し，それに伴って出題内容も思考力，応用力，計算力を要する問題が見られるようになった。

●大学入学共通テストとは

大学入試センター試験の後継試験として実施された「大学入学共通テスト」は，各教科・科目の特質に応じ，思考力・判断力・表現力を中心に評価を行うものとされている。その「化学」の特徴は，以下のようなものである。

① 従来のセンター試験と比べると，「科学的な探究の過程を重視する」という共通テストの方向性に沿った出題が多く見られ，十分な考察力を問う内容となっている。

② 教科書等で扱われない内容を，与えられた資料を読みとることによって把握させる新しいタイプの問題が含まれる。

③ 基本概念や原理・法則の深い理解があるかどうかで得点差がつく内容となっている。

④ 実験の目的やデータの分析，結果の考察など思考力を養うための学習を必要とする。

⑤ 難易度の調整は，従来のセンター試験型の問題を適宜加えることで行われる。

以上のように，従来のセンター試験の過去問研究によってしっかりとした土台をつくり，その上に考察力，思考力，応用力などを十分に養う学習が欠かせない。

●各分野の学習ポイント

結晶構造は単位格子の理解が不可欠

体心立方格子，面心立方格子，六方最密構造の特徴を正確につかむ。結晶の密度を与える式を理論的に導けるように。

気体の計算は $PV = nRT$ で解決しよう

状態方程式（$PV = nRT$）と混合気体の分圧法則を使いこなせるように。

n, T一定 $\Rightarrow$ $PV = k$ 一定（ボイルの法則）

n, P一定 $\Rightarrow$ $\dfrac{V}{T} = k$ 一定（シャルルの法則）

n一定 $\Rightarrow$ $\dfrac{PV}{T} = k$ 一定（ボイル・シャルルの法則）

溶液の性質では電解質の溶質に注意しよう

沸点上昇，凝固点降下，浸透圧は，分子やイオンなど溶質粒子の種類によらない性質なので，計算などでは水溶液中の電解質の電離後の総溶質粒子に着目する。

コロイドの学習も忘れずに。

反応の速さと化学平衡との関係を正しく理解しよう

平衡に到達するまでの濃度変化のグラフから，いろいろな情報を読み取れるように。活性化エネルギーと触媒のはたらき，反応速度の表し方と反応速度を変える因子，平衡定数，電離定数，条件変化と平衡移動の方向（ルシャトリエの原理）に慣れておこう。

金属のイオン化傾向の大小で考えよう

イオン化傾向の大小は，金属単体の反応性（還元力）の大小と結びつくので，酸化・還元，電池・電気分解，金属の化学的性質と関係が深い。

①塩の水溶液を電気分解（Pt電極）するとき，

・陰極に金属を析出するもの

$\Rightarrow$ Cu，Agのようなイオン化傾向の小さい金属のイオン。

・陰極に H_2 を発生するもの

$\Rightarrow$ K，Ca，Na，Mg，Alのようなイオン化傾向の大きい金属のイオン（これらのイオンより H^+ や H_2O のほうが還元されやすい）。

② 普通の酸に溶ける金属
　　⇒イオン化傾向の大きい金属。
　Pb は表面に生じる PbSO₄, PbCl₂ が水に溶けにくいため，希硫酸，希塩酸には溶けにくい。
③ 強塩基に溶けるもの
　　⇒両性元素（Al, Zn, Sn, Pb）

無機物質の知識は正確に覚えよう

金属イオンの性質や沈殿反応
① 金属イオンの沈殿反応
　検出反応には，金属イオンによっては特殊試薬を用いるものがあるが，$H_2S(S^{2-})$ や $NaOH(OH^-)$ は共通の試薬だから，沈殿するか否か，沈殿の条件などをまとめておこう。
② Fe^{2+}, Fe^{3+} の沈殿反応
　$Fe^{2+} + K_3[Fe(CN)_6] \longrightarrow$ 濃青色沈殿
　$Fe^{3+} + K_4[Fe(CN)_6] \longrightarrow$ 濃青色沈殿
③ 水酸化物が過剰の NaOH に溶けるもの
　⇒両性元素の水酸化物
④ アンモニア水で，はじめに生じた沈殿が，過剰のアンモニア水に溶けるもの
　⇒ Zn^{2+}, Cu^{2+}, Ag^+
⑤ Cl^-, CO_3^{2-}, SO_4^{2-} との反応
　Cl^- で沈殿するもの⇒ Ag^+, Pb^{2+}
　CO_3^{2-} で沈殿するもの⇒ Ca^{2+}, Ba^{2+} など多数
　　　$Ba^{2+} + CO_3^{2-} \longrightarrow BaCO_3 \downarrow$
　SO_4^{2-} で沈殿するもの⇒ Ca^{2+}, Ba^{2+}, Sr^{2+}, Pb^{2+}
　　　$Ca^{2+} + SO_4^{2-} \longrightarrow CaSO_4 \downarrow$

有機化合物は官能基を中心にまとめよう

有機化合物の性質は，主に官能基の性質と考えてよい。したがって，主な官能基の名称，構造式，性質，検出法を正しく理解しておくことが大切である。
○炭化水素（炭素と水素のみからなる化合物）
　$CH_4 \sim C_6H_{14}$ までの名称を正しく覚えておこう。
○脂肪族化合物
　物質間の関係＝官能基間の関係より，CH_3OH, C_2H_5OH を中心に物質間の関係，反応の条件をまとめておこう。

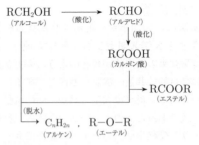

○芳香族化合物
　芳香族化合物はベンゼン環の性質と，含まれる官能基の性質をもつ。ベンゼンを中心に，種々の置換反応の条件，反応名，反応生成物の関係をまとめておこう。

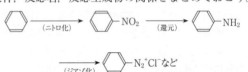

天然・合成高分子化合物は日常生活との関連にも注意を向けよう

　身の回りにある天然有機化合物，合成高分子化合物で日々役立っているものを調べておこう。
　天然高分子では，多糖類，タンパク質，核酸の構造をよく理解しておこう。
　合成高分子では，合成繊維，合成樹脂，ゴムの構造とともに重合形式を理解しておくことが大切である。また，高分子の計算問題は難度が高くなる可能性があるので，十分に慣れておこう。

第 1 回
（60分）

実 戦 問 題

● 標 準 所 要 時 間 ●

第1問	12分	第4問	12分
第2問	12分	第5問	12分
第3問	12分		

化　　　　学

（解答番号　1　～　33　）

必要があれば，原子量は次の値を使うこと。

| H | 1.0 | C | 12 | N | 14 | O | 16 |
| S | 32 | Cu | 64 | Br | 80 | I | 127 |

気体は，実在気体とことわりがない限り，理想気体として扱うものとする。

第1問　次の問い（問1～5）に答えよ。（配点　20）

問1　化学結合に関する記述として**誤りを含むもの**を，次の①～⑤のうちから一つ選べ。　1

①　フッ素分子の原子間の結合は単結合である。

②　アンモニウムイオンの四つの N−H 結合が形成されるとき，一つは配位結合により結びついたものである。

③　ドライアイスは，CO_2 分子どうしがファンデルワールス力により集合している。

④　ケイ素の結晶は，金属結合からなる。

⑤　ヨウ化カリウムの結晶は，イオン結合からなる。

— 2 —

第 1 回　化　学

問 2　日常生活に関連する次の記述（**a・b**）と最も深く関係する語を，後の①～
⑥のうちから一つずつ選べ。

a　水を入れた製氷皿を冷凍庫に入れておくと，水が熱を放出して氷になった。
　　　2

b　消毒用のアルコールをつけた手を振り動かすと，手から熱が奪われて，冷
　　たく感じた。　3

① 凝固熱　　　　② 凝縮熱　　　　③ 昇華熱

④ 蒸発熱　　　　⑤ 融解熱　　　　⑥ 溶解熱

問3 図1に示すように，容積 1.0 L の容器Aと，容積可変の容器Bがコック付きの連結管でつながっている装置を用いて，次の**操作Ⅰ～Ⅲ**からなる実験を行った。

操作Ⅰ コックを閉じた状態で，Aには 4.0×10^4 Pa の一酸化炭素を，Bには 1.00×10^5 Pa で 1.0 L の酸素を入れた。

操作Ⅱ 温度を一定に保ったまま，コックを開けてピストンを完全に押し込み，B内の酸素をすべてA内に移し，一酸化炭素と酸素の混合気体とし，コックを閉じた。

操作Ⅲ この混合気体に点火して一酸化炭素を完全燃焼させたあと，点火する前の温度に保った。

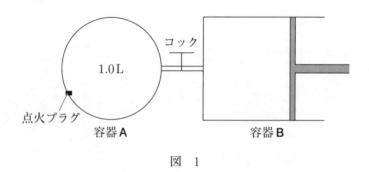

図　1

A内の気体の全圧は何 Pa か。最も適当な数値を，次の **①**～**⑥** のうちから一つ選べ。ただし，連結管部分の体積は無視できるとする。　 4 　Pa

①　2.0×10^4 　　　**②**　4.0×10^4 　　　**③**　6.0×10^4

④　8.0×10^4 　　　**⑤**　1.0×10^5 　　　**⑥**　1.2×10^5

問4 閃亜鉛鉱は硫化亜鉛の結晶で,その単位格子は図2の立方体で表される。硫化亜鉛の結晶の密度を d [g/cm³],単位格子の体積を V [cm³],アボガドロ定数を N_A [/mol] としたとき,硫化亜鉛のモル質量 [g/mol] を表す式として正しいものを,後の①～⑥のうちから一つ選べ。 5 g/mol

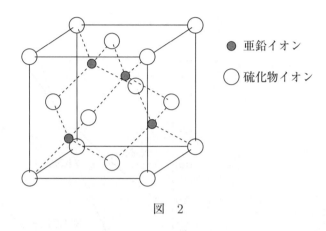

● 亜鉛イオン
○ 硫化物イオン

図 2

① $\dfrac{2N_A}{dV}$ ② $\dfrac{4N_A}{dV}$ ③ $\dfrac{8N_A}{dV}$

④ $\dfrac{dN_A V}{2}$ ⑤ $\dfrac{dN_A V}{4}$ ⑥ $\dfrac{dN_A V}{8}$

問5 図3は，6種類の物質の溶解度曲線を示している。物質Xはこれらの物質のいずれかである。80℃において質量パーセント濃度が37.5％のXの水溶液80gがある。これを0℃に冷却したところ，Xの無水物16gが析出した。Xとして最も適当なものを，後の①～⑥のうちから一つ選べ。 6

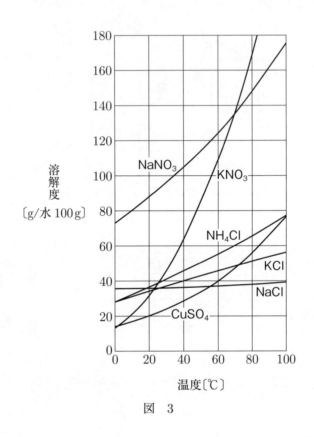

図 3

① NH₄Cl ② KCl ③ NaCl
④ KNO₃ ⑤ NaNO₃ ⑥ CuSO₄

第 1 回　化　学

（下 書 き 用 紙）

化学の試験問題は次に続く。

第2問 次の問い(問1〜4)に答えよ。(配点 20)

問1 炭素(黒鉛),水素,エタンの燃焼熱は,それぞれ次の熱化学方程式で表される。これらを用いて,エタンの生成熱を求めると何 kJ/mol になるか。最も適当な数値を,後の①〜⑥のうちから一つ選べ。 7 kJ/mol

$$C(黒鉛) + O_2(気) = CO_2(気) + 394\,kJ$$

$$H_2(気) + \frac{1}{2}O_2(気) = H_2O(液) + 286\,kJ$$

$$C_2H_6(気) + \frac{7}{2}O_2(気) = 2CO_2(気) + 3H_2O(液) + 1561\,kJ$$

① −943 ② −881 ③ −85 ④ 85 ⑤ 881 ⑥ 943

問2 図1のように白金電極を用いて,4種類の塩ア〜エの水溶液 1 mol/L をそれぞれ電気分解した。このとき,一方の電極で水素が発生した塩が二つあった。その組合せとして最も適当なものを,後の①〜⑥のうちから一つ選べ。ただし,水溶液は十分にあったものとする。 8

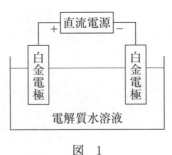

図 1

ア AgNO₃   イ CuCl₂   ウ KI   エ Na₂SO₄

① ア,イ   ② ア,ウ   ③ ア,エ
④ イ,ウ   ⑤ イ,エ   ⑥ ウ,エ

問3 ヨウ素 I_2 1.0 g に 0.050 mol/L のチオ硫酸ナトリウム $Na_2S_2O_3$ 水溶液を加えてヨウ素を還元するとき，加えたチオ硫酸ナトリウム水溶液の体積〔mL〕と，未反応のヨウ素の質量〔g〕の関係を表すグラフとして最も適当なものを，後の ①～⑤ のうちから一つ選べ。ただし，この反応において，水溶液中でのチオ硫酸イオン $S_2O_3^{2-}$ と I_2 の変化は，それぞれ次のイオン反応式で表される。 9

$$2S_2O_3^{2-} \longrightarrow S_4O_6^{2-} + 2e^-$$
$$I_2 + 2e^- \longrightarrow 2I^-$$

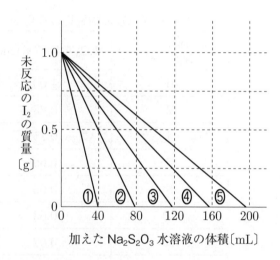

問4 次の文章を読み，後の問い（**a・b**）に答えよ。

N_2O_4 が分解して NO_2 を生じる可逆反応は次の熱化学方程式で表される。

$$N_2O_4\,(気) = 2\,NO_2\,(気) - 57.2\,kJ$$

1.00 mol の N_2O_4 を容積可変の容器に封入し，温度を T_1，全圧を 1.0×10^5 Pa に保ったところ，反応開始から時間とともに N_2O_4 の物質量は表1のように変化して平衡状態になった。

表1　N_2O_4 の物質量の変化

反応開始からの 時間〔分〕	N_2O_4 の物質量〔mol〕
0	1.00
2	0.83
4	0.75
6	0.69
8	0.66
10	0.63
12	0.62
14	0.61
16	0.60
18	0.60
20	0.60

— 10 —

a 平衡状態における N_2O_4 の分圧は何 Pa になるか。有効数字2桁で次の形式で表すとき，10 ～ 12 に当てはまる数字を，後の ①～⓪ のうちから一つずつ選べ。ただし，同じものを繰り返し選んでもよい。なお，必要があれば，後の方眼紙を使うこと。

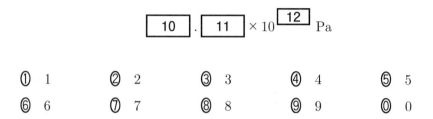

① 1   ② 2   ③ 3   ④ 4   ⑤ 5
⑥ 6   ⑦ 7   ⑧ 8   ⑨ 9   ⓪ 0

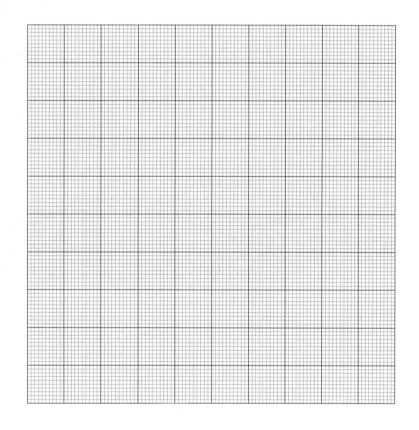

b 1.00 mol の N_2O_4 を容積可変の容器に封入し，温度を T_1 よりも低温の T_2 に保ち，全圧を 1.0×10^5 Pa に保って反応させた。このとき，N_2O_4 および NO_2 の物質量は時間とともにどのように変化したと考えられるか。最も適当なものを，次の ①〜⑥ のうちから一つ選べ。 | 13 |

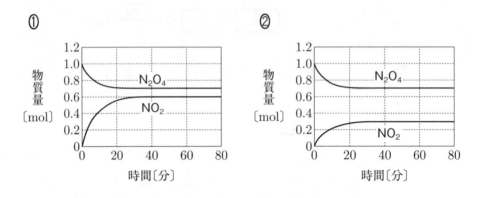

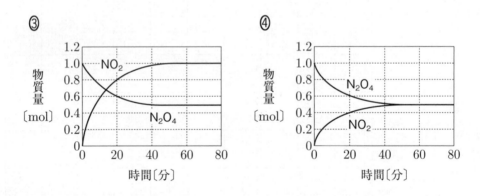

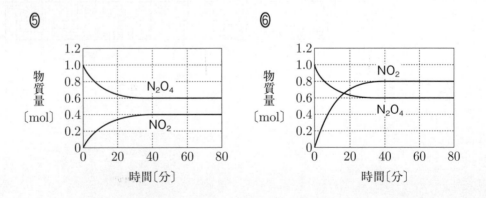

第 1 回 化 学

（下 書 き 用 紙）

化学の試験問題は次に続く。

第3問　次の問い(問1～5)に答えよ。(配点　20)

問1　銀に関する記述として**誤りを含むもの**を，次の①～⑤のうちから一つ選べ。| 14 |

① 銀は，濃硝酸と反応して溶ける。
② フッ化銀は水によく溶けるが，塩化銀は水に溶けにくい。
③ 臭化銀に光を当てると，銀が遊離する。
④ 銀イオンを含む水溶液に水酸化ナトリウム水溶液を加えると，銀の水酸化物の褐色沈殿が生じる。
⑤ ジアンミン銀(Ⅰ)イオンは，直線形の錯イオンである。

問2　岩石に含まれるケイ酸塩においては，図1 **a**に示すSiO_4^{4-}が構造の基本となっている。このイオンの正四面体構造を図1 **b**のように表したとき，図2に示すような長い鎖状の構造をもつイオンは，どのような組成式で表されるか。最も適当なものを，後の①～④のうちから一つ選べ。| 15 |

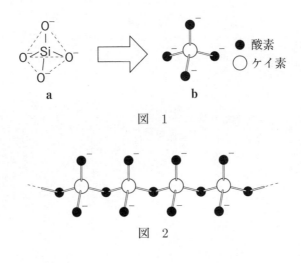

① SiO_3^{2-}　　② $Si_2O_5^{2-}$　　③ $Si_2O_7^{4-}$　　④ $Si_4O_{11}^{6-}$

第1回　化　学

問3　次の文章を読み，後の問い（**a・b**）に答えよ。

　　多くの種類の金属イオンを含む水溶液から，それぞれのイオンを分離・確認するために，試薬をある程度決められた順で加えることによって金属イオンを系統的に沈殿させる操作が行われる。このような沈殿反応を利用した一連の方法は，系統分析と呼ばれる。

　　例えば，Zn^{2+}，Cd^{2+}，Fe^{3+}を含む塩酸酸性水溶液から各金属イオンを分離するために，次の**操作Ⅰ〜Ⅲ**を行った。

操作Ⅰ　硫化水素を通じ，生じた沈殿**A**をろ過した。

操作Ⅱ　操作Ⅰのろ液を十分に加熱した後，　ア　を加えた。さらにアンモニア水を十分に加え，生じた沈殿**B**をろ過した。

操作Ⅲ　操作Ⅱのろ液に硫化水素を通じ，生じた沈殿**C**をろ過した。

a　操作Ⅱの文章中の　ア　に当てはまる物質として最も適当なものを，次の①〜⑤のうちから一つ選べ。　16

① 希塩酸　　　　　　② 希硫酸　　　　　　③ 希硝酸
④ 水酸化ナトリウム水溶液　　　　⑤ チオ硫酸ナトリウム水溶液

b　生じた沈殿**A〜C**の色の組合せとして最も適当なものを，次の①〜⑥のうちから一つ選べ。　17

	沈殿 A	沈殿 B	沈殿 C
①	黄　色	赤褐色	白　色
②	黄　色	白　色	赤褐色
③	白　色	黒　色	赤褐色
④	白　色	赤褐色	黒　色
⑤	赤褐色	黒　色	白　色
⑥	赤褐色	白　色	黒　色

— 15 —

問4 リンとその化合物に関する記述として**誤りを含むもの**を，次の ① ~ ⑤ のうちから一つ選べ。 18

① 黄リンは，空気中で自然発火する。

② 赤リンは，P_4 分子からなる結晶である。

③ 十酸化四リンを水に加えて加熱すると，リン酸が得られる。

④ リン酸カルシウムは，リン鉱石の主成分である。

⑤ リン酸二水素カルシウムは，水に溶けやすい。

問5 図3は，オストワルト法により硝酸を製造する工程を示したものである。これに関して，後の問い(a・b)に答えよ。

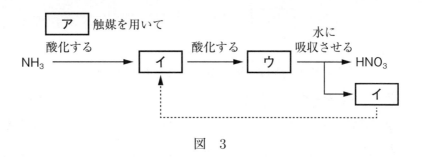

図 3

a 図3中の ア ～ ウ に当てはまる物質の組合せとして最も適当なものを，次の①～⑧のうちから一つ選べ。 19

	ア	イ	ウ
①	Pt	N_2	NO_2
②	Pt	N_2	N_2O_5
③	Pt	NO	NO_2
④	Pt	NO	N_2O_5
⑤	Ni	N_2	NO_2
⑥	Ni	N_2	N_2O_5
⑦	Ni	NO	NO_2
⑧	Ni	NO	N_2O_5

b 標準状態(0℃，1.013×10^5 Pa)のアンモニア1 m³からオストワルト法により，質量パーセント濃度が63％の濃硝酸は，最大で何kg得られるか。最も適当な数値を，次の①～⑤のうちから一つ選べ。 20 kg

① 1.1   ② 3.3   ③ 4.5   ④ 5.7   ⑤ 6.9

第4問 次の問い(問1～5)に答えよ。(配点 20)

問1 身近な有機化合物に関する記述として**誤りを含むもの**を，次の①～④のうちから一つ選べ。 21

① サリチル酸メチルは，消炎鎮痛剤として用いられる。

② アゾ基をもつ芳香族化合物は，染料として用いられるものが多い。

③ アルキルベンゼンスルホン酸ナトリウムは，合成洗剤に用いられる。

④ 塗料の溶剤や除光液として用いられるアセトンは，水に溶けにくい。

問2 アルケンに関する次の問い(**a**・**b**)に答えよ。

a あるアルケン C_nH_{2n} 7.0 g に，臭素 Br_2 を完全に付加させ，27 g の化合物を得た。このアルケンの炭素数 n はいくつか。最も適当な数値を，次の①～⑤のうちから一つ選べ。 22

① 2　　　② 3　　　③ 4　　　④ 5　　　⑤ 6

b 次のアルケン@～@のうち，互いに幾何異性体(シス・トランス異性体)の関係にあるものはどれとどれか。その組合せとして最も適当なものを，後の①～⑥のうちから一つ選べ。 23

ⓐ
$$\begin{array}{c} H \\ H \end{array} C=C \begin{array}{c} H \\ CH_2-CH_3 \end{array}$$

ⓑ
$$\begin{array}{c} CH_3 \\ H \end{array} C=C \begin{array}{c} CH_3 \\ H \end{array}$$

ⓒ
$$\begin{array}{c} CH_3 \\ CH_3 \end{array} C=C \begin{array}{c} H \\ H \end{array}$$

ⓓ
$$\begin{array}{c} CH_3 \\ H \end{array} C=C \begin{array}{c} H \\ CH_3 \end{array}$$

① ⓐとⓑ　　　　② ⓐとⓒ　　　　③ ⓐとⓓ

④ ⓑとⓒ　　　　⑤ ⓑとⓓ　　　　⑥ ⓒとⓓ

第 1 回 化 学

問3 エタノールとフェノールの性質に関する次の記述のうち，フェノールのみに当てはまるものを，次の① 〜 ⑤ のうちから一つ選べ。24

① 水によく溶ける。

② ナトリウムの単体と反応して，水素を発生する。

③ 酢酸と濃硫酸を加えて加熱すると，エステルを生じる。

④ 二クロム酸カリウム水溶液を加えると，アルデヒドを生じる。

⑤ 水酸化ナトリウム水溶液を加えると，塩を生じる。

問4 p-キシレンを酸化して得られる芳香族カルボン酸を，次の① 〜 ④ のうちから一つ選べ。25

① 安息香酸　　② サリチル酸　　③ テレフタル酸　④ フタル酸

— 19 —

問5 ナイロン 66 は，世界初の合成繊維で，1935 年にアメリカのカロザースによって発明された。ナイロン 66 は，図 1 に示すように，アジピン酸とヘキサメチレンジアミンを縮合重合して得られるポリアミド系合成繊維である。このため，タンパク質である天然の絹のような肌触りと光沢をもち，強度や耐久性に優れており，ストッキングやバッグなどに利用されている。ナイロン 66 に関する後の問い（**a**・**b**）に答えよ。

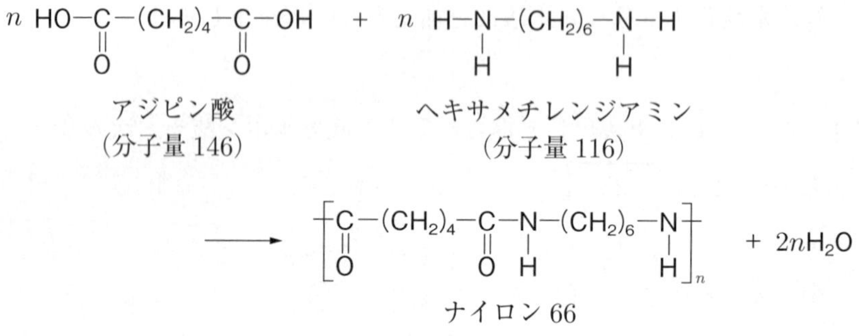

$$n \text{ HO-C-(CH}_2)_4\text{-C-OH} \quad + \quad n \text{ H-N-(CH}_2)_6\text{-N-H}$$

アジピン酸　　　　　　　　　ヘキサメチレンジアミン
（分子量 146）　　　　　　　　　　（分子量 116）

$$\longrightarrow \quad \left[\text{C-(CH}_2)_4\text{-C-N-(CH}_2)_6\text{-N} \right]_n \quad + \quad 2n\text{H}_2\text{O}$$

ナイロン 66

図　1

a ナイロン 66 中の炭素の含有率（質量百分率）は何％か。最も適当な数値を，次の ①〜⑤ のうちから一つ選べ。　**26** ％

① 46　　　　② 55　　　　③ 64　　　　④ 73　　　　⑤ 82

b アジピン酸とヘキサメチレンジアミンを縮合重合させて，平均分子量 6.78×10^4 のナイロン 66 を得た。このナイロン 66 1 分子中に含まれるアミド結合の数は何個か。最も適当な数値を，次の ①〜⑥ のうちから一つ選べ。**27** 個

① 1.0×10^2　　　　　② 2.0×10^2　　　　　③ 3.0×10^2
④ 4.0×10^2　　　　　⑤ 5.0×10^2　　　　　⑥ 6.0×10^2

第 1 回　化　学

（下 書 き 用 紙）

化学の試験問題は次に続く。

第5問 酸化還元反応により，化学エネルギーを電気エネルギーに変換して取り出す装置を電池という。電池では，酸化と還元を別の場所で行わせ，それらの間で授受される電子を電流として取り出している。次の問い(**問1〜4**)に答えよ。
(配点 20)

問1 図1に示す装置は，亜鉛板を浸した硫酸亜鉛水溶液と銅板を浸した硫酸銅(Ⅱ)水溶液を素焼きの板で仕切ったもので，電池としてはたらく。この電池に関して，次の問い(**a・b**)に答えよ。

a 図1の電池に関する記述として適当なものは，後の**ア〜エ**のうちどれか。すべてを正しく選択しているものを，後の**①〜④**のうちから一つ選べ。 28

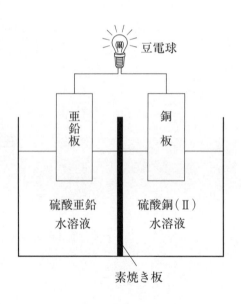

図1 電池の模式図

ア 亜鉛板と硫酸亜鉛水溶液を，マグネシウム板と硫酸マグネシウム水溶液に替えると，起電力は大きくなる。

イ 銅板と硫酸銅(Ⅱ)水溶液を，ニッケル板と硫酸ニッケル(Ⅱ)水溶液に替えると，起電力は大きくなる。

ウ 硫酸亜鉛水溶液の濃度を大きくすると，放電できる時間は長くなる。

エ 硫酸銅(Ⅱ)水溶液の濃度を大きくすると，放電できる時間は長くなる。

① ア，ウ   ② ア，エ   ③ イ，ウ   ④ イ，エ

b 図1の電池を 0.10 A で 965 秒間放電させた。このときの銅電極の質量変化に関する記述として最も適当なものを，次の①～⑥のうちから一つ選べ。ただし，ファラデー定数は 9.65×10^4 C/mol とする。 29

① 0.0080 g 減少する。   ② 0.016 g 減少する。   ③ 0.032 g 減少する。
④ 0.0080 g 増加する。   ⑤ 0.016 g 増加する。   ⑥ 0.032 g 増加する。

問2 電池の充電方法に関する次の文章中の　ア　～　ウ　に当てはまる
語句の組合せとして最も適当なものを，後の①～④のうちから一つ選べ。

30

電池は放電後に充電のできない一次電池と，放電後に充電して繰り返し使用
できる二次電池に分類できる。二次電池の充電では，放電時と　ア　に電流
を流す。したがって，充電の際は，二次電池の負極側には外部電源の　イ
を，正極側には外部電源の　ウ　を接続すればよい。

	ア	イ	ウ
①	同じ向き	負　極	正　極
②	同じ向き	正　極	負　極
③	逆向き	負　極	正　極
④	逆向き	正　極	負　極

第 1 回 化   学

問3　電池の放電によって取り出すことのできる電気エネルギー(J)の理論値は，起電力(V)×電気量(C)で表される。負極活物質 1 mol が酸化されたときに取り出すことのできる電気エネルギーの理論値が最も大きい電池として，正しいものを，次の①〜④のうちから一つ選べ。なお，活物質とは，各極板で反応する物質である。　31

	電池の名称	負極活物質 ([ ]内の数値は活物質 1 mol あたりの放出する 電子の物質量)	起電力
①	酸化銀電池	Zn[2]	1.6 V
②	リチウム電池	Li[1]	3.0 V
③	ニッケルカドミウム電池	Cd[2]	1.3 V
④	鉛蓄電池	Pb[2]	2.0 V

問4 二次電池の一つであるバナジウムレドックスフロー電池は，硫酸で酸性にした水溶液中を陽イオン交換膜で仕切って，バナジウム(Ⅱ)イオン V^{2+} とジオキソバナジウム(Ⅴ)イオン VO_2^+ をそれぞれ加えた構造をした電池である。図2はバナジウムレドックスフロー電池をモデルとした電池の模式図である。

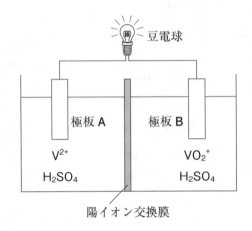

図2 バナジウムレドックスフロー電池をモデルとした電池

この電池の両極で起こる反応を以下に示す。

極板A： $V^{2+} \longrightarrow V^{3+} + e^-$ (1)

極板B： $VO_2^+ + 2H^+ + e^- \longrightarrow VO^{2+} + H_2O$ (2)

この電池に関する次ページの問い(**a**・**b**)に答えよ。ただし，バナジウムⅤを含んだイオン(V^{2+}, V^{3+}, VO_2^+, VO^{2+})は陽イオン交換膜を通過しないものとする。また，放電により水溶液の体積は変化しないものとする。

第 1 回　化　学

a　図 2 の電池に関する記述として正しいものを，次の ① 〜 ④ のうちから一つ選べ。 **32**

① 　反応(1)ではバナジウム(Ⅱ)イオン V^{2+} は還元されている。

② 　極板 A 側の水溶液の pH は，放電により変化しない。

③ 　極板 A は負極，極板 B は正極である。

④ 　反応(2)ではバナジウム V の酸化数が +5 から +6 に変化している。

b　極板 A 側に 0.20 mol/L の V^{2+} を含む水溶液 300 mL，極板 B 側に 0.20 mol/L の VO_2^+ を含む水溶液 300 mL を入れて，図 2 の電池を作製した。(1)，(2)の放電反応を起こした後，極板 A 側の水溶液の濃度を調べたところ，$[V^{2+}]$：$[V^{3+}] = 1 : 1$ であった。このとき放電によって流れた電気量は何 C か。最も適当な数値を，次の ① 〜 ④ のうちから一つ選べ。ただし，ファラデー定数は 9.65×10^4 C/mol とする。 **33** C

① 　9.7×10^2 　　② 　2.9×10^3 　　③ 　5.8×10^3 　　④ 　9.7×10^3

— 27 —

第 2 回

(60分)

実 戦 問 題

●標 準 所 要 時 間●

第 1 問	12 分	第 4 問	12 分
第 2 問	12 分	第 5 問	12 分
第 3 問	12 分		

化　　　　　学

$\left(\text{解答番号}\boxed{1}\sim\boxed{31}\right)$

必要があれば，原子量は次の値を使うこと。

　H　　1.0　　　　O　16　　　　Mg　24

気体は，実在気体とことわりがない限り，理想気体として扱うものとする。

第1問　次の問い(問1～4)に答えよ。(配点　20)

問1　混合物中に含まれている成分が微量であるとき，その量の割合を表すものとして ppm がある。ppm は parts per million の頭文字からなる表記で，1ppm は全体の量の $\frac{1}{10^6}$ を表す。空気中に二酸化炭素が体積割合で 400ppm 含まれているとすると，0℃，1.013×10^5Pa において，空気中の二酸化炭素のモル濃度(mol/L)はいくらか。有効数字2桁で次の形式で表すとき，$\boxed{1}$ ～ $\boxed{3}$ に当てはまる数字を，後の①～⓪のうちから一つずつ選べ。ただし，同じものを繰り返し選んでもよい。

$$\boxed{1}.\boxed{2} \times 10^{-\boxed{3}} \text{ mol/L}$$

① 1　　　　② 2　　　　③ 3　　　　④ 4　　　　⑤ 5

⑥ 6　　　　⑦ 7　　　　⑧ 8　　　　⑨ 9　　　　⓪ 0

— 2 —

問2 CH_4, CO, H_2 の 3 種類の物質からなる混合気体 3.0 mol を完全燃焼させたところ，CO_2 と H_2O が等しい物質量ずつ生じた。反応前の混合気体 3.0 mol に含まれていた 3 種類の物質の物質量に関する記述として正しいものを，次の ① ～ ⑤ のうちから一つ選べ。 4

① CH_4 の物質量は 1.5 mol である。CO と H_2 それぞれの物質量は，わからない。

② CO の物質量は 1.5 mol である。CH_4 と H_2 それぞれの物質量は，わからない。

③ H_2 の物質量は 1.5 mol である。CH_4 と CO それぞれの物質量は，わからない。

④ CH_4, CO, H_2 それぞれの物質量は，わからない。

⑤ CH_4, CO, H_2 それぞれの物質量は，すべて 1.0 mol である。

問3 水 1 kg を含む 2 種類の水溶液（**A・B**）がある。凝固点は **A** の方が **B** より低かったが，いずれか一方にスクロース 0.05 mol を加えて溶かしたところ，凝固点が等しくなった。はじめの水溶液（**A・B**）に含まれていた溶質とその物質量の組合せとして最も適当なものを，次の ① ～ ④ のうちから一つ選べ。ただし，電解質は水溶液中で完全に電離するものとする。 5

	A	B
①	塩化ナトリウム 0.15mol	塩化マグネシウム 0.10mol
②	硫酸カリウム 0.05mol	臭化カリウム 0.05mol
③	グルコース 0.15mol	スクロース 0.05mol
④	尿素 0.10mol	硝酸ナトリウム 0.05mol

問4 水の蒸気圧(飽和蒸気圧)に関する次の問い(**a**・**b**)に答えよ。ただし，気体定数は $R = 8.3 \times 10^3$ Pa·L/(K·mol)とする。

a 図1は，水の蒸気圧曲線を示したものである。図2に示すようなピストン付きの容器内に，1.8gの水だけが入っている。ピストンにかかる圧力を 1.013×10^5 Pa に保ちながら，容器内の水の温度を27℃から127℃まで上げていった。このとき，水の温度 t(℃)とその体積 V(L)の関係はどのようになるか。最も適当なグラフを，後の①〜⑤のうちから一つ選べ。ただし，ピストンの質量は無視できるものとする。　6

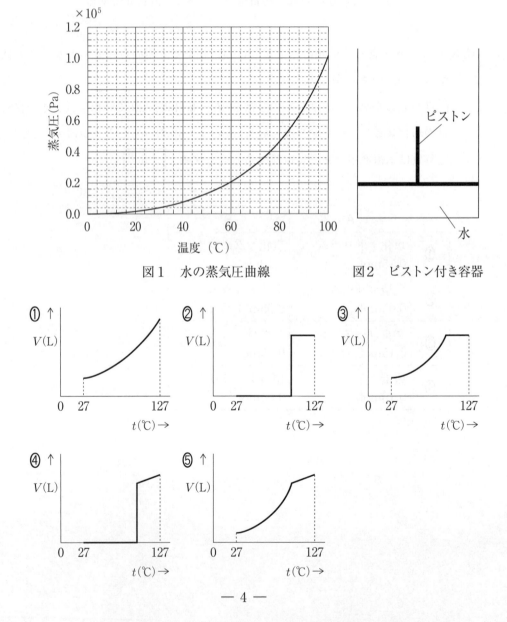

図1　水の蒸気圧曲線　　　図2　ピストン付き容器

第 2 回　化　学

b　**a** において，温度を 67℃にしたときの体積と 127℃にしたときの体積は，それぞれ何 L か。最も適当な数値を，後の ① ～ ⑥ のうちから一つずつ選べ。ただし，容器の容積は十分に大きくすることができるものとし，また，液体の体積は無視できるものとする。

67℃にしたときの体積　　7　　L

127℃にしたときの体積　　8　　L

① 0　　　② 2.7　　③ 3.3　　④ 27　　⑤ 33　　⑥ 69

— 5 —

第2問　次の問い(問1〜4)に答えよ。(配点　20)

問1　図1に示すように，U字管の中央部に半透膜を固定し，その左側に純水を100mL入れ，右側にある濃度のスクロース水溶液を100mL入れた(ア)。温度を一定にしてしばらく放置すると，U字管の左側の液面が10cm降下し，右側の液面が10cm上昇して，両液面の高さの差は20cmになった(イ)。水が浸透する前(ア)のスクロース水溶液の浸透圧は何Paか。最も適当な数値を，後の①〜⑤のうちから一つ選べ。ただし，U字管の断面積はどの部分も4.0cm²，純水および水溶液の密度はいずれも1.0g/cm³とする。また，水溶液柱1.0cmの重みが及ぼす圧力は98Paとする。 9 Pa

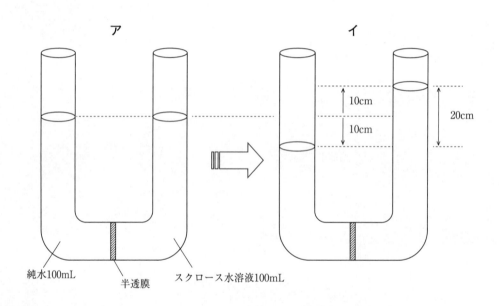

図1　スクロース水溶液の浸透圧測定実験

① 1.0 × 10³　　② 1.2 × 10³　　③ 1.7 × 10³
④ 2.0 × 10³　　⑤ 2.7 × 10³

第 2 回　化　学

（下 書 き 用 紙）

化学の試験問題は次に続く。

問2　0.88 mol/L の H_2O_2 水溶液 200 mL に，酸化マンガン(Ⅳ)を触媒として加え，H_2O_2 の分解反応を起こさせたところ，H_2O_2 水溶液の濃度が反応時間とともに表1のように変化した。

表1　H_2O_2 の分解反応における H_2O_2 水溶液の濃度変化

反応時間(秒)	H_2O_2 水溶液の濃度(mol/L)
0	0.88
30	0.70
60	0.55
120	0.33
180	0.20
240	0.12

　この反応で，30秒間に発生した O_2 の体積が，0℃，1.013×10^5 Pa で，0.224 L であったのは，反応時間が何秒から何秒の間か。最も適当なものを，次の①〜④のうちから一つ選べ。ただし，水溶液の体積は一定とする。また，必要があれば，後の方眼紙を使うこと。 　10

① 30秒〜60秒　　　　　　② 90秒〜120秒

③ 150秒〜180秒　　　　　④ 210秒〜240秒

第 2 回 化 学

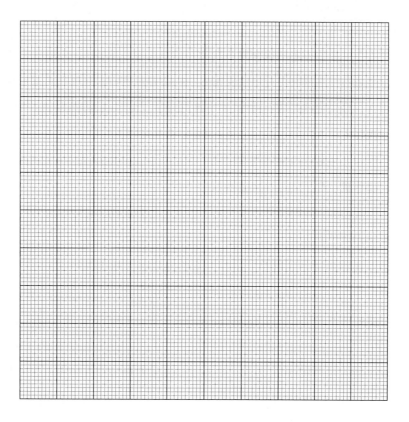

問3　ビーカーに純水 10mL をとり，そこに塩化コバルト $CoCl_2$ 1.5g を溶かした
ところ，赤色の水溶液が得られた。これに濃塩酸 6mL を加えてよくかき混ぜ
たところ，水溶液が青色に変化した。この青色の水溶液を同量ずつ 3 本の試験
管 A ～ C に分け，次の操作（I ～ III）を行った。

操作 I　A 内の水溶液に純水 5mL を加えた。

操作 II　B 内の水溶液に塩化ナトリウム 3g を加えた。

操作 III　C 全体を氷水で冷却した。

これらの一連の操作で生じる水溶液の色の変化においては，次のような可逆
反応が関係する。

$$[CoCl_4]^{2-} + 6H_2O \rightleftarrows [Co(H_2O)_6]^{2+} + 4Cl^-$$
　　青色　　　　　　　　　　　　赤色

この反応の右方向は発熱反応である。次の問い（ **a** ・ **b** ）に答えよ。

a　錯イオン $[Co(H_2O)_6]^{2+}$ の形として最も適当なものを，次の ① ～ ④ のう
ちから一つ選べ。 11

① 正方形　　　　　② 正四面体　　　　　③ 立方体

④ 正八面体

b　操作（I ～ III）で，試験管 A ～ C 内の水溶液の色はどのように変化したか。そ
の組合せとして最も適当なものを，次の ① ～ ⑧ のうちから一つ選べ。 12

	A	B	C
①	青色が濃くなった	青色が濃くなった	青色が濃くなった
②	青色が濃くなった	青色が濃くなった	赤色に変わった
③	青色が濃くなった	赤色に変わった	青色が濃くなった
④	青色が濃くなった	赤色に変わった	赤色に変わった
⑤	赤色に変わった	青色が濃くなった	青色が濃くなった
⑥	赤色に変わった	青色が濃くなった	赤色に変わった
⑦	赤色に変わった	赤色に変わった	青色が濃くなった
⑧	赤色に変わった	赤色に変わった	赤色に変わった

第2回 化 学

問4 化石燃料である石油は人類にとって重要な資源であるが，化石燃料の燃焼の際には CO_2 が発生するため，地球温暖化の進行などが懸念される。化石燃料の代替物質としては，燃焼させても CO_2 が発生しない H_2 などが考えられている。H_2 の燃焼は次の熱化学方程式で表される。

$$H_2(気) + \frac{1}{2} O_2(気) = H_2O(液) + 286 \text{ kJ}$$

H_2 を用いることには問題点もある。H_2 は通常の条件下では気体として存在するため，運搬・貯蔵される H_2 の体積が大きい割には燃焼させたときに得られるエネルギーが小さい。このような問題の解決策として次の方法がある。

方法1：高圧にした状態で H_2 を封入できるボンベを用いる。
方法2：H_2 を内部に取り込む（吸蔵する）ことのできる金属を用いる。

方法1・2に関する次の問い（**a**・**b**）に答えよ。

a 27℃，1.013×10^7 Pa で 1.0L の H_2 を燃焼させたときに発生する熱量は，0℃，1.013×10^5 Pa で 1.0L の H_2 を燃焼させたときに発生する熱量の何倍か。最も適当な数値を，次の①〜④のうちから一つ選べ。 13 倍

① 91　　　② 100　　　③ 110　　　④ 300

b 密度が 6.0g/cm^3 のある金属の単体 1000cm^3 がある。ある量の H_2 をこの金属に吸蔵させたところ，質量が 2.8% 増加した。吸蔵された H_2 の半分の量を燃焼させると，何 kJ の熱量が得られるか。最も適当な数値を，次の①〜⑤のうちから一つ選べ。 14 kJ

① 1.2×10^4　　　② 1.6×10^4　　　③ 2.4×10^4
④ 3.2×10^4　　　⑤ 4.8×10^4

— 11 —

第3問 次の問い(問1～3)に答えよ。(配点 20)

問1 ある金属の酸化物Xは，光触媒としてのはたらきを示す。例えば，Xをコーティングした面に光が当たると，表面に付着した有機化合物が酸化されて分解する。このため，Xはビルの外壁などに利用されている。Xとして最も適当なものを，次の① ～ ④ のうちから一つ選べ。 15

① 酸化亜鉛
② 酸化マンガン(Ⅳ)
③ 酸化チタン(Ⅳ)
④ 酸化鉄(Ⅲ)

第 2 回　化　　学

問 2　銀イオン Ag^+ と銅 (II) イオン Cu^{2+} の両方を含む水溶液がある。この水溶液に関する記述として正しいものを，次の ① ～ ⑤ のうちから一つ選べ。

　16

① 無色透明である。

② 塩酸を加えても沈殿は生じない。

③ アンモニア水を過剰に加えると，深青色の溶液になる。

④ 硫化水素を通じても沈殿を生じない。

⑤ 希硝酸を加えると沈殿を生じる。

— 13 —

問3 マグネシウムに関する次の文章を読み，後の問い（**a**〜**c**）に答えよ。

　2族元素に属するマグネシウム Mg は，天然にはドロマイト $CaMg(CO_3)_2$，エプソム塩 $MgSO_4 \cdot 7H_2O$ などの鉱物として，また海水の成分として広く存在している。Mg の単体は，常温の水とは反応しないが，熱水とはおだやかに反応して　ア　を発生する。

　Mg の単体を工業的に得る方法の一つとして，海水中のマグネシウムイオン Mg^{2+} を原料とした(a)塩化マグネシウム $MgCl_2$ の溶融塩電解法がある。この電解法では，まず海水に水酸化カルシウム $Ca(OH)_2$ の懸濁液を加えて水酸化マグネシウム $Mg(OH)_2$ を沈殿させ，取り出した $Mg(OH)_2$ に塩酸を加えて溶解させる。次に，この溶液を　イ　し，得られた $MgCl_2$ を電解槽に入れて加熱して融解液とする。その後，溶融塩電解を行うと，　ウ　極側に Mg の単体が液体として得られる。

　Mg の単体は，常温で水と反応しない金属のうちで最も密度が小さく，軽量化によるエネルギー効率の向上に寄与するため，その多くはマグネシウム合金の原料として航空機や鉄道車両などに利用されている。

a　文章中の　ア　〜　ウ　に当てはまる語の組合せとして最も適当なものを，次の①〜⑧のうちから一つ選べ。　17

	ア	イ	ウ
①	酸素	蒸留	陽
②	酸素	蒸留	陰
③	酸素	蒸発乾固	陽
④	酸素	蒸発乾固	陰
⑤	水素	蒸留	陽
⑥	水素	蒸留	陰
⑦	水素	蒸発乾固	陽
⑧	水素	蒸発乾固	陰

— 14 —

第 2 回　化　学

b　海水中の Mg^{2+} の濃度を 1.3g/L とすると，下線部(a)の操作によって Mg を 1.0mol 得るために必要な海水は少なくとも何 L か。最も適当な数値を，次の ① ～ ④ のうちから一つ選べ。ただし，各反応は完全に進行するものとする。　18　L

① 0.057　　　② 0.19　　　③ 5.7　　　④ 19

c　Mg 結晶の結晶格子は六方最密構造(充塡率 74%)をとる。Mg 原子 1 個の体積を $1.7 \times 10^{-23}cm^3$ とすると，Mg 結晶の密度は何 g/cm^3 か。最も適当な数値を，次の ① ～ ④ のうちから一つ選べ。ただし，アボガドロ定数は $6.0 \times 10^{23}/mol$ とする。また，充塡率は，結晶中に占める原子の体積の割合である。　19　g/cm^3

① 1.4　　　② 1.7　　　③ 2.1　　　④ 2.4

第4問 次の問い（問1～5）に答えよ。（配点　20）

問1　炭化水素の性質に関する記述として下線部に**誤りを含むもの**を，次の①～④のうちから一つ選べ。 20

① 液体のアルカンと液体の水では，水の方が密度が大きい。

② ペンタンと2－メチルブタンでは，ペンタンの方が沸点が高い。

③ エタンとアセチレンでは，アセチレンの方が炭素原子間の結合距離が長い。

④ シクロヘキサンとシクロプロパンでは，シクロヘキサンの方が化学的に安定である。

問2　カルボン酸に関する記述として**誤りを含むもの**を，次の①～④のうちから一つ選べ。 21

① オレイン酸は，高級不飽和脂肪酸である。

② マレイン酸とフマル酸は，シス－トランス異性体の関係にある。

③ 乳酸は，不斉炭素原子をもち，鏡像異性体が存在する。

④ アジピン酸は，一分子中にカルボキシ基を2個もつヒドロキシ酸である。

— 16 —

問3 有機化合物の構造を分析するための方法の一つに核磁気共鳴法(NMR)がある。^{1}H などの原子を磁場の中に入れると，特定の波長の電磁波を吸収する。このとき，原子の結合状態によって，各原子が吸収する波長がわずかに変化する。NMR では，この性質を利用して，有機化合物の基本的な構造を分析する。次に示すように，エタンには結合状態の同じ1種類のH原子しか存在しないが，プロパンには結合状態の異なる2種類のH原子が存在する。同じように，エタノールには結合状態の異なる3種類のH原子が存在する。この分析方法に関して，後の問い(**a**・**b**)に答えよ。

```
   H  H              H  H  H              H  H
   |  |              |  |  |              |  |
H—C—C—H          H—C—C—C—H          H—C—C—O—H
   |  |              |  |  |              |  |
   H  H              H  H  H              H  H
    エタン            プロパン              エタノール
```

a 分子式 $C_4H_{10}O$ で表される 1-ブタノール，2-ブタノール，2-メチル-1-プロパノール，2-メチル-2-プロパノールのうち，結合状態の異なるH原子の種類が最も少ないものはどれか。最も適当なものを，次の①〜④のうちから一つ選べ。 22

① 1-ブタノール　　　　　　　　② 2-ブタノール

③ 2-メチル-1-プロパノール　　④ 2-メチル-2-プロパノール

— 17 —

b　ベンゼン分子に含まれるH原子の結合状態はすべて同じである。しかし，ベンゼン環にH原子以外の置換基が結合した場合，H原子の結合状態もわずかに変化する。たとえば，トルエンには結合状態の異なる4種類のH原子が存在する。p-キシレンに存在する結合状態の異なるH原子は何種類あるか。正しい数を，後の①～⑤のうちから一つ選べ。　23　種類

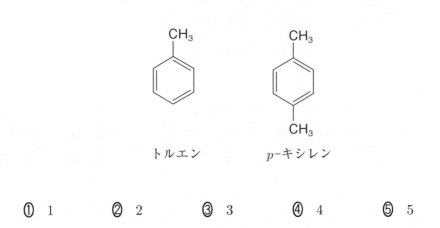

①　1　　　　②　2　　　　③　3　　　　④　4　　　　⑤　5

問4 糖類に関する記述として**誤りを含むもの**はどれか。最も適当なものを，次の ① ～ ④ のうちから一つ選べ。 24

① セロビオース分子は，グリコシド結合を1個もつ。

② アミロース分子は，不斉炭素原子を10個もつ。

③ スクロース分子は，炭素原子を12個もつ。

④ マルトース分子は，水溶液中で開環ができる構造を1個もつ。

問5 DNA（デオキシリボ核酸）は二重らせん構造を形成しており，分子鎖間の塩基どうしで水素結合をしている。このとき，アデニンとチミンの間には2本の水素結合，グアニンとシトシンの間には3本の水素結合が形成されている。ヒトのDNAにおいて，3.1×10^9 個の塩基対が存在し，塩基総数のうちアデニンの占める割合が30%であるとき，このDNAに存在する水素結合の総数は何個か。最も適当な数値を，次の ① ～ ⑤ のうちから一つ選べ。 25 個

① 3.7×10^9　② 4.0×10^9　③ 7.4×10^9　④ 8.1×10^9　⑤ 1.5×10^{10}

第5問 α−アミノ酸に関する次の問い(**問1〜3**)に答えよ。(配点 20)

問1 グルタミン酸は分子内にカルボキシ基−COOHを2個もつ酸性アミノ酸である。グルタミン酸は水溶液のpHに依存して,図1に示すような4種類の異なるイオン(1価の陽イオン G^+,双性イオン $G^\pm$,1価の陰イオン G^-,2価の陰イオン G^{2-})の状態で存在する。

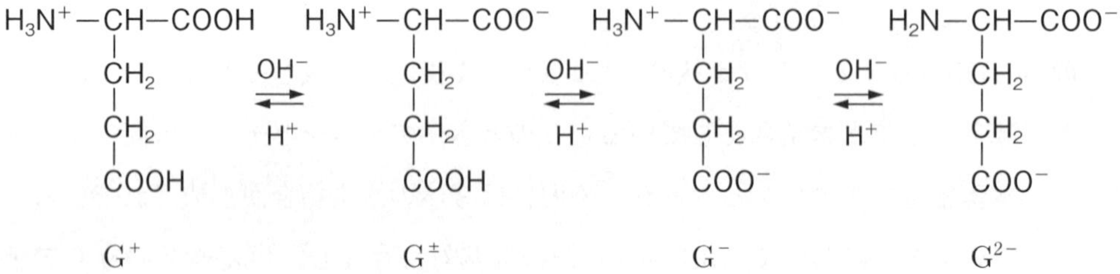

$$
\underset{G^+}{
\begin{array}{c}
H_3N^+-CH-COOH \\
| \\
CH_2 \\
| \\
CH_2 \\
| \\
COOH
\end{array}}
\underset{H^+}{\overset{OH^-}{\rightleftarrows}}
\underset{G^\pm}{
\begin{array}{c}
H_3N^+-CH-COO^- \\
| \\
CH_2 \\
| \\
CH_2 \\
| \\
COOH
\end{array}}
\underset{H^+}{\overset{OH^-}{\rightleftarrows}}
\underset{G^-}{
\begin{array}{c}
H_3N^+-CH-COO^- \\
| \\
CH_2 \\
| \\
CH_2 \\
| \\
COO^-
\end{array}}
\underset{H^+}{\overset{OH^-}{\rightleftarrows}}
\underset{G^{2-}}{
\begin{array}{c}
H_2N-CH-COO^- \\
| \\
CH_2 \\
| \\
CH_2 \\
| \\
COO^-
\end{array}}
$$

図1 グルタミン酸のイオンの状態

グルタミン酸の水溶液中では,これら4種類のイオンについて次の式(1)〜(3)で表される電離平衡が成り立っている。

$$G^+ \rightleftarrows G^\pm + H^+ \tag{1}$$

$$G^\pm \rightleftarrows G^- + H^+ \tag{2}$$

$$G^- \rightleftarrows G^{2-} + H^+ \tag{3}$$

式(1)〜(3)の電離平衡の電離定数 $K_1 \sim K_3$ は,それぞれのイオンのモル濃度を用いて次のように表される。これらの電離平衡に関する次ページの問い(**a〜c**)に答えよ。

$$K_1 = \frac{[G^\pm][H^+]}{[G^+]} = 10^{-2.2} \ (\text{mol/L})$$

$$K_2 = \frac{[G^-][H^+]}{[G^\pm]} = 10^{-4.2} \ (\text{mol/L})$$

$$K_3 = \frac{[G^{2-}][H^+]}{[G^-]} = 10^{-9.6} \ (\text{mol/L})$$

a グルタミン酸の水溶液の pH を 1.0 に調整したとき，水溶液中の$[G^+]$は$[G^\pm]$の何倍か。最も適当な数値を，次の①〜⑥のうちから一つ選べ。ただし，この pH における水溶液中の$[G^-]$や$[G^{2-}]$の割合は$[G^+]$や$[G^\pm]$と比べて非常に小さいので，無視できるものとする。また，$10^{1.2} = 16$ とする。

26 倍

① 0.016 ② 0.080 ③ 0.16 ④ 0.80 ⑤ 8.0 ⑥ 16

b グルタミン酸の水溶液において，$[G^+] : [G^-] = 1 : 1$ になるときの pH は，グルタミン酸の等電点とみなすことができる。グルタミン酸の等電点はいくらか。最も適当な数値を，次の①〜⑤のうちから一つ選べ。なお，この pH では$[G^{2-}]$の割合は非常に小さいので，無視してよい。 27

① 1.1 ② 2.2 ③ 3.2 ④ 4.2 ⑤ 6.9

c グルタミン酸の水溶液の pH を 8.0 に調整したとき，グルタミン酸のイオンのうちで水溶液中に最も多く存在するものはどれか。最も適当なものを，次の①〜④のうちから一つ選べ。 28

① G^+ ② $G^\pm$ ③ G^- ④ G^{2-}

問2 アラニンは，図2に示すような構造をもつ中性アミノ酸である。アラニンの水溶液のpHを0から14まで変化させたときの，アラニンのイオンがもつ電荷の総和の変化を示した図として最も適当なものを，後の①〜④のうちから一つ選べ。ただし，1価の陽イオンがもつ電荷を＋1とする。また，アラニンの等電点は6.0である。 29

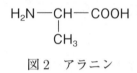

図2 アラニン

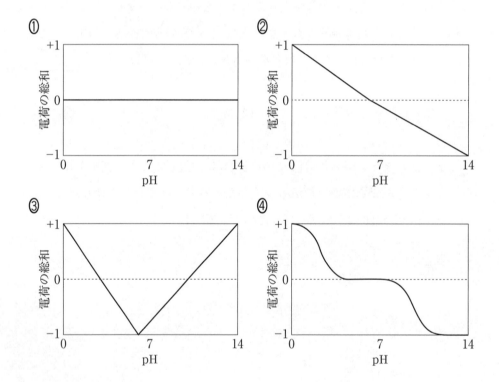

第2回　化　学

問3　アラニン2分子とグルタミン酸1分子からなる鎖状トリペプチドがある。このトリペプチドに関する次の問い(**a・b**)に答えよ。

a　この鎖状トリペプチドとして考えられる構造は何種類あるか。正しい数を，次の①〜⑤のうちから一つ選べ。ただし，立体異性体は区別しないものとする。また，グルタミン酸の側鎖にあるカルボキシ基は結合に使われないものとする。　30 種類

① 1　　　　② 2　　　　③ 3　　　　④ 4　　　　⑤ 5

b　この鎖状トリペプチドに関する次の記述(**I〜III**)について，正誤の組合せとして最も適当なものを，後の①〜⑧のうちから一つ選べ。　31

I　濃硝酸を加えて加熱すると黄色になり，冷却後にアンモニア水を加えると橙黄色を示す。

II　水酸化ナトリウム水溶液を加えた後，硫酸銅II水溶液を少量加えると赤紫色を示す。

III　中性付近で，この水溶液を染み込ませたろ紙に直流電圧をかけると，陽極側に移動する。

	I	II	III
①	正	正	正
②	正	正	誤
③	正	誤	正
④	正	誤	誤
⑤	誤	正	正
⑥	誤	正	誤
⑦	誤	誤	正
⑧	誤	誤	誤

— 23 —

第 3 回

(60分)

実 戦 問 題

● 標 準 所 要 時 間 ●

第1問	12分	第4問	12分
第2問	12分	第5問	12分
第3問	12分		

第3回　実戦問題

化　　　　　学

(解答番号 1 ～ 34)

必要があれば，原子量は次の値を使うこと。
H　1.0　　C　12　　O　16　　F　19
Al　27　　Cu　64

気体は，実在気体とことわりがない限り，理想気体として扱うものとする。

第1問　次の問い(問1～4)に答えよ。(配点　20)

問1　図1の立方体はダイヤモンドの単位格子を示している。単位格子中の炭素原子は，面心立方格子の配列と同じ位置(○)と，単位格子を八分割した小立方体の体心の位置に互い違いにある(●)。このような構造をダイヤモンド型構造といい，ケイ素の単体や氷の結晶の一部に見られる。この構造は正四面体の骨格が連なっていて比較的すき間が多い。後の問い(a～c)に答えよ。

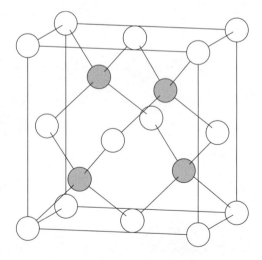

図1　ダイヤモンドの単位格子

a 図1において，互いに共有結合している炭素原子間の距離（原子の中心間の最短距離）は単位格子（立方体）の一辺の長さの何倍か。最も適当な数値を，次の①～⑥のうちから一つ選べ。ただし，$\sqrt{3} = 1.7$ とする。 1 倍

① 0.27　　② 0.33　　③ 0.37　　④ 0.43　　⑤ 0.47　　⑥ 0.53

b 氷の結晶の一部を表す図として最も適当なものはどれか。次の①～④のうちから一つ選べ。ただし，⚬—◯⚬ は水分子を，……… は水素結合を表している。 2

① 　　　　　　　　　　　　　　②

③ 　　　　　　　　　　　　　　④

c 0℃において，氷の密度は $0.9168\,\text{g/cm}^3$，水（液体）の密度は $0.9998\,\text{g/cm}^3$ である。一定量の氷が0℃において水（液体）に変化するとき，体積は何％減少するか。最も適当な数値を，次の①～⑤のうちから一つ選べ。 3 ％

① 6.7　　　② 7.5　　　③ 8.3　　　④ 9.1　　　⑤ 9.9

— 3 —

問2 一定温度，大気圧 100 kPa（1.0×10^5 Pa）のもとで，図2のように，容器に水銀を入れ，一端を閉じたガラス管内のすべてを水銀で満たしてから倒立させたところ，上部が真空状態となり水銀柱の高さは 76 cm になった。温度と圧力を一定に保ったまま，図3のように，ガラス管の下端から少量の水を入れたところ，水銀柱の上部で水の一部が蒸発し，やがて気液平衡状態となった。このときの水銀柱の高さは h_1 (cm) であった。図3の状態において，水の代わりに少量のエタノールを入れ，同じ一定温度で気液平衡状態となった場合の水銀柱の高さを h_2 (cm) とする。h_1 と h_2 に関する記述として正しいものを，後の ①～④ のうちから一つ選べ。ただし，この温度での水の蒸気圧は 4.0 kPa，エタノールの蒸気圧は 10.0 kPa である。ただし，水銀の蒸気圧は無視できるものとする。 4

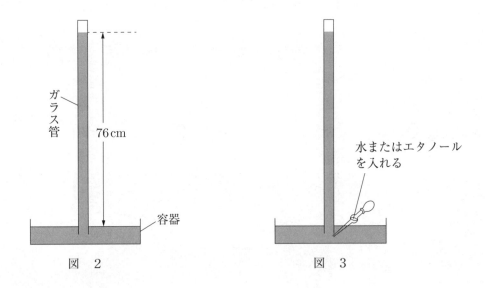

① h_1 はおよそ 76 cm であり，h_2 は h_1 よりも大きい。
② h_1 はおよそ 76 cm であり，h_2 は h_1 よりも小さい。
③ h_1 はおよそ 73 cm であり，h_2 は h_1 よりも大きい。
④ h_1 はおよそ 73 cm であり，h_2 は h_1 よりも小さい。

問3　光合成は，植物が光のエネルギーを吸収して二酸化炭素と水から有機化合物（糖類）と酸素を生じる反応である。二酸化炭素と水（液体）からグルコース（固体）1 mol と酸素を生じる光合成の反応の反応熱は何 kJ か。最も適当な数値を，次の①～⑥のうちから一つ選べ。ただし，二酸化炭素の生成熱，水（液体）の生成熱，グルコース（固体）の生成熱は，それぞれ，394 kJ/mol，286 kJ/mol，1273 kJ/mol である。　　5　　kJ

① 　−2807　　　　　　② 　−1377　　　　　　③ 　−593
④ 　593　　　　　　　⑤ 　1377　　　　　　　⑥ 　2807

— 5 —

問4 27℃，$1.0 \times 10^5\,\mathrm{Pa}$ において，ある濃度の過酸化水素水 10.0 mL に少量の酸化マンガン(Ⅳ)を加え，過酸化水素の分解により発生した酸素を水上置換で捕集し，その体積を測定した。表1は，経過した時間(秒)と発生した酸素の体積(mL)(27℃，$1.0 \times 10^5\,\mathrm{Pa}$)の関係を示している。経過した時間が50秒から150秒の間における過酸化水素の平均分解速度を求めると何 mol/(L・秒)になるか。最も適当な数値を，後の①〜⑤のうちから一つ選べ。ただし，気体定数は $8.3 \times 10^3\,\mathrm{Pa \cdot L/(K \cdot mol)}$ とし，水の蒸気圧は無視するものとする。必要があれば，後の方眼紙を使うこと。 | 6 | mol/(L・秒)

表　1

経過した時間 (秒)	発生した酸素 の体積(mL)
0	0
50	23
100	39
200	64
250	73
300	81
400	93
500	100

① 6.0×10^{-4}　　　② 1.2×10^{-3}　　　③ 2.4×10^{-3}

④ 4.8×10^{-3}　　　⑤ 9.6×10^{-3}

第３回 化　　学

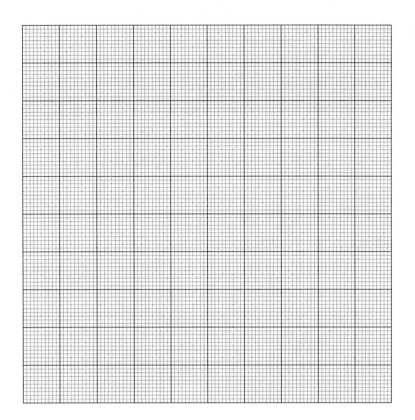

第2問 次の問い(問1～3)に答えよ。(配点 20)

問1 銅粉とアルミニウム粉が一様に混じった金属粉の試料がある。この試料について，次の**実験Ⅰ・Ⅱ**を行った。後の問い(**a・b**)に答えよ。

実験Ⅰ この試料を一定量とり，十分な量の希硫酸を加えたところ，一方の金属だけがすべて反応して溶け，気体 ⬚ア⬚ が0℃，1.013×10^5 Paに換算してV_1(mL)発生した。

実験Ⅱ この試料を**実験Ⅰ**と同量とり，十分な量の濃硝酸を加えたところ，一方の金属だけがすべて反応して溶け，気体 ⬚イ⬚ が0℃，1.013×10^5 Paに換算してV_2(mL)発生した。

a 発生した気体**ア・イ**は何か。最も適当なものを，それぞれ次の①～⑥のうちから一つずつ選べ。ア ⬚7⬚ イ ⬚8⬚

① H_2 ② O_2 ③ SO_2 ④ H_2S ⑤ NO ⑥ NO_2

b 発生した気体**ア・イ**の体積比($V_1 : V_2$)は，3：1であった。はじめの試料に含まれていたアルミニウムは，質量で何％か。最も適当な数値を，次の①～⑤のうちから一つ選べ。 ⬚9⬚ ％

① 22   ② 37   ③ 50   ④ 63   ⑤ 80

— 8 —

問2 3種類の金属イオンを含む混合水溶液がある。図1に示す操作手順により，これらの金属イオンを，ろ液ア，ろ液イ，沈殿ウの中にそれぞれ分離することができた。後の問い(a・b)に答えよ。

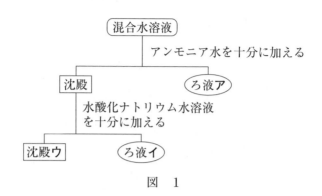

図　1

a　3種類の金属イオンの組合せとして最も適当なものを，次の①～⑤のうちから一つ選べ。10

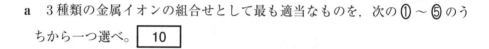

① Ag⁺, Pb²⁺, Cu²⁺　　　② Fe³⁺, K⁺, Zn²⁺
③ Al³⁺, Pb²⁺, Zn²⁺　　　④ Al³⁺, Cu²⁺, Fe³⁺
⑤ Ag⁺, Ba²⁺, K⁺

b　aで選択した3種類の金属イオンを含む混合水溶液について，図1の操作を行ったとき，分離された沈殿ウは何色か。最も適当なものを，次の①～⑤のうちから一つ選べ。11

① 白色　　② 黒色　　③ 黄色　　④ 青白色　　⑤ 赤褐色

問3　分子内の中心となる原子 X に酸素原子 O がいくつか結合し，その酸素原子のいくつかに水素原子 H が結合した構造 $XO_m(OH)_n$ をもつ酸をオキソ酸という。酸性酸化物と水との反応で生じる酸の多くはオキソ酸である。表1に，オキソ酸の例を示す。表中の K_1 は，常温におけるそれらの電離定数(mol/L)(2価以上のオキソ酸は1段階目の電離定数)の値である。

表　1

一般式	化学式	K_1
$X(OH)_n$	HClO	3.2×10^{-8}
	HBrO	2.0×10^{-9}
	HIO	1.0×10^{-11}
$XO(OH)_n$	HNO_2	4.5×10^{-4}
	H_3PO_4	7.5×10^{-3}
$XO_2(OH)_n$	$HClO_3$	大
	H_2SO_4	大
$XO_3(OH)_n$	$HClO_4$	非常に大

表1より，オキソ酸 $XO_m(OH)_n$ の酸としての強さには，m の値の違いや X の元素の違いに関して傾向があることがわかる。表1を参考にして，2種類のオキソ酸について，酸としての強さを正しく比較したものを，次の①〜⑤のうちから二つ選べ。ただし，解答の順序は問わない。 12 ・ 13

	強 ← 酸の強さ	弱
①	HNO_2	HNO_3
②	$HClO_3$	$HBrO_3$
③	H_4SiO_4	H_3PO_4
④	H_2SO_4	$HClO_2$
⑤	H_3BO_3	HNO_2

第 3 回　化　　学

（下 書 き 用 紙）

化学の試験問題は次に続く。

第3問 次の問い(問1・2)に答えよ。(配点　20)

問1　固体の溶解度は，一般に溶媒 100 g に溶けうる溶質の質量の最大値
(g/ 溶媒 100 g)で表す。表1は，いろいろな温度での固体の溶質ア・イの水へ
の溶解度を示したものである。

表1　固体の溶解度(g/ 水 100 g)

溶質	0℃	10℃	20℃	30℃	40℃
ア	13	22	32	46	64
イ	28	31	34	37	40

表1に関する次の問い(**a・b**)に答えよ。必要があれば，後の方眼紙を使う
こと。また，**ア・イ**の溶解度は互いの存在により影響されないものとし，**ア・
イ**およびそれらの析出物は水和水をもたないものとする。

a　水 200 g に，40℃において**ア**と**イ**が同じ質量 w_1 (g)ずつ溶けている。この
水溶液を冷却していくと，ある温度 t_1 (℃)で**ア**と**イ**が同時に析出し始めた。
w_1 と t_1 の数値の組合せとして最も適当なものを，次の**①**～**⑥**のうちから
一つ選べ。 **14**

	w_1(g)	t_1(℃)
①	35	18
②	35	23
③	35	28
④	70	18
⑤	70	23
⑥	70	28

― 12 ―

b 40℃の水 200 g に，アが 106 g，イが 66 g 溶けている。この水溶液を冷却していくと，アが先に析出し始めた。さらに冷却していくと，温度 t_2(℃) でイが析出し始めた。このときまでに純粋なアが w_2(g) 析出していた。t_2 と w_2 の数値の組合せとして最も適当なものを，次の ①〜⑥ のうちから一つ選べ。15

	t_2(℃)	w_2(g)
①	17	40
②	21	40
③	17	48
④	21	48
⑤	17	77
⑥	21	77

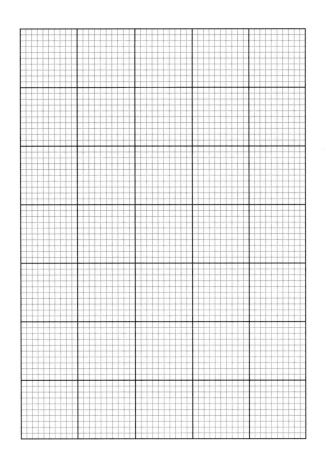

問2 溶解平衡に関する次の文章を読み，後の問い（a〜c）に答えよ。

　Ag⁺またはPb²⁺を含む水溶液に，Cl⁻を含む水溶液を加えていくと，塩化物の沈殿が生じる。このとき，次式の溶解平衡が成立する。

$$AgCl \rightleftarrows Ag^+ + Cl^-$$
$$PbCl_2 \rightleftarrows Pb^{2+} + 2Cl^-$$

　図1は，温度一定のもとで，これらの沈殿が生じているときの水溶液中の金属イオン濃度と塩化物イオン濃度との関係を示したものである。図中の直線Aは沈殿 ア に，直線Bは沈殿 イ にそれぞれ対応しており，直線Bの傾きの大きさ（絶対値）は直線Aのそれの ウ 倍である。

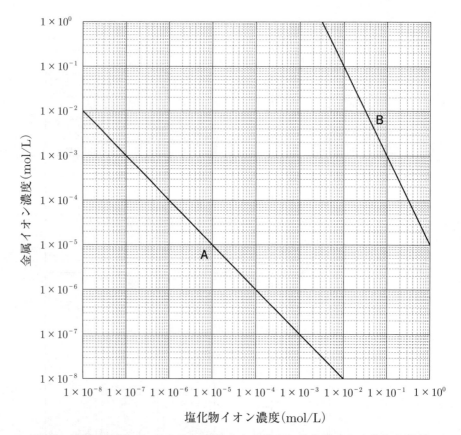

図1　沈殿が生じているときの金属イオン濃度と塩化物イオン濃度の関係

第3回 化 学

a ア ～ ウ に当てはまる化学式や数値の組合せとして最も適当なものを，次の①〜⑥のうちから一つ選べ。 16

	ア	イ	ウ
①	$AgCl$	$PbCl_2$	1.5
②	$PbCl_2$	$AgCl$	1.5
③	$AgCl$	$PbCl_2$	2.0
④	$PbCl_2$	$AgCl$	2.0
⑤	$AgCl$	$PbCl_2$	2.5
⑥	$PbCl_2$	$AgCl$	2.5

b この温度における $PbCl_2$ の溶解度積の値はいくらか。有効数字2桁で次の形式で表すとき， 17 ～ 20 に当てはまる数値を，次の①〜⓪のうちから一つずつ選べ。ただし，同じものを繰り返し選んでもよい。

$$ \boxed{17} . \boxed{18} \times 10^{-\boxed{19}} \ (\text{mol/L})^{\boxed{20}} $$

① 1 ② 2 ③ 3 ④ 4 ⑤ 5

⑥ 6 ⑦ 7 ⑧ 8 ⑨ 9 ⓪ 0

c 1.0×10^{-2} mol/L の Ag^+ と 1.0×10^{-1} mol/L の Pb^{2+} を含む混合水溶液に，Cl^- を含む水溶液を少量ずつ加えていった。Pb^{2+} が沈殿し始めるとき，水溶液中の Ag^+ のモル濃度ははじめの何%になっているか。最も適当な数値を，次の①〜⑤のうちから一つ選べ。ただし，水溶液の体積は変化しないものとする。 21 %

① 1.0×10^{-6} ② 1.0×10^{-4} ③ 1.0×10^{-2} ④ 1.0 ⑤ 1.0×10

— 15 —

第4問 次の問い(問1〜4)に答えよ。(配点 20)

問1 (a)アルケンなどの炭素間二重結合をもつ有機化合物に，オゾンを作用させた後，亜鉛と塩酸で処理すると，炭素間二重結合の部分で開裂してアルデヒドまたはケトンを生成する。この反応をオゾン分解という。

$$\underset{R_2}{\overset{R_1}{>}}C=C\underset{H}{\overset{R_3}{<}} \xrightarrow[\text{Zn, HCl}]{O_3} \underset{O}{\overset{\text{||}}{R_1-C-R_2}} + \underset{O}{\overset{\text{||}}{R_3-C-H}}$$

この反応は，アルデヒドやケトンを合成するのに有用であるばかりでなく，炭素間二重結合をもつ分子の(b)構造を推定することにも利用される。次の問い(**a〜c**)に答えよ。

a 下線部(a)に関して，アルケンの構造や性質に関する記述として**誤りを含む**ものを，次の①〜⑤のうちから一つ選べ。 22

① エテン(エチレン)は，分子内のすべての原子が同一平面上にある。

② シス-トランス異性体(幾何異性体)が存在するアルケンのうち，最も炭素数が少ないものは，2-ブテンである。

③ エテン(エチレン)を付加重合させると，ポリエチレンが生成する。

④ プロペン(プロピレン)に臭素を付加させると，不斉炭素原子をもつ生成物が得られる。

⑤ エテン(エチレン)に触媒存在下で水を付加させると，不安定なビニルアルコールを経てアセトアルデヒドが得られる。

b 下線部(b)に関して，ある炭化水素**X** 1 mol を完全にオゾン分解したところ，次の構造式をもつ化合物のみが 1 mol 生成した。

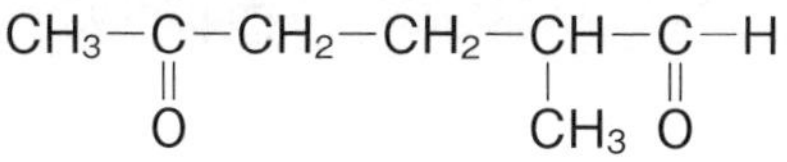

$$CH_3-\underset{\underset{O}{\|}}{C}-CH_2-CH_2-\underset{\underset{CH_3}{|}}{CH}-\underset{\underset{O}{\|}}{C}-H$$

Xの構造式として最も適当なものを，次の ① ～ ⑥ のうちから一つ選べ。

23

① $CH_3-CH=CH-CH_2-\underset{\underset{CH_3}{|}}{C}=CH_2$

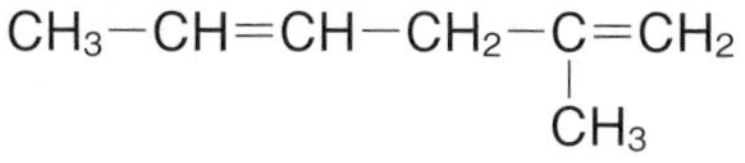

② $CH_3-\underset{\underset{CH_2}{\|}}{C}-CH_2-CH_2-\underset{\underset{CH_3}{|}}{CH}-\underset{\underset{CH_2}{\|}}{CH}$

③
```
          CH3
           |
           C
  H2C     ‖  CH
   |         |
  H2C ───── CH
               |
              CH3
```

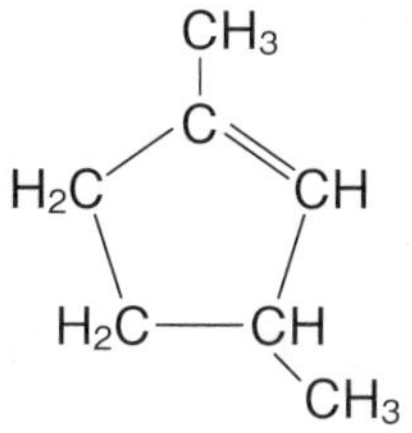

④
```
          CH3
           |
           C
  HC    ‖    CH2
   ‖          |
  H2C ───── CH
               |
              CH3
```

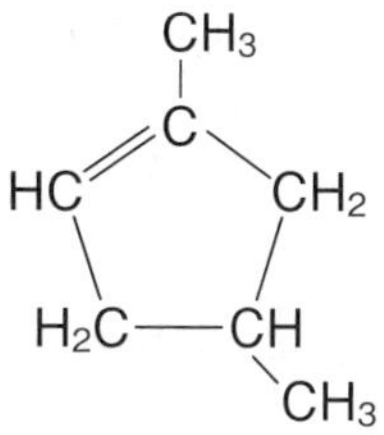

⑤
```
          CH3
           |
           CH
  H2C           CH
   |          ‖  |
  H2C           CH
   |          
  CH2
```

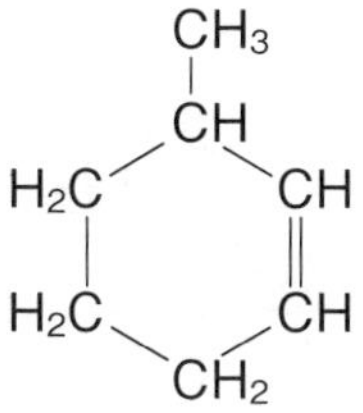

⑥
```
          CH3
           |
           C
  H2C    ‖    CH
   |           |
  H2C         CH2
   |          
  CH2
```

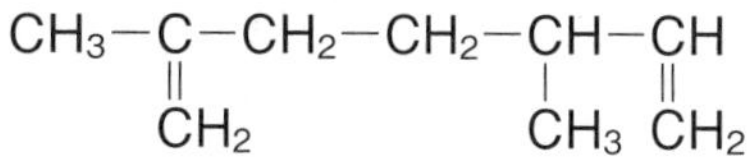

— 17 —

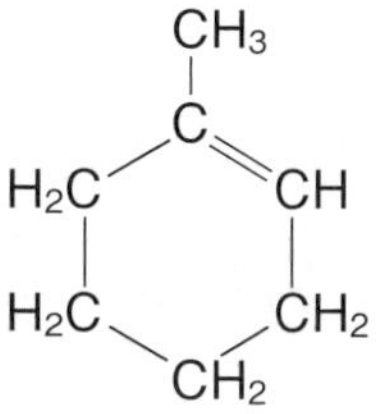

c　次に示す 3 種類のアルケンの混合物を完全にオゾン分解した。

$$CH_2{=}\underset{\underset{CH_3}{|}}{C}{-}CH_2{-}CH_3, \quad CH_3{-}\underset{\underset{CH_3}{|}}{C}{=}CH{-}CH_3, \quad CH_3{-}\underset{\underset{CH_3}{|}}{CH}{-}CH{=}CH_2$$

　このとき生成する化合物として**適当でないもの**を，次の ① ～ ⑥ のうちから**二つ**選べ。ただし，解答の順序は問わない。　24 ・ 25

① $CH_3{-}\underset{\underset{O}{\|}}{C}{-}H$

② $CH_3{-}CH_2{-}\underset{\underset{O}{\|}}{C}{-}H$

③ $CH_3{-}CH_2{-}CH_2{-}\underset{\underset{O}{\|}}{C}{-}H$

④ $CH_3{-}\underset{\underset{CH_3}{|}}{CH}{-}\underset{\underset{O}{\|}}{C}{-}H$

⑤ $CH_3{-}\underset{\underset{O}{\|}}{C}{-}CH_3$

⑥ $CH_3{-}CH_2{-}\underset{\underset{O}{\|}}{C}{-}CH_3$

— 18 —

問2　炭素，水素，酸素のみからなる有機化合物 Y 37.0 mg を完全燃焼させたところ，二酸化炭素が 88.0 mg，水が 45.0 mg 得られた。また，Y に金属ナトリウムを作用させると，気体を発生した。Y に関する記述として正しいものを，次の ① ～ ⑤ のうちから一つ選べ。　26

① 常温常圧で気体である。
② 濃硫酸を加えて適切な温度で加熱すると，アルケンを生じる。
③ 臭素水を加えると，臭素の赤褐色が消える。
④ アンモニア性硝酸銀水溶液を加えると，銀鏡が生成する。
⑤ 水酸化ナトリウム水溶液を加えると，塩を生じる。

問3　異なる元素の原子どうしが共有結合を形成する場合，共有電子対は電気陰性度の大きな元素の原子のほうに偏って存在している。しかし，これにより生じた結合間の電荷の偏りが，分子の対称性により分子全体で打ち消される場合は，無極性分子となる。このような無極性分子を，次の ① ～ ⑥ のうちから二つ選べ。ただし，解答の順序は問わない。　27　・　28

① エタノール　　　　　　　　② p-ジクロロベンゼン
③ マレイン酸　　　　　　　　④ フマル酸
⑤ ジクロロメタン　　　　　　⑥ p-クレゾール

— 19 —

問4 図1に示すような構造をもつイオン交換樹脂を，カラム（筒状の容器）に十分な量つめた後，カラムの上から 0.10 mol/L の塩化カルシウム水溶液 10 mL を入れ，さらに純水 50 mL を加えた。続いて，カラムの下からの流出液をすべてビーカーに集めた。この流出液に含まれる物質を完全に中和するのに必要な酸または塩基の水溶液として最も適当なものを，後の ① ～ ⑥ のうちから一つ選べ。 29

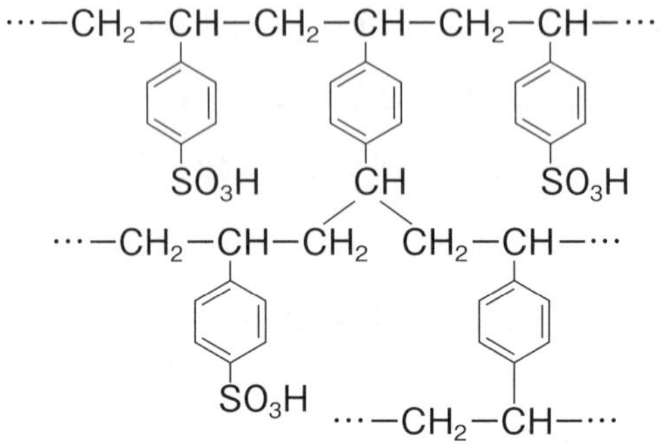

図　1

① 0.10 mol/L の塩酸 5 mL

② 0.10 mol/L の塩酸 10 mL

③ 0.10 mol/L の塩酸 20 mL

④ 0.10 mol/L の水酸化ナトリウム水溶液 5 mL

⑤ 0.10 mol/L の水酸化ナトリウム水溶液 10 mL

⑥ 0.10 mol/L の水酸化ナトリウム水溶液 20 mL

第 3 回　化　　学

（下 書 き 用 紙）

化学の試験問題は次に続く。

第5問 高分子化合物に関する次の問い（問1・2）に答えよ。（配点 20）

問1 アミロペクチンがもつヒドロキシ基−OHをすべてメチル化して−O−CH₃に変化させた後，グリコシド結合の部分を完全に加水分解すると，図1に示すように，部分的にメチル化された3種類の化合物A〜Cが得られる。これらの含有量から，アミロペクチンがもつ枝分かれの数などを推定することができる。

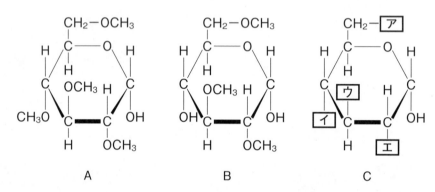

図1 アミロペクチンをメチル化した後の加水分解で得られる化合物

分子量が 1.62×10^6 であるアミロペクチンXがある。Xの一定量について，ヒドロキシ基をすべてメチル化した後，グリコシド結合の部分を完全に加水分解したところ，A，B，Cがそれぞれ，0.0010 mol，0.023 mol，0.0010 mol 得られた。この実験に関する次の問い（a〜c）に答えよ。

第3回 化 学

a 図1に示したCの構造式について，ア 〜 エ に当てはまる官能基の組合せとして最も適当なものを，次の①〜⑥のうちから一つ選べ。 30

	ア	イ	ウ	エ
①	OH	OH	OCH$_3$	OCH$_3$
②	OH	OCH$_3$	OH	OCH$_3$
③	OH	OCH$_3$	OCH$_3$	OH
④	OCH$_3$	OH	OH	OCH$_3$
⑤	OCH$_3$	OH	OCH$_3$	OH
⑥	OCH$_3$	OCH$_3$	OH	OH

b X 1分子に含まれる枝分かれの数はおよそ何個か。最も適当な数値を，次の①〜⑤のうちから一つ選べ。 31 個

① 100   ② 200   ③ 300   ④ 400   ⑤ 500

c アミロペクチンに関する記述として**誤りを含むもの**を，次の①〜⑤のうちから一つ選べ。 32

① 温水に溶けにくい。

② ヨウ素デンプン反応により，呈色する。

③ α-グルコースが縮合重合した構造をもつ。

④ 米(うるち米)に含まれる割合は，アミロースの方が大きい。

⑤ グリコーゲンの構造は，アミロースよりもアミロペクチンに似ている。

— 23 —

問2 ゴムノキから得られる乳液をラテックスという。ラテックスに酢酸などを作用させて凝固させたものを天然ゴムまたは生ゴムという。天然ゴムの主成分はポリイソプレンとよばれる高分子化合物で，図2に示す構造をもつ。

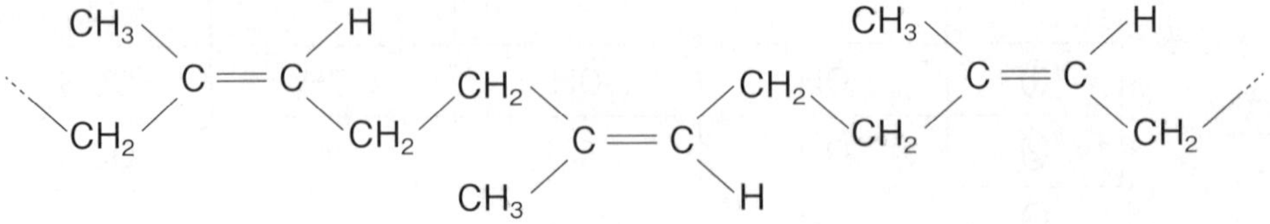

図2　天然ゴムの主成分の構造

天然ゴムを乾留すると，イソプレンが得られる。イソプレンに似た構造をもつ単量体を付加重合させることにより，各種の合成ゴムが得られる。合成ゴムのなかには，フッ素ゴムやシリコーンゴムのように分子内に不飽和結合をもたないものもある。これらのゴムに関する次の問い（**a**・**b**）に答えよ。

a　イソプレンの分子式として正しいものを，次の①～⑥のうちから一つ選べ。 $\boxed{33}$

① C_4H_6 ② C_4H_8 ③ C_5H_8

④ C_5H_{10} ⑤ C_6H_{10} ⑥ C_6H_{12}

b　次の構造式で表される高分子化合物は，フッ化ビニリデン $CH_2=CF_2$（分子量 64）とヘキサフルオロプロペン $CF_2=CF-CF_3$（分子量 150）の共重合で得られるフッ素ゴムである。m と n の比（$m:n$）が 3：1 であるとすると，この高分子化合物におけるフッ素 F の質量含有率は何％か。最も適当な数値を，後の①～⑤のうちから一つ選べ。 $\boxed{34}$ ％

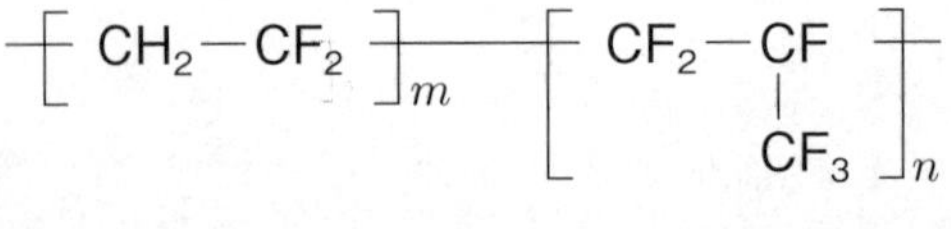

① 44   ② 56   ③ 67   ④ 78   ⑤ 89

第 4 回

（60分）

実 戦 問 題

● 標 準 所 要 時 間 ●

第1問	12分	第4問	12分
第2問	12分	第5問	12分
第3問	12分		

第4回　実戦問題

化　　　　　学

$\left(\text{解答番号}\boxed{1}\sim\boxed{33}\right)$

必要があれば，原子量は次の値を使うこと。

H　1.0	C　12	N　14	O　16
P　31	Cl　35.5		

気体は，実在気体とことわりがない限り，理想気体として扱うものとする。

第1問　次の問い(問1〜3)に答えよ。(配点　20)

問1　ラベルがとれてしまった3本の試薬びんに，それぞれ異なる液体ア〜ウが入っている。これらの液体は，次の物質のいずれかであることがわかっている。

ジエチルエーテル	1-ブタノール	ペンタン

ア〜ウを特定するために，沸点，密度，水に対する溶解度を測定したところ，表1の結果が得られた。後の問い(**a**・**b**)に答えよ。

表1

液体	沸点(℃)	密度(g/cm³), 20℃	水に対する溶解度(g/100g 水), 20℃
ア	36	0.63	0.040 以下
イ	35	0.71	7.5
ウ	118	0.81	9.1

— 2 —

第 4 回　化　　学

a　　液体**ウ**は，20℃において 250 g の水に最大何 cm³ まで溶けるか。最も適
　　当な数値を，次の①〜⑤のうちから一つ選べ。　　1　cm³

①　16　　　　　②　20　　　　　③　24　　　　　④　28　　　　　⑤　32

b　　液体**ア**〜**ウ**はそれぞれ何か。最も適当な組合せを，次の①〜⑥のうちか
　　ら一つ選べ。　　2

	ア	イ	ウ
①	ジエチルエーテル	1-ブタノール	ペンタン
②	ジエチルエーテル	ペンタン	1-ブタノール
③	ペンタン	ジエチルエーテル	1-ブタノール
④	ペンタン	1-ブタノール	ジエチルエーテル
⑤	1-ブタノール	ジエチルエーテル	ペンタン
⑥	1-ブタノール	ペンタン	ジエチルエーテル

問2 容積を任意に調節できる真空の密閉容器内に，窒素 0.30 mol と水 0.20 mol を入れ，1.0×10^5 Pa，80℃ にした。この容器内の混合気体に対して，以下の二つの**操作Ⅰ・Ⅱ**を行った。

操作Ⅰ この混合気体を 1.0×10^5 Pa に保ったまま，容器内を徐々に冷却したところ，t_1 (℃) で水蒸気の液化が開始した。そのまま冷却を続け，最終的には容器内の温度を 30℃ とした。

操作Ⅱ この混合気体の入った容器の容積を固定してから，容器内を徐々に冷却したところ，t_2 (℃) で水蒸気の液化が開始した。そのまま冷却を続け，最終的には容器内の温度を 30℃ とした。

図1は水の蒸気圧曲線である。この図を参考にして，後の問い (**a・b**) に答えよ。ただし，生じた液体の水の体積は無視できるものとし，液体の水に窒素は溶解しないものとする。

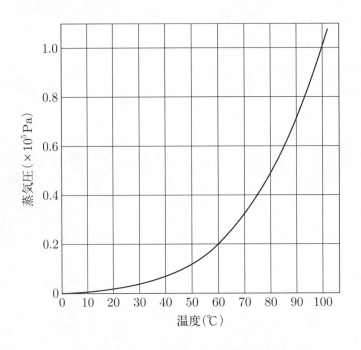

図1 水の蒸気圧曲線

第4回 化 学

a t_1 は何℃か。最も適当な数値を，次の①〜⑤のうちから一つ選べ。
 3 ℃

 ① 25   ② 33   ③ 52   ④ 60   ⑤ 75

b 操作Ⅰ・Ⅱの結果について，t_1 と t_2 の数値を比較すると ア となる。
 また，30℃の容器内に存在する液体の水の質量は イ である。 ア ，
 イ に入る関係式，語句の組合せとして最も適当なものを，次の①〜
 ⑨のうちから一つ選べ。 4

	ア	イ
①	$t_1 > t_2$	操作Ⅰのほうが多い
②	$t_1 = t_2$	操作Ⅰのほうが多い
③	$t_1 < t_2$	操作Ⅰのほうが多い
④	$t_1 > t_2$	操作Ⅱのほうが多い
⑤	$t_1 = t_2$	操作Ⅱのほうが多い
⑥	$t_1 < t_2$	操作Ⅱのほうが多い
⑦	$t_1 > t_2$	等しい
⑧	$t_1 = t_2$	等しい
⑨	$t_1 < t_2$	等しい

— 5 —

問3 五酸化二窒素 N_2O_5 は，加熱すると分解して NO_2 と O_2 を生じる。この反応は次式で表される。

$$2\,N_2O_5 \longrightarrow 4\,NO_2 + O_2 \qquad\qquad \cdots\cdots(1)$$

式(1)の反応は，次の三つの素反応*(式(2)～式(4))が段階的に進行することで起こる。

$$N_2O_5 \longrightarrow \boxed{\text{ア}} + O_2 \qquad\qquad \cdots\cdots(2)$$
$$\boxed{\text{ア}} \longrightarrow \boxed{\text{イ}} + \boxed{\text{ウ}} \qquad\qquad \cdots\cdots(3)$$
$$N_2O_5 + \boxed{\text{イ}} \longrightarrow 3\,\boxed{\text{ウ}} \qquad\qquad \cdots\cdots(4)$$

＊素反応とは，反応物が直接 1 段階で活性化状態(遷移状態)を経て生成物になる反応である。

式(2)の反応は式(3)や式(4)の反応と比べて十分に遅いので，全体の反応速度は式(2)の反応でほぼ決まる。次の問い(**a・b**)に答えよ。

a $\boxed{\text{ア}}$ ～ $\boxed{\text{ウ}}$ に当てはまる窒素酸化物の化学式として最も適当な組合せを，次の①～⑥のうちから一つ選べ。 $\boxed{5}$

	ア	イ	ウ
①	NO	NO_2	N_2O_3
②	NO	N_2O_3	NO_2
③	NO_2	NO	N_2O_3
④	NO_2	N_2O_3	NO
⑤	N_2O_3	NO	NO_2
⑥	N_2O_3	NO_2	NO

— 6 —

b 下線部を考慮すると，式(1)の反応の反応速度 v と N_2O_5 のモル濃度 $[N_2O_5]$ の関係を表すグラフはどのようになるか。最も適当なものを，次の ①～⑥ のうちから一つ選べ。ただし，温度は一定であり，v は次式で定義されるものとする。6

$$v = \frac{-\Delta[N_2O_5]}{\Delta t}$$

①
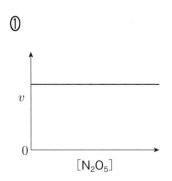

②
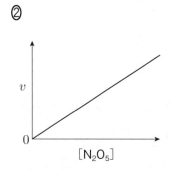

③
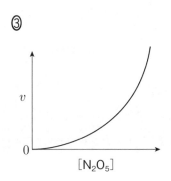

④
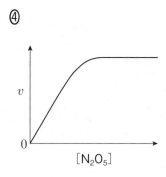

⑤
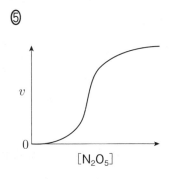

⑥
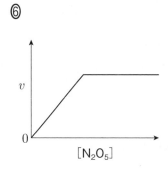

第2問 次の問い(問1・2)に答えよ。(配点　20)

問1　ヨウ素 I_2 は，式(1)のように酸化剤としてはたらき，ヨウ化物イオンに変化する。

$$I_2 + 2e^- \longrightarrow 2I^- \qquad\qquad \cdots\cdots(1)$$

一方，ビタミンC(アスコルビン酸)は，比較的強い還元剤であり，式(2)のように変化する。

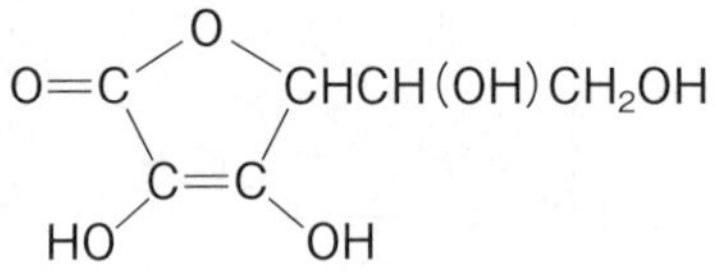

O=C—O
　　　｜CHCH(OH)CH$_2$OH
　　C=C
HO　　OH

ビタミンC(分子式は $C_6H_8O_6$)

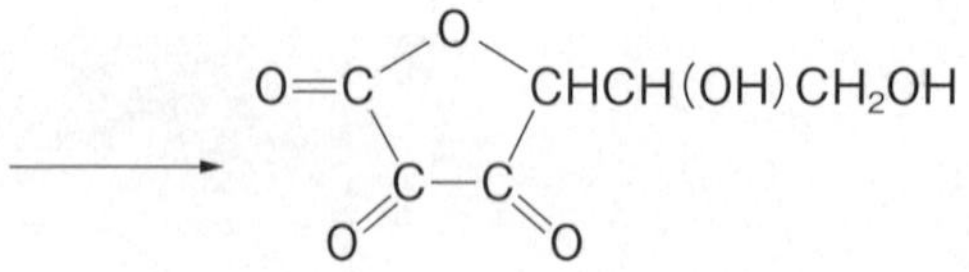

$$\longrightarrow$$

O=C—O
　　　｜CHCH(OH)CH$_2$OH
　　C—C
O　　O
$$+ 2H^+ + 2e^- \quad \cdots\cdots(2)$$

(分子式は $C_6H_6O_6$)

また，チオ硫酸ナトリウムは還元剤であり，ヨウ素とは式(3)のように反応する。

$$I_2 + 2Na_2S_2O_3 \longrightarrow Na_2S_4O_6 + 2NaI \quad \cdots\cdots(3)$$

これらの反応を利用した次の**実験**により，ある柑橘系飲料(以下，試料水とよぶ)に含まれるビタミンCを定量した。後の問い(**a**〜**c**)に答えよ。

実験　試料水 50.0 mL を，三角フラスコに正確にはかり取り，希硫酸を加えて酸性にした後，0.040 mol/L のヨウ素溶液 20.0 mL を加えた。これにデンプン溶液を少量加え，0.010 mol/L のチオ硫酸ナトリウム水溶液を滴下していくと，12.0 mL 滴下したところで，溶液の色が変化した。

— 8 —

a 式(2)において，ビタミンC分子に含まれる炭素原子の一部は酸化数が変化している。酸化数が変化している炭素原子の数と炭素原子1個あたりの酸化数の変化の組合せとして最も適当なものを，次の①～④のうちから一つ選べ。 7

	酸化数が変化している 炭素原子の数	炭素原子1個あたりの 酸化数の変化
①	1	2増加
②	1	2減少
③	2	1増加
④	2	1減少

b 下線部に関して，溶液の色の変化として最も適当なものを，次の①～⑥のうちから一つ選べ。 8

① 無色から赤色　　② 無色から青紫色　　③ 無色から黄色

④ 赤色から無色　　⑤ 青紫色から無色　　⑥ 黄色から無色

c 実験で用いた試料水50.0mL中に含まれるビタミンCは何mgか。最も適当な数値を，次の①～⑥のうちから一つ選べ。ただし，式(1)～(3)以外の酸化還元反応は起こらないものとし，ビタミンCの分子量を176とする。
9 mg

① 50　　　② 80　　　③ 100　　　④ 130　　　⑤ 150　　　⑥ 180

— 9 —

問2 $c\,(\mathrm{mol/L})$ の酢酸水溶液が電離平衡($\mathrm{CH_3COOH} \rightleftarrows \mathrm{CH_3COO^-} + \mathrm{H^+}$)の状態にあるとき,酢酸の電離度を α とすると,酢酸分子の濃度$(\mathrm{mol/L})$は次式で表される。

$$[\mathrm{CH_3COOH}] = c(1 - \alpha)\,(\mathrm{mol/L})$$

α が1に比べてかなり小さいときには,$1 - \alpha \fallingdotseq 1$ としてよいので,酢酸分子の濃度は,酢酸水溶液の濃度で近似することができる。

$$[\mathrm{CH_3COOH}] = c(1 - \alpha) \fallingdotseq c\,(\mathrm{mol/L})$$

また,水の電離で生じた $\mathrm{H^+}$ の濃度は極めて小さいので,

$$[\mathrm{CH_3COO^-}] = c\alpha \fallingdotseq [\mathrm{H^+}]$$

と近似することができる。

これらの近似を用いると,酢酸の電離定数 $K_\mathrm{a}\,(\mathrm{mol/L})$ は次式で表される。

$$K_\mathrm{a} = \frac{[\mathrm{CH_3COO^-}][\mathrm{H^+}]}{[\mathrm{CH_3COOH}]} \fallingdotseq \frac{[\mathrm{H^+}]^2}{c}$$

次の問い(**a** ・ **b**)に答えよ。

― 10 ―

a pHメーターを用いて，ある温度における0.10 mol/Lの酢酸水溶液のpHを測定したところ2.80であった。この温度におけるK_aの値はいくらか。有効数字2桁で次の形式で表すとき，10 ～ 12 に当てはまる数字を，後の①～⓪のうちから一つずつ選べ。ただし，同じものを繰り返し選んでもよい。また，$10^{-2.80} = 1.6 \times 10^{-3}$ とする。

$$\boxed{10} . \boxed{11} \times 10^{-\boxed{12}} \text{ mol/L}$$

① 1　　② 2　　③ 3　　④ 4　　⑤ 5
⑥ 6　　⑦ 7　　⑧ 8　　⑨ 9　　⓪ 0

b 0.10 mol/Lの酢酸水溶液を4倍に希釈したときのK_aとαの値に関する記述として最も適当なものを，次の①～⑤のうちから一つ選べ。ただし，温度は一定とする。 13

① K_aの値は変化しないが，αの値はほぼ2倍になる。

② K_aの値は変化しないが，αの値はほぼ$\frac{1}{2}$倍になる。

③ αの値は変化しないが，K_aの値はほぼ2倍になる。

④ αの値は変化しないが，K_aの値はほぼ$\frac{1}{2}$倍になる。

⑤ K_aの値もαの値も変化しない。

第3問 次の問い(問1・2)に答えよ。(配点 20)

問1 次の操作A～Eにより，5種類の気体を発生させ，それぞれを適当な方法で捕集した。表1に示した気体ア～オの性質は，これらのいずれかのものである。

A 亜鉛に希硫酸を加える。

B 濃硫酸に塩化ナトリウムを加えて加熱する。

C 高度さらし粉 $Ca(ClO)_2 \cdot 2H_2O$ に塩酸を加える。

D 硫化鉄(Ⅱ)に希硫酸を加える。

E 銅に濃硝酸を加える。

表1 気体ア～オの性質

気体	色	におい	水への溶解性
ア	無色	刺激臭	かなりよく溶ける
イ	無色	無臭	溶けにくい
ウ	X	刺激臭	溶けやすい
エ	無色	Y	少し溶ける
オ	黄緑色	刺激臭	少し溶ける

次の問い(a～c)に答えよ。

a 操作A～Eのうち，酸化還元反応が起こるものはいくつあるか。最も適当な数を，次の①～⑤のうちから一つ選べ。 14

① 1 ② 2 ③ 3 ④ 4 ⑤ 5

— 12 —

第4回 化　学

b　表1の　X　と　Y　に当てはまる語の組合せとして最も適当なもの
を，次の①～⑥のうちから一つ選べ。　15

	X	Y
①	無　色	無　臭
②	無　色	腐卵臭
③	淡青色	無　臭
④	淡青色	腐卵臭
⑤	赤褐色	無　臭
⑥	赤褐色	腐卵臭

c　気体ア～オに関する記述として**誤りを含むもの**を，次の①～⑤のうちか
ら一つ選べ。　16

① アにアンモニアを触れさせると，白煙を生じる。

② イは，操作A～Eにより発生した気体の中で沸点が最も高い。

③ ウは，操作Eにより発生した気体である。

④ エは，有毒な気体で火山ガスに含まれている。

⑤ オは，赤色の花びらを漂白する。

— 13 —

問2 図1に示す反応経路によって，少量の炭酸カルシウムを用いて多量のアセチレンをつくることができると考えられる。

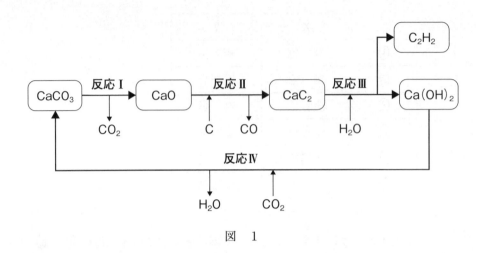

図　1

炭酸カルシウムを強熱して酸化カルシウムをつくり(**反応Ⅰ**)，炭素を高温で反応させれば炭化カルシウムが生じる(**反応Ⅱ**)。その炭化カルシウムに水を加えると，アセチレンを生じる(**反応Ⅲ**)。

この反応で生じる水酸化カルシウムの水溶液に二酸化炭素を通じると，炭酸カルシウムになる(**反応Ⅳ**)。

これらの反応(**反応Ⅰ～Ⅳ**)において，中間で生じた物質をすべて消去して一つの化学反応式にすると，炭素と　A　からアセチレンとともに　B　が生じる反応式が得られる。つまり，これらの反応(**反応Ⅰ～Ⅳ**)が完全に進み，それ以外の反応が起こらないとすれば，例えば炭酸カルシウムが0.10molしかなくても，炭素1.0molからアセチレンを　C　molつくれることになる。

よって，少量の炭酸カルシウムがあれば，炭素と　A　から多量のアセチレンをつくることができると考えられる。次の問い(**a～c**)に答えよ。

第4回　化　学

a　図1に示した物質と反応に関する記述として**誤りを含むもの**を，次の①〜⑤のうちから一つ選べ。　17

①　炭酸カルシウムは水に溶けにくい。

②　**反応Ⅱ**の酸化カルシウムのかわりに二酸化ケイ素を用い，炭素と高温で反応させると，単体のケイ素が生じる。

③　酸化カルシウムは，乾燥剤や発熱剤として利用されている。

④　水酸化カルシウムは，カルシウムと水の反応でも生じる。

⑤　一酸化炭素と二酸化炭素は，いずれも水によく溶けて酸性を示す。

b　文章中の　A　〜　C　に当てはまる物質または数値として最も適当なものを，次の①〜⑨のうちからそれぞれ一つずつ選べ。
　A　18　B　19　C　20

①　水　　　　　　　　　②　一酸化炭素　　　③　二酸化炭素

④　水と一酸化炭素　　⑤　水と二酸化炭素　⑥　一酸化炭素と二酸化炭素

⑦　0.25　　　　　　　　⑧　0.33　　　　　　　⑨　0.50

c　下線部に**誤りを含むもの**を，次の①〜④のうちから一つ選べ。ただし，いずれの場合も　A　は過剰にあるものとする。　21

①　炭酸カルシウムは0.10 molのままで炭素を2.0 molにすれば，<u>　C　molの2倍の物質量のアセチレンをつくることができる。</u>

②　炭酸カルシウムを0.10 mol使って，炭素1.0 molをすべて消費してアセチレンを　C　molつくるまでに，<u>反応Ⅳの工程は最低10回行う必要がある。</u>

③　少量の酸化カルシウムからでも，**反応Ⅱ**と**反応Ⅲ**に，もう1つのある反応を組み合わせれば，<u>炭素と　A　からアセチレンを目的とする量だけつくることができる。</u>

④　**反応Ⅳ**で，水酸化カルシウム水溶液に二酸化炭素を過剰に通じると，<u>生じる炭酸カルシウムの物質量は減る。</u>

— 15 —

第4問 次の文章を読み，後の問い（問1～5）に答えよ。（配点　20）

　重要な医薬品の原料であるサリチル酸は，ベンゼンを出発物質として合成することができる。まず，アルケン**A**とベンゼンを触媒の存在下で反応させて化合物**B**を合成する。

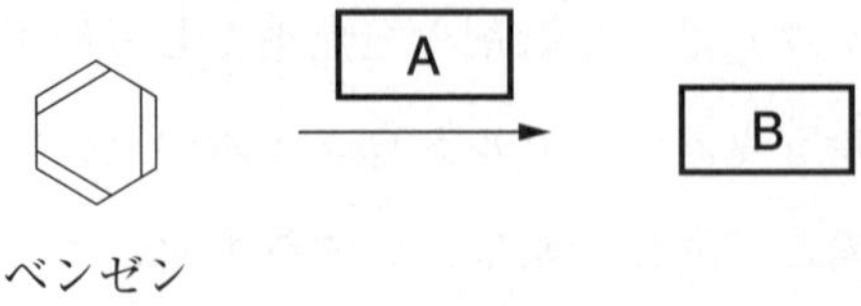

ベンゼン

　化合物**B**を酸素で酸化してクメンヒドロペルオキシドとした後，希硫酸により分解すると化合物**C**とともにフェノールが生成する。この合成法は，ベンゼンからフェノールを合成する工業的な製法の一つである。

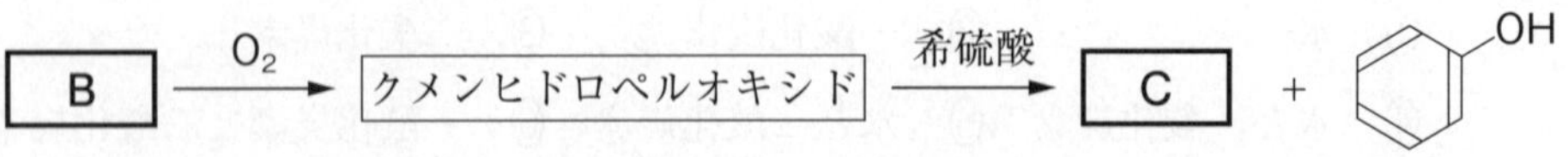

　得られたフェノールのナトリウム塩を加熱・加圧下で二酸化炭素と反応させ，生じたサリチル酸ナトリウムに希硫酸を加えて酸性にすると，目的物であるサリチル酸が得られる。

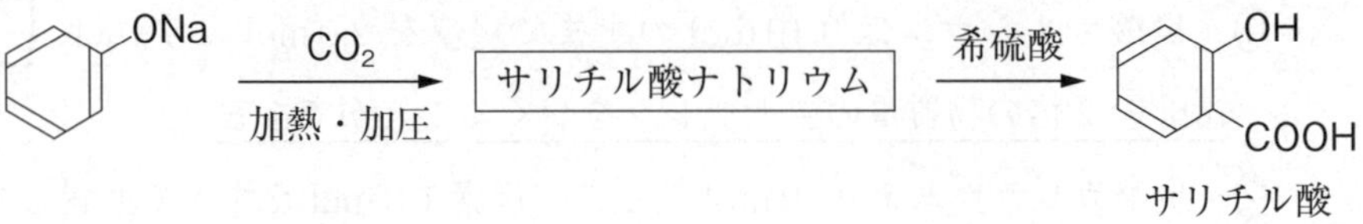

サリチル酸

　サリチル酸から合成されるアセチルサリチル酸とサリチル酸メチルは，いずれも医薬品として重要である。

— 16 —

第4回　化　学

問1　AとCに関する記述として**誤りを含むもの**を，次の①～④のうちから一つ
選べ。　22

① Aを付加重合させると，高分子化合物になる。
② Aを触媒($PdCl_2 + CuCl_2$)の存在下で酸化すると，Cが生成する。
③ Cはヨードホルム反応を示す。
④ Cは銀鏡反応を示す。

問2　Bに関する記述として**誤りを含むもの**を，次の①～④のうちから一つ選べ。
23

① Bは水に溶けにくい。
② Bの沸点は，ベンゼンより高い。
③ Bを構成する炭素原子は，すべて同一平面上にある。
④ Bがもつ水素原子1個を塩素原子で置き換えてできる構造異性体の数は，
5個である。

問3　アセチルサリチル酸とサリチル酸メチルの性質の組合せとして最も適当なも
のを，次の①～⑥のうちから一つ選べ。ただし，選択肢中の○はその性質を
示すことを，×はその性質を示さないことを表す。　24

| | アセチルサリチル酸 | | サリチル酸メチル | |
	炭酸水素ナトリウム水溶液に気体を発生して溶ける	塩化鉄(Ⅲ)水溶液で呈色する	炭酸水素ナトリウム水溶液に気体を発生して溶ける	塩化鉄(Ⅲ)水溶液で呈色する
①	○	×	×	×
②	○	×	×	○
③	×	○	×	×
④	×	○	○	×
⑤	×	×	○	×
⑥	×	×	×	○

問4 サリチル酸からアセチルサリチル酸を合成したところ，2.76 g のサリチル酸から 1.80 g のアセチルサリチル酸が得られた。このとき得られたアセチルサリチル酸の収率は何％か。最も適当な数値を，次の①〜⑤のうちから一つ選べ。ただし，収率とは，反応式から計算した生成物の量に対する，実際に得られた生成物の量の割合をいう。 $\boxed{25}$ ％

   ① 30   ② 40   ③ 50   ④ 60   ⑤ 70

問5 サリチル酸メチルの用途として最も適当なものを，次の①〜④のうちから一つ選べ。 $\boxed{26}$

   ① 下剤   ② 解熱鎮痛剤   ③ 抗がん剤   ④ 消炎鎮痛剤

第4回　化　学

（下書き用紙）

化学の試験問題は次に続く。

第5問 高分子化合物に関する次の問い(**問1・2**)に答えよ。(配点 20)

問1 和食料理をつくるとき,「だし」としてコンブ,煮干しやかつお節,シイタケ
などをよく用いる。これは,それらの食品に含まれる「うま味」成分を利用する
ためである。うま味成分は水溶性であり,食品を水に浸しておいたり,煮たり
することにより,容易に溶け出してくる。コンブのうま味成分は,アミノ酸の
一種であるグルタミン酸の塩であるが,煮干しやかつお節,シイタケのうま味
成分は,ヌクレオチドの塩である。ヌクレオチドは,生体内では,高分子化合
物の一つである核酸(ポリヌクレオチド)とよばれる遺伝物質の構成単位になっ
ている。核酸には,DNA(デオキシリボ核酸)とRNA(リボ核酸)がある。次
の問い(**a~c**)に答えよ。

a 下線部に関して,うま味成分は,水の量や温度を適切に設定すれば,その
食品から最初に取っただし汁中に大部分を溶かし出すことができる。このよ
うな分離操作を何というか。最も適当なものを,次の**①~⑤**のうちから一
つ選べ。 27

① 分留 **②** ろ過 **③** 抽出 **④** 再結晶 **⑤** 昇華法

— 20 —

b　ヌクレオチドは，図1のようにア，イおよび塩基の三つの化合物が縮合してできた構造をもつ物質である。シイタケのうま味成分は，RNAの構成単位であるヌクレオチドの一つと同じものであり，含まれる塩基は図2に示すグアニンである。このヌクレオチドを構成するアとイの構造式として最も適当なものを，後の①～⑦のうちから一つずつ選べ。

ア 28 　イ 29

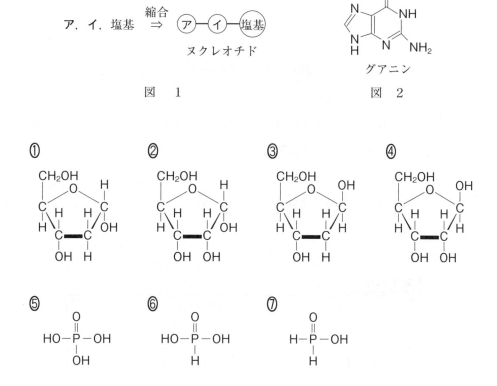

c　シイタケのうま味成分であるヌクレオチドの分子量はいくらか。最も適当な数値を，次の①～⑤のうちから一つ選べ。ただし，グアニンの分子量は151であり，ヌクレオチドは遊離した分子の状態であるものとする。
　30

① 331　　② 345　　③ 347　　④ 363　　⑤ 381

— 21 —

問2 代表的なプラスチック製品5種(**ア～オ**)の材質を簡単に識別するために，次の**実験I・II**を順に行った。ただし，**ア～オ**は，ポリエチレンテレフタラート(PET)，ポリエチレン(PE)，ポリ塩化ビニル(PVC)，ポリプロピレン(PP)，ポリスチレン(PS)のいずれかである。

実験I 炎色反応の確認

バーナーの外炎で熱した銅線を試料につけ，融解させたものを少量とり，再び銅線を外炎の中に入れ，青緑色の炎色反応が見られるかどうかを確認した。

実験II 燃焼試験(**実験I**で青緑色の炎色反応が確認できなかったプラスチックだけ行った。)

試料の小片をピンセットでもち，バーナーの外炎の中に入れた後，炎から出して燃焼の様子を観察した。

以下は，これらの**実験**の結果をまとめたものである。後の問い(**a～c**)に答えよ。

実験Iの結果

プラスチック	青緑色の炎色反応
ア	確認された
イ～オ	確認されなかった

実験IIの結果

プラスチック	**イ**	**ウ**	**エ**	**オ**
燃焼試験	よく燃えた。すすはほとんど出なかった。	よく燃えた。すすはほとんど出なかった。	燃えたが，多量のすすが出た。	燃えたが，すすは**エ**より少なかった。

— 22 —

a　プラスチック(ア)に関する記述として**誤りを含むもの**を，次の①～④のうちから一つ選べ。 31

① イ～オのいずれよりも激しく燃焼する。
② 燃焼すると，有害な物質を生じることがある。
③ イ～オのいずれにも含まれない元素を含む。
④ シート，ホース，パイプなどに利用される。

b　プラスチック(ア～オ)のうち，二つは炭素含有率(質量%)が互いに等しい。これらの炭素含有率は何%か。最も適当な数値を，次の①～⑤のうちから一つ選べ。 32 %

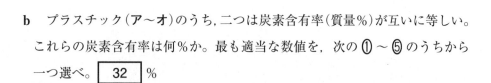

c　実験Ⅰ・Ⅱの結果から，プラスチック(エ)は何であると考えられるか。最も適当なものを，次の①～⑤のうちから一つ選べ。 33

① PET　　② PE　　③ PVC　　④ PP　　⑤ PS

第 5 回

（60分）

実 戦 問 題

● 標 準 所 要 時 間 ●

第1問	12分	第4問	12分
第2問	12分	第5問	12分
第3問	12分		

化　　　　　学

$\left(\text{解答番号}\ \boxed{1}\ \sim\ \boxed{32}\ \right)$

必要があれば，原子量は次の値を使うこと。
H　1.0　　　　C　12　　　　O　16　　　　Br　80

気体は，実存気体とことわりがない限り，理想気体として扱うものとする。

第1問　次の問い（問1～3）に答えよ。（配点　20）

問1　立体構造が折れ線形である分子またはイオンを，次の①～⑤のうちから一つ選べ。　$\boxed{1}$

①　C_2H_2　　②　H_3O^+　　③　H_2S　　④　HCN　　⑤　$NH_4{}^+$

— 2 —

問2 図1は，容積可変の密閉容器中に一定量の気体を封入して圧力・体積・温度を変化させたときの，気体の圧力と体積の関係を示したものである。A→BとC→Dの各変化に対応する操作の記述として最も適当なものを，それぞれ後の①〜⑥のうちから一つずつ選べ。

A→Bの変化 2

C→Dの変化 3

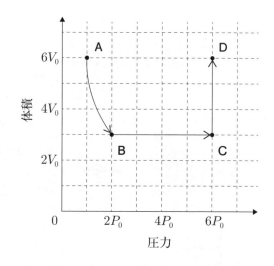

図1 気体の圧力と体積の関係

① 体積一定で，絶対温度を2倍にした
② 体積一定で，絶対温度を3倍にした
③ 温度一定で，圧力を2倍にした
④ 温度一定で，圧力を3倍にした
⑤ 圧力一定で，絶対温度を2倍にした
⑥ 圧力一定で，絶対温度を3倍にした

問3 図2のように，一様な断面積 $S(\text{cm}^2)$ をもつU字管の中央を半透膜で仕切り，左側に純水を，右側に平均分子量 M の高分子化合物 $w(\text{g})$ を溶解した水溶液を，一定温度 $T(\text{K})$ においてそれぞれ $V(\text{mL})$ ずつ入れた。これを大気圧下で長時間放置すると，左側の液面が下がり，右側の液面が上がって，$h(\text{cm})$ の液面差が生じた。この浸透圧測定実験に関する後の問い (**a** ～ **c**) に答えよ。ただし，半透膜は水分子は通すが，高分子化合物は通さないものとする。また，高分子化合物は会合や電離をしないものとする。

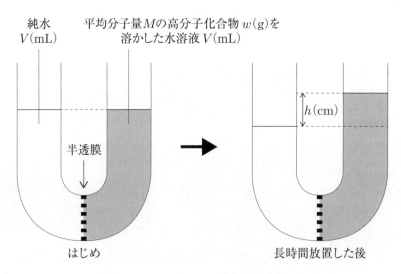

図2　浸透圧測定実験

a $h(\text{cm})$ の液面差が生じている状態における右側の水溶液の体積を V' (mL)とすると，$V' - V\,(\text{mL})$ を表す式として最も適当なものを，次の ① ～ ⑤ のうちから一つ選べ。　**4**　(mL)

① $\dfrac{1}{4}hS$ 　　　② $\dfrac{1}{2}hS$ 　　　③ hS

④ $2hS$ 　　　⑤ $4hS$

b w を 1.0 g, V を 90 mL, T を 300 K, S を 1.0 cm² として実験を行ったところ，液面差 h は 8.3 cm になった。用いた高分子化合物の平均分子量 M はいくらか。その数値を有効数字 2 桁の次の形式で表すとき，| 5 |〜| 7 | に当てはまる数字を，後の ①〜⓪ のうちから一つずつ選べ。ただし，同じものを繰り返し選んでもよい。なお，浸透圧についてはファントホッフの法則が成り立つものとする。また，1.0 cm の液面差が示す圧力は 100 Pa とし，気体定数は $R = 8.3 \times 10^3$ Pa·L/(mol·K) とする。

高分子化合物の平均分子量 M

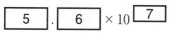

① 1   ② 2   ③ 3   ④ 4   ⑤ 5
⑥ 6   ⑦ 7   ⑧ 8   ⑨ 9   ⓪ 0

c b において，液面差が 8.3 cm になった後，U 字管の純水側に 8.3 mL の純水を加えて長時間放置すると，液面差 h (cm) はどうなるか。最も適当なものを，次の ①〜④ のうちから一つ選べ。| 8 |

① $h = 0$ ② $0 < h < 8.3$ ③ $h = 8.3$ ④ $h > 8.3$

第2問 次の問い(問1〜4)に答えよ。(配点 20)

問1 電気分解に関する記述として**誤りを含むもの**はどれか。最も適当なものを、次の ① 〜 ④ のうちから一つ選べ。 9

① 直流電源の正極につながれた電極を陽極といい、陽極では酸化反応が起こる。

② 両電極に銅を用いて硫酸銅(Ⅱ)水溶液を電気分解すると、陽極の銅の質量は小さくなり、陰極の銅の質量は大きくなる。

③ 両電極に白金を用いて硫酸ナトリウム水溶液を電気分解すると、両電極から等しい物質量の気体が発生する。

④ 両電極に白金を用いたとき、希硫酸を電気分解しても水酸化ナトリウム水溶液を電気分解しても、いずれも陽極では同じ気体が発生する。

問2 式(1)に示すメタンの水蒸気改質反応は，水素を工業的に得る方法として利用される。この水蒸気改質反応では，触媒の存在下，700 ～ 900℃でメタンと水蒸気を混合すると，一酸化炭素と水素が生成する。

$$CH_4 + H_2O \longrightarrow CO + 3H_2 \qquad (1)$$

また，この反応の熱化学方程式は，反応熱を Q (kJ) とすると，式(2)で表される。

$$CH_4(気) + H_2O(気) = CO(気) + 3H_2(気) + Q(kJ) \qquad (2)$$

各化合物の生成熱が表1に示す値であるとき，式(2)の反応熱 Q は何 kJ か。最も適当な数値を，後の① ～ ⑥ のうちから一つ選べ。　　10　　kJ

表1　各化合物の生成熱

化合物	生成熱(kJ/mol)
CH_4(気)	75
H_2O(気)	242
CO(気)	111

①　－428	②　－206	③　－56
④　56	⑤　206	⑥　428

— 7 —

問3 物質Aの水溶液に触媒を加えると，式(3)に示すようなAの分解反応が起こり，液体Bと気体Cが生成する。

$$A \longrightarrow B + C \tag{3}$$

ある一定温度において，1.0 mol/L のAの水溶液 10 mL に触媒を加え，1分間ごとにAのモル濃度[A]を調べたところ，表2のような結果が得られた。

表2　1分間ごとの[A]の変化

反応時間 t（min）	0	1	2	3	4	5	6
モル濃度[A]（mol/L）	1.0	0.76	0.58	0.44	0.33	0.25	0.19

表2の結果から，[A]とAの濃度減少速度v（mol/(L·min)）の関係（横軸[A]，縦軸v），および反応時間t(min)と発生した気体Cの物質量n（mol）の関係（横軸t，縦軸n）を表すグラフの概形はそれぞれどのようになるか。最も適当なものを，後の①〜⑥のうちから一つずつ選べ。ただし，同じものを繰り返し選んでもよい。

[A]とvの関係　　| 11 |

tとnの関係　　| 12 |

— 8 —

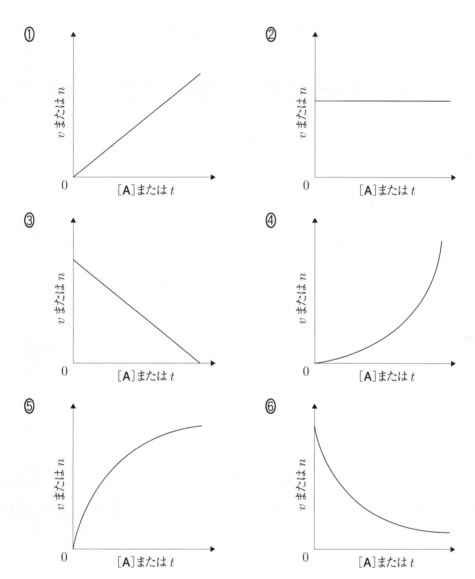

問4 次の文章を読み，後の問い（**a** ～ **c**）に答えよ。

2価の弱酸である硫化水素は，次の式(4)，(5)に示すように，水溶液中で一部が電離して水素イオンを生じる。

$$H_2S \rightleftarrows H^+ + HS^- \tag{4}$$

$$HS^- \rightleftarrows H^+ + S^{2-} \tag{5}$$

このときの式(4)，(5)の平衡定数 K_1, K_2 は，次のように表される。

$$K_1 = \frac{[H^+][HS^-]}{[H_2S]} = 1 \times 10^{-7}\,\text{mol/L} \tag{6}$$

$$K_2 = \frac{[H^+][S^{2-}]}{[HS^-]} = 1 \times 10^{-14}\,\text{mol/L} \tag{7}$$

ここで，$[H_2S]$，$[H^+]$，$[HS^-]$，$[S^{2-}]$は，それぞれ H_2S，H^+，HS^-，S^{2-}のモル濃度である。

a H_2S の飽和水溶液において，$[H_2S]$は 0.1 mol/L である。H_2S の飽和水溶液の pH はいくらか。最も適当な数値を，次の ① ～ ⑥ のうちから一つ選べ。ただし，式(5)の反応で生成する H^+は，式(4)の反応で生成する H^+と比べて十分に少なく，無視できるものとする。　| 13 |

① 1　　　② 2　　　③ 3　　　④ 4　　　⑤ 5　　　⑥ 6

b $[S^{2-}]$を，$[H_2S]$，$[H^+]$，K_1, K_2 を用いて表した式として最も適当なものを，次の ① ～ ⑥ のうちから一つ選べ。　| 14 |

① $\dfrac{[H^+]K_1K_2}{[H_2S]}$　　　② $\dfrac{[H_2S]K_1K_2}{[H^+]}$　　　③ $\dfrac{[H_2S]K_1K_2}{[H^+]^2}$

④ $\dfrac{[H^+]K_1}{[H_2S]K_2}$　　　⑤ $\dfrac{[H_2S]K_1}{[H^+]K_2}$　　　⑥ $\dfrac{[H_2S]K_1}{[H^+]^2K_2}$

— 10 —

第5回　化　学

c　3種類の金属イオン(A^{2+}, B^{2+}, C^{2+})の混合水溶液がある。各金属イオンのモル濃度は，いずれも 1×10^{-2} mol/L である。この混合水溶液に H_2S を十分に吹き込み，さらに pH を調整したところ，[S^{2-}]が 1.0×10^{-18} mol/L となった。このとき，生成している沈殿は何か。すべてを正しく選んでいるものを，後の①～⑥のうちから一つ選べ。ただし，表3は各金属イオンの硫化物の溶解度積 K_{sp} を示したものである。 15

表3　各金属イオンの硫化物の溶解度積 K_{sp}

硫化物	溶解度積 K_{sp}(mol^2/L^2)
AS	6.5×10^{-30}
BS	2.1×10^{-20}
CS	2.2×10^{-18}

①　AS　　　　　　　　②　BS　　　　　　　　③　CS

④　AS と BS　　　　　⑤　BS と CS　　　　　⑥　AS と BS と CS

第３問　次の問い(問１・問２)に答えよ。(配点　20)

問１　5種類の金属イオン(Ag^+, Cu^{2+}, Zn^{2+}, Fe^{3+}, Al^{3+})を含む混合水溶液から，各イオンを分離する実験を行った。図１は，このときの操作(操作１～５)の手順を示したものである。この実験に関する後の問い(**a**・**b**)に答えよ。

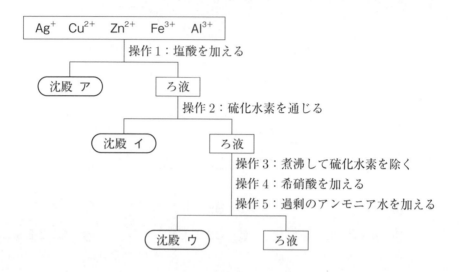

図１　金属イオンの分離操作

a　沈殿アと沈殿イに，それぞれ過剰のアンモニア水を加えたときの変化の様子に関する記述として正しいものを，次の①～⑤のうちから一つ選べ。 16

① 沈殿ア，沈殿イともに溶解して，沈殿アは褐色の溶液になり，沈殿イは深青色の溶液となった。
② 沈殿ア，沈殿イともに溶解して，沈殿アは無色の溶液になり，沈殿イは深青色の溶液となった。
③ 沈殿アは溶解せず，沈殿イは溶解して深青色の溶液となった。
④ 沈殿アは溶解して無色の溶液となったが，沈殿イは溶解しなかった。
⑤ 沈殿ア，沈殿イはともに溶解しなかった。

第5回　化　学

b　沈殿ウは，2種類の物質の混合物である。これに過剰の水酸化ナトリウム
水溶液を加えてろ過すると，一方の物質だけがろ紙上に残った。この物質の
色として最も適当なものを，次の①～⑤のうちから一つ選べ。 17

① 白色　　② 黒色　　③ 赤褐色　　④ 黄色　　⑤ 緑白色

— 13 —

問2 次の文章は，海水に最も多く含まれる塩を分離する目的で行った実験の経過を述べたものである。この実験に関する後の問い（**a〜c**）に答えよ。

実験の前に，海水に含まれる主要なイオンの組成を調べたところ，表1のようになった。

表1 海水に含まれる主要なイオンのモル濃度

イオン種	モル濃度（mol/L）
ア	5.5×10^{-1}
Na^+	4.5×10^{-1}
Mg^{2+}	7.0×10^{-2}
SO_4^{2-}	3.4×10^{-2}
K^+	1.0×10^{-2}
Ca^{2+}	9.0×10^{-3}

まず，採取してきた海水から細かい砂泥粒子を取り除くために，海水をろ過した。次に，ろ液 500 mL をビーカーに移し，海水の量が 10 分の 1 くらいになるまで沸騰石を加えて煮詰めていくと，しだいに塩が析出して海水がヨーグルト状になってきたので，いったん加熱を止めて(イ)ろ過した。ろ過した後のろ液をさらに煮詰めていくと，再び塩が析出してシャーベット状になってきたので，水分が残っているうちに加熱を止めて，再び(ウ)ろ過した。このときのろ過で得た析出塩を蒸発皿に移し，よくかき混ぜながら強熱した。蒸発皿に残った結晶に 20 mL 程度の水を加えてよくかき混ぜてからろ過し，そのろ液をビーカーに移して，再び煮詰めていくという操作を繰り返すことで，目的とする塩をほぼ純粋に分離することができた。

— 14 —

第 5 回　化　学

a　表1中の　ア　に当てはまるイオンの種類として最も適当なものを，次の①～⑤のうちから一つ選べ。ただし，海水に含まれる塩はすべてイオンからなる物質であり，複数の塩の混合物でも陽イオンの正電荷の総和と陰イオンの負電荷の総和を合わせると0になるものとする。　18

① 　1価の陽イオン　　② 　1価の陰イオン　　③ 　2価の陽イオン
④ 　2価の陰イオン　　⑤ 　3価の陽イオン

b　下線部(イ)において，ろ過で得た析出塩には，主にある硫酸塩の二水和物が含まれていた。この物質に関する記述として正しいものを，次の①～⑤のうちから一つ選べ。　19

① 　水にも酸にも溶けにくく，X線造影剤などに用いられる。
② 　潮解性が大きく，乾燥剤として用いられる。
③ 　加熱すると粉末状の半水和物になり，建築材料などに用いられる。
④ 　水に少し溶け，さらし粉の製造などに用いられる。
⑤ 　貝殻などの主成分であり，歯磨き粉やセメントの材料に用いられる。

— 15 —

c　下線部(ウ)で得られたろ液に，炭酸ナトリウム水溶液を加えたところ白色沈殿が生じた。(ウ)のろ液に含まれる金属イオンやこの白色沈殿の化学組成を調べるために，表2に示す実験(Ⅰ〜Ⅲ)を行い，その観察結果を得た。(ウ)のろ液に溶けていたと考えられる金属イオンとして最も適当なものを，後の①〜④のうちから一つ選べ。 20

表2　実験と観察結果

	実験	観察結果
Ⅰ	ろ液を白金線の先につけガスバーナーの外炎に触れさせた。	炎の色に変化はなかった。
Ⅱ	白色沈殿を強熱して，発生した気体を石灰水に通じた。	石灰水が白く濁った。
Ⅲ	白色沈殿を希硫酸に加えた。	沈殿はすべて溶けた。

①　Na^+　　②　Mg^{2+}　　③　K^+　　④　Ca^{2+}

第 5 回　化　　学

（下 書 き 用 紙）

化学の試験問題は次に続く。

第4問 次の問い(問1〜5)に答えよ。(配点 20)

問1 図1に示すような装置を用いて,エタノールからアセトアルデヒドを合成する実験を行った。この実験に関する記述として**誤りを含むもの**を,後の ①〜④ のうちから一つ選べ。 21

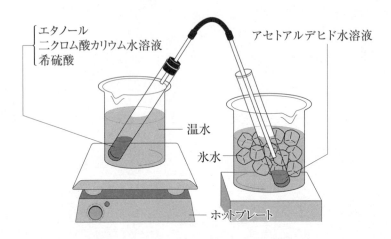

図1 アセトアルデヒドの合成実験

① 反応が進行すると,反応物の水溶液の色が変わる。
② アセトアルデヒドの蒸気は,無臭である。
③ 反応物の水溶液を温めるのは,反応速度を大きくするためである。
④ 氷水で冷やして捕集するのは,生成したアセトアルデヒドが蒸発しやすいためである。

第 5 回　化　学

問2　分子式 $C_5H_{12}O$ をもつアルコールのうち，分子内に不斉炭素原子をもつ構造
　　異性体の数と，ヨードホルム反応を示す構造異性体の数は，それぞれ何種類か。
　　最も適当な数を，後の ① ～ ⑧ のうちから一つずつ選べ。ただし，同じものを
　　繰り返し選んでもよい。

　　　　不斉炭素原子をもつ構造異性体　　　| 22 |　種類
　　　　ヨードホルム反応を示す構造異性体　| 23 |　種類

① 1　　　　　② 2　　　　　③ 3　　　　　④ 4
⑤ 5　　　　　⑥ 6　　　　　⑦ 7　　　　　⑧ 8

— 19 —

問3 サリチル酸，サリチル酸メチル，アセチルサリチル酸のいずれかが含まれる
3種類のジエチルエーテル溶液A～Cがある。これらの溶液に次のような実験
を行い，その結果を表1にまとめた。

実験I 塩化鉄(Ⅲ)水溶液を加える。
実験Ⅱ 炭酸水素ナトリウム水溶液を加える。

表1 ジエチルエーテル溶液A～Cに対する実験結果

	実験I	実験Ⅱ
A	変化なし	気体が発生
B	呈色する	変化なし
C	呈色する	気体が発生

これらの結果から，A～Cに含まれる化合物の組合せとして最も適当なもの
を，次の①～⑥のうちから一つ選べ。 24

	A	B	C
①	サリチル酸	アセチルサリチル酸	サリチル酸メチル
②	サリチル酸	サリチル酸メチル	アセチルサリチル酸
③	アセチルサリチル酸	サリチル酸	サリチル酸メチル
④	アセチルサリチル酸	サリチル酸メチル	サリチル酸
⑤	サリチル酸メチル	サリチル酸	アセチルサリチル酸
⑥	サリチル酸メチル	アセチルサリチル酸	サリチル酸

問4 アルケンを低温でオゾン O_3 と反応させると，アルケンに含まれる二重結合が酸化され，オゾニドとよばれる不安定な化合物が生成する。このオゾニドに還元剤を作用させると，アルデヒドまたはケトンが生成する。この一連の反応をオゾン分解という。この反応の生成物を調べると，はじめのアルケンの構造を知ることができる。

$$\underset{\text{アルケン}}{\overset{R^1}{\underset{H}{}}C=C\overset{R^2}{\underset{R^3}{}}} \xrightarrow{\;O_3\;} \underset{\text{オゾニド}}{\overset{R^1}{\underset{H}{}}C\overset{O}{\underset{O-O}{}}C\overset{R^2}{\underset{R^3}{}}} \xrightarrow{\;\text{還元剤}\;} \underset{\text{アルデヒド}}{\overset{R^1}{\underset{H}{}}C=O} + \underset{\text{ケトン}}{O=C\overset{R^2}{\underset{R^3}{}}}$$

分子式が C_6H_{12} のアルケン X をオゾン分解したところ，アセトンとプロピオンアルデヒドが得られた。このオゾン分解に関する次の問い（**a・b**）に答えよ。

a アセトンに関する記述として正しいものを，次の ① ～ ④ のうちから一つ選べ。 | 25 |

① アンモニア性硝酸銀水溶液を加えると銀が析出する。

② 無色の液体で，水とは任意の割合で混じる。

③ 酢酸ナトリウムと水酸化ナトリウムの混合物を加熱すると生成する。

④ フェノールとともに付加縮合させるとフェノール樹脂ができる。

— 21 —

b アルケン **X** の構造として最も適当なものを，次の ① ～ ⑥ のうちから一つ選べ。 26

① $CH_2=CH-CH_2-CH_2-CH_2-CH_3$

② $CH_2=\underset{\underset{\displaystyle CH_3}{|}}{C}-CH_2-CH_2-CH_3$

③ $CH_3-CH=CH-\underset{\underset{\displaystyle CH_3}{|}}{CH}-CH_3$

④ $CH_3-\overset{\overset{\displaystyle CH_3}{|}}{C}=\overset{\overset{\displaystyle CH_3}{|}}{C}-CH_3$

⑤ $CH_3-\underset{\underset{\displaystyle CH_3}{|}}{C}=CH-CH_2-CH_3$

⑥ $CH_3-CH_2-CH=CH-CH_2-CH_3$

問5 合成ゴムとして知られるスチレンブタジエンゴムは，自動車のタイヤなどに利用されている。スチレンと 1,3-ブタジエンが物質量比 $x:y$ で共重合したスチレンブタジエンゴムがある。このスチレンブタジエンゴム 18.7 g に十分な量の臭素を作用させたところ，40.0 g の臭素が付加された。$x:y$ として最も適当なものを，後の ① ～ ⑥ のうちから一つ選べ。ただし，臭素はベンゼン環には付加しないものとする。 27

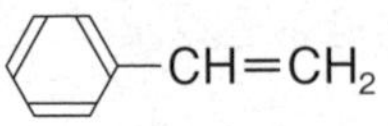

$\langle\!\!\!\bigcirc\!\!\!\rangle-CH=CH_2$ $CH_2=CH-CH=CH_2$

スチレン   1,3-ブタジエン

① 1：2   ② 1：3   ③ 1：5   ④ 2：5   ⑤ 3：5   ⑥ 4：5

— 22 —

第5回　化　学

（下 書 き 用 紙）

化学の試験問題は次に続く。

第5問 現在，石油由来のプラスチックの代替材料として，自然界で分解される植物由来のポリ乳酸が利用されている。ポリ乳酸に関する次の文章を読み，後の問い(**問1～5**)に答えよ。(配点 20)

　乳酸は，植物中に含まれている(ア)デンプンを原料としてつくることができ，さらに(イ)図1の反応プロセスを経てポリ乳酸にすることができる。ポリ乳酸は，成型・加工をすることにより(ウ)繊維・フィルム・ボトルなど様々な場面で生分解性高分子として使用されているが，加熱すると軟化してしまうなど(エ)耐熱性に関しては改善点がある。生分解性高分子は炭素を含んでいるため，燃焼反応により処理すると二酸化炭素が発生し，地球温暖化が進行すると考えられる。しかし，発生した二酸化炭素を植物の成長過程に必要な(オ)光合成に使用し，再度，植物中のデンプンから乳酸を得れば，有限である化石燃料の消費量が減少し，かつ大気中の二酸化炭素濃度の増加を抑えながら高分子をつくることができる。これらをまとめると，図2のようなサイクルで表すことができる。

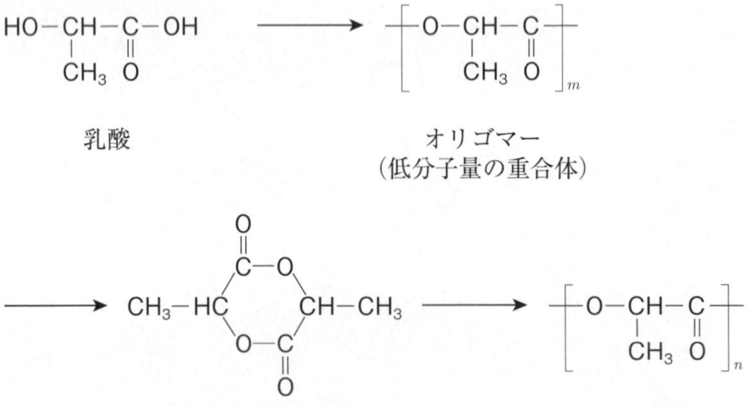

図1　乳酸からポリ乳酸をつくる反応プロセス

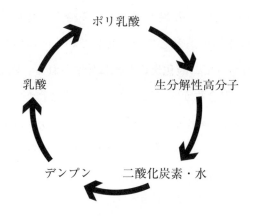

図2 ポリ乳酸を含む炭素の循環

問1 下線部(ア)に関連して，デンプンに関する記述として**誤りを含むもの**を，次の①〜⑤のうちから一つ選べ。 28

① ヨウ素ヨウ化カリウム水溶液を加えると，青紫色に呈色する。
② 希酸を加えて十分に加水分解すると，単糖類のグルコースになる。
③ デンプンは，直鎖状のアミロペクチンと，分枝状のアミロースから成る。
④ 水中に分散したデンプンは，分子1個でコロイド粒子になっている。
⑤ もち米は，ほぼ100％がアミロペクチンから成る。

問2 下線部(イ)に関連して，乳酸からオリゴマー，ラクチドからポリ乳酸が得られる反応は，それぞれ縮合重合と開環重合である。単量体と，その単量体が開環重合してできた構造をもつ高分子化合物の組合せとして正しいものを，次の①〜④のうちから一つ選べ。 29

	単量体	高分子化合物
①	カプロラクタム（ε-カプロラクタム）	ナイロン6
②	メラミンとホルムアルデヒド	メラミン樹脂
③	β-グルコース	セルロース
④	エチレングリコールとテレフタル酸	ポリエチレンテレフタラート

問3 下線部(ウ)に関連して，乳酸とグリコール酸を縮合重合させてつくった高分子化合物は，医療用の糸として用いられている。この糸は生分解性が高いため，体内に吸収されて二酸化炭素と水に分解される。乳酸とグリコール酸の物質量比が 1：1 の混合物からつくった高分子化合物がある。この高分子化合物 0.13 g から生じる二酸化炭素の物質量は何 mol か。最も適当な数値を，後の ①〜⑥ のうちから一つ選べ。ただし，グリコール酸の構造式は次式で表される。 30 mol

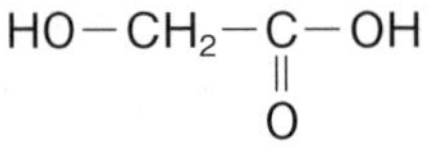

$$HO-CH_2-\underset{\underset{O}{\|}}{C}-OH \quad グリコール酸$$

① 2.5×10^{-3}　　　② 5.0×10^{-3}　　　③ 7.5×10^{-3}

④ 2.5×10^{-2}　　　⑤ 5.0×10^{-2}　　　⑥ 7.5×10^{-2}

問4 下線部(エ)に関連して，直鎖状構造であるポリ乳酸を立体網目状構造にすることで，生分解性高分子としての用途を広げることができる。乳酸と重合させることにより立体網目状の高分子化合物が得られる分子として最も適当なものを，次の ①〜④ のうちから一つ選べ。 31

① $HO-CH_2-CH_2-OH$
エチレングリコール

② $HOOC-CH_2-CH_2-COOH$
コハク酸

③ $H_2N-\underset{\underset{CH_3}{|}}{CH}-COOH$
アラニン

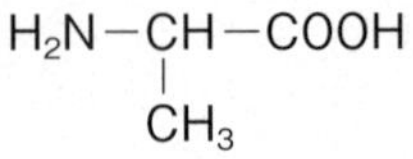

④ $HOOC-CH_2-\underset{\underset{OH}{|}}{CH}-COOH$
リンゴ酸

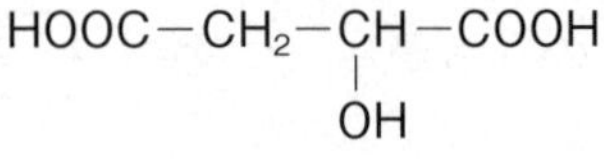

第5回　化　学

問5　下線部(オ)に関連して，光が関与して起こる化学反応に関する記述として**誤り**
を含むものを，次の①〜④のうちから一つ選べ。 32

① 光合成では，光エネルギーが化学エネルギーに変換される。

② 光触媒としてはたらく酸化チタン(Ⅳ)は，有機物の還元を促進することで
汚れなどを落とす。

③ 塩素と水素の混合気体に光を照射すると，爆発的に反応して塩化水素にな
る。

④ 感光性高分子は，光によって物理的性質や化学的性質が変化する高分子で
ある。

2023 年度
大学入学共通テスト
本試験

難易度・標準所要時間・出題内容一覧

問題番号	難易度	標準所要時間	出題内容
第1問	＊	15分	物質の状態
第2問	＊＊	12分	物質の変化
第3問	＊	11分	無機物質
第4問	＊	10分	有機化合物，高分子化合物
第5問	＊＊	12分	物質の変化，無機化合物

（注）　1° 難易度記号は次の意味で用いている。

　　　＊　　　　：教科書とほぼ同じレベル
　　　＊＊　　　：教科書に比べて少し難しい
　　　＊＊＊　　：教科書に比べて難しい

化　　　　　学

$\left(\text{解答番号}\ \boxed{1}\ \sim\ \boxed{35}\ \right)$

必要があれば，原子量は次の値を使うこと。

H	1.0	Li	6.9	Be	9.0	C	12
O	16	Na	23	Mg	24	S	32
K	39	Ca	40	I	127		

気体は，実在気体とことわりがない限り，理想気体として扱うものとする。
また，必要があれば，次の値を使うこと。

$\sqrt{2} = 1.41$

第1問　次の問い(問1～4)に答えよ。(配点　20)

問1　すべての化学結合が単結合からなる物質として最も適当なものを，次の①～
④のうちから一つ選べ。　$\boxed{1}$

① CH_3CHO　　② C_2H_2　　③ Br_2　　④ $BaCl_2$

— 2 —

問 2 次の文章を読み，下線部(a)・(b)の状態を示す用語の組合せとして最も適当なものを，後の①～⑧のうちから一つ選べ。　2

　　海藻であるテングサを乾燥し，熱湯で溶出させると流動性のあるコロイド溶液が得られる。この溶液を冷却すると(a)流動性を失ったかたまりになる。さらに，このかたまりから水分を除去すると(b)乾燥した寒天ができる。

	(a)	(b)
①	ゾル	エーロゾル(エアロゾル)
②	ゾル	キセロゲル
③	エーロゾル(エアロゾル)	ゾル
④	エーロゾル(エアロゾル)	ゲル
⑤	ゲル	エーロゾル(エアロゾル)
⑥	ゲル	キセロゲル
⑦	キセロゲル	ゾル
⑧	キセロゲル	ゲル

― 3 ―

問 3　水蒸気を含む空気を温度一定のまま圧縮すると，全圧の増加に比例して水蒸気の分圧は上昇する。水蒸気の分圧が水の飽和蒸気圧に達すると，水蒸気の一部が液体の水に凝縮し，それ以上圧縮しても水蒸気の分圧は水の飽和蒸気圧と等しいままである。

　分圧 3.0×10^3 Pa の水蒸気を含む全圧 1.0×10^5 Pa，温度 300 K，体積 24.9 L の空気を，気体を圧縮する装置を用いて，温度一定のまま，体積 8.3 L にまで圧縮した。この過程で水蒸気の分圧が 300 K における水の飽和蒸気圧である 3.6×10^3 Pa に達すると，水蒸気の一部が液体の水に凝縮し始めた。図 1 は圧縮前と圧縮後の様子を模式的に示したものである。圧縮後に生じた液体の水の物質量は何 mol か。最も適当な数値を，後の ①〜⑥ のうちから一つ選べ。ただし，気体定数は $R = 8.3 \times 10^3$ Pa·L/(K·mol) とし，全圧の変化による水の飽和蒸気圧の変化は無視できるものとする。　3 　mol

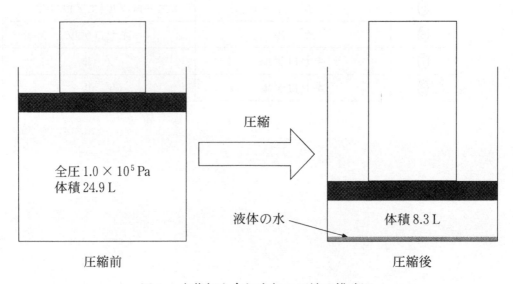

図 1　水蒸気を含む空気の圧縮の模式図

① 0.012　　　② 0.018　　　③ 0.030
④ 0.12　　　⑤ 0.18　　　⑥ 0.30

問 4 硫化カルシウム CaS (式量 72) の結晶構造に関する次の記述を読み，後の問い(**a**～**c**)に答えよ。

CaS の結晶中では，カルシウムイオン Ca^{2+} と硫化物イオン S^{2-} が図 2 に示すように規則正しく配列している。結晶中の Ca^{2+} と S^{2-} の配位数はいずれも ア で，単位格子は Ca^{2+} と S^{2-} がそれぞれ 4 個ずつ含まれる立方体である。隣り合う Ca^{2+} と S^{2-} は接しているが，(a)電荷が等しい Ca^{2+} どうし，および S^{2-} どうしは，結晶中で互いに接していない。Ca^{2+} のイオン半径を r_{Ca}，S^{2-} のイオン半径を R_S とすると $r_{Ca} < R_S$ であり，CaS の結晶の単位格子の体積 V は イ で表される。

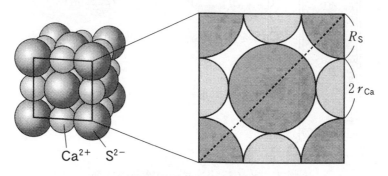

図 2 CaS の結晶構造と単位格子の断面

a 空欄 ア ・ イ に当てはまる数字または式として最も適当なものを，それぞれの解答群の①～⑤のうちから一つずつ選べ。

アの解答群 　4

① 4　　② 6　　③ 8　　④ 10　　⑤ 12

イの解答群 　5

① $V = 8(R_S + r_{Ca})^3$　　　② $V = 32(R_S^3 + r_{Ca}^3)$
③ $V = (R_S + r_{Ca})^3$　　　④ $V = \dfrac{16}{3}\pi(R_S^3 + r_{Ca}^3)$
⑤ $V = \dfrac{4}{3}\pi(R_S^3 + r_{Ca}^3)$

b　エタノール 40 mL を入れたメスシリンダーを用意し，CaS の結晶 40 g をこのエタノール中に加えたところ，結晶はもとの形のまま溶けずに沈み，図 3 に示すように，40 の目盛りの位置にあった液面が 55 の目盛りの位置に移動した。この結晶の単位格子の体積 V は何 cm^3 か。最も適当な数値を，後の①～⑤のうちから一つ選べ。ただし，アボガドロ定数を 6.0×10^{23}/mol とする。　6　cm^3

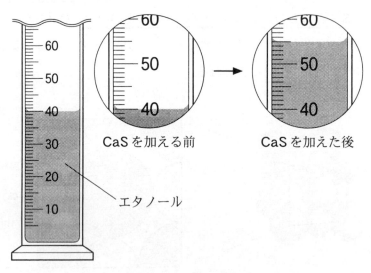

図 3　メスシリンダーの液面の移動

① 4.5×10^{-23}　　② 1.8×10^{-22}　　③ 3.6×10^{-22}
④ 6.6×10^{-22}　　⑤ 1.3×10^{-21}

2023 年度 本試 化学

c　図 2 に示すような配列の結晶構造をとる物質は CaS 以外にも存在する。そのような物質では，下線部(a)に示すのと同様に，結晶中で陽イオンどうし，および陰イオンどうしが互いに接していないものが多い。結晶を構成する 2 種類のイオンのうち，イオンの大きさが大きい方のイオン半径を R，小さい方のイオン半径を r として結晶の安定性を考える。このとき，R が

$$\left(\sqrt{\boxed{ウ}} + \boxed{エ}\right)r$$

以上になると，図 2 に示す単位格子の断面の対角線（破線）上で大きい方のイオンどうしが接するようになる。その結果，この結晶構造が不安定になり，異なる結晶構造をとりやすくなることが知られている。

空欄 $\boxed{ウ}$・$\boxed{エ}$ に当てはまる数字として最も適当なものを，後の ①～⓪ のうちから一つずつ選べ。ただし，同じものを繰り返し選んでもよい。

ウ $\boxed{7}$
エ $\boxed{8}$

① 1　　② 2　　③ 3　　④ 4　　⑤ 5

⑥ 6　　⑦ 7　　⑧ 8　　⑨ 9　　⓪ 0

第2問 次の問い(問1〜4)に答えよ。(配点 20)

問1 二酸化炭素 CO_2 とアンモニア NH_3 を高温・高圧で反応させると，尿素 $(NH_2)_2CO$ が生成する。このときの熱化学方程式(1)の反応熱 Q は何 kJ か。最も適当な数値を，後の①〜⑧のうちから一つ選べ。ただし，CO_2(気)，NH_3(気)，$(NH_2)_2CO$(固)，水 H_2O(液)の生成熱は，それぞれ 394 kJ/mol，46 kJ/mol，333 kJ/mol，286 kJ/mol とする。 9 kJ

$$CO_2(気) + 2NH_3(気) = (NH_2)_2CO(固) + H_2O(液) + Q\text{ kJ} \quad (1)$$

① −179 ② −153 ③ −133 ④ −107
⑤ 107   ⑥ 133   ⑦ 153   ⑧ 179

問2 硝酸銀 $AgNO_3$ 水溶液の入った電解槽 V に浸した2枚の白金電極(電極 A，B)と，塩化ナトリウム NaCl 水溶液の入った電解槽 W に浸した2本の炭素電極(電極 C，D)を，図1に示すように電源に接続した装置を組み立てた。この装置で電気分解を行った結果に関する記述として**誤りを含むもの**を，次の①〜⑤のうちから二つ選べ。ただし，解答の順序は問わない。
10
11

① 電解槽 V の水素イオン濃度が増加した。
② 電極 A に銀 Ag が析出した。
③ 電極 B で水素 H_2 が発生した。
④ 電極 C にナトリウム Na が析出した。
⑤ 電極 D で塩素 Cl_2 が発生した。

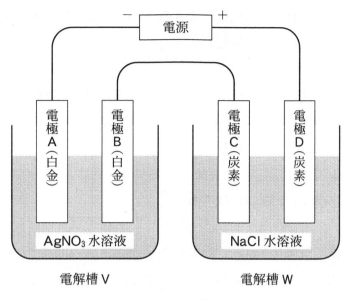

図1　電気分解の装置

問3　容積一定の密閉容器Xに水素H_2とヨウ素I_2を入れて，一定温度Tに保ったところ，次の式(2)の反応が平衡状態に達した。

$$H_2(気) + I_2(気) \rightleftarrows 2HI(気) \qquad (2)$$

平衡状態のH_2，I_2，ヨウ化水素HIの物質量は，それぞれ0.40 mol，0.40 mol，3.2 molであった。

次に，Xの半分の一定容積をもつ密閉容器Yに1.0 molのHIのみを入れて，同じ一定温度Tに保つと，平衡状態に達した。このときのHIの物質量は何molか。最も適当な数値を，次の①〜⑥のうちから一つ選べ。ただし，H_2，I_2，HIはすべて気体として存在するものとする。　12　mol

① 0.060　② 0.11　③ 0.20　④ 0.80　⑤ 0.89　⑥ 0.94

問 4 過酸化水素 H_2O_2 の水 H_2O と酸素 O_2 への分解反応に関する次の文章を読み，後の問い（a ～ c）に答えよ。

H_2O_2 の分解反応は次の式(3)で表され，水溶液中での分解反応速度は H_2O_2 の濃度に比例する。H_2O_2 の分解反応は非常に遅いが，酸化マンガン(IV)MnO_2 を加えると反応が促進される。

$$2\,H_2O_2 \longrightarrow\ 2\,H_2O + O_2 \tag{3}$$

試験管に少量の MnO_2 の粉末とモル濃度 0.400 mol/L の過酸化水素水 10.0 mL を入れ，一定温度 20 ℃ で反応させた。反応開始から 1 分ごとに，それまでに発生した O_2 の体積を測定し，その物質量を計算した。10 分までの結果を表 1 と図 2 に示す。ただし，反応による水溶液の体積変化と，発生した O_2 の水溶液への溶解は無視できるものとする。

表1　反応温度 20 ℃ で各時間までに発生した O_2 の物質量

反応開始からの時間(min)	発生した O_2 の物質量($\times 10^{-3}$ mol)
0	0
1.0	0.417
2.0	0.747
3.0	1.01
4.0	1.22
5.0	1.38
6.0	1.51
7.0	1.61
8.0	1.69
9.0	1.76
10.0	1.81

— 10 —

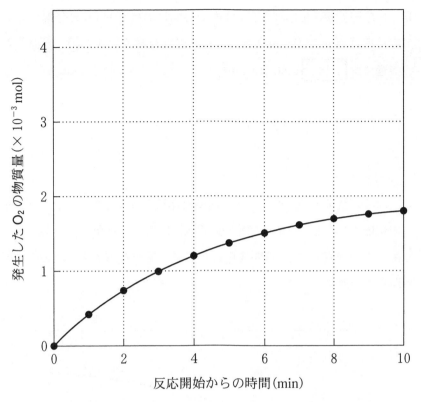

図2 反応温度 20 ℃ で各時間までに発生した O_2 の物質量

a H_2O_2 の水溶液中での分解反応に関する記述として**誤りを含むもの**はどれか。最も適当なものを，次の①〜④のうちから一つ選べ。 13

① 少量の塩化鉄(Ⅲ) $FeCl_3$ 水溶液を加えると，反応速度が大きくなる。
② 肝臓などに含まれるカタラーゼを適切な条件で加えると，反応速度が大きくなる。
③ MnO_2 の有無にかかわらず，温度を上げると反応速度が大きくなる。
④ MnO_2 を加えた場合，反応の前後でマンガン原子の酸化数が変化する。

b 反応開始後 1.0 分から 2.0 分までの間における H_2O_2 の分解反応の平均反応速度は何 mol/(L・min) か。最も適当な数値を，次の①～⑧のうちから一つ選べ。 14 mol/(L・min)

① 3.3×10^{-4} ② 6.6×10^{-4} ③ 8.3×10^{-4} ④ 1.5×10^{-3}
⑤ 3.3×10^{-2} ⑥ 6.6×10^{-2} ⑦ 8.3×10^{-2} ⑧ 0.15

c 図 2 の結果を得た実験と同じ濃度と体積の過酸化水素水を，別の反応条件で反応させると，反応速度定数が 2.0 倍になることがわかった。このとき発生した O_2 の物質量の時間変化として最も適当なものを，次の①～⑥のうちから一つ選べ。 15

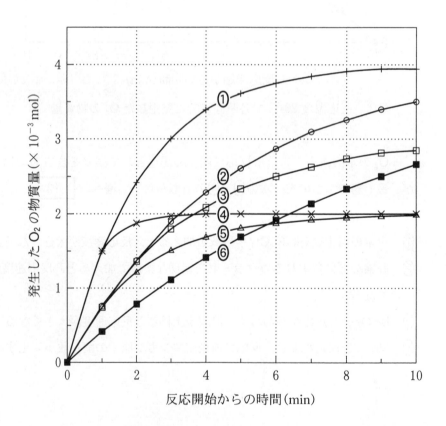

2023 年度 本試 化学

（下 書 き 用 紙）

化学の試験問題は次に続く。

第3問 次の問い(問1～3)に答えよ。(配点 20)

問 1 フッ化水素 HF に関する記述として**誤りを含むもの**はどれか。最も適当なものを，次の①～④のうちから一つ選べ。 16

① 水溶液は弱い酸性を示す。

② 水溶液に銀イオン Ag^+ が加わっても沈殿は生じない。

③ 他のハロゲン化水素よりも沸点が高い。

④ ヨウ素 I_2 と反応してフッ素 F_2 を生じる。

問2 金属イオン Ag$^+$, Al^{3+}, Cu^{2+}, Fe^{3+}, Zn^{2+} の硝酸塩のうち二つを含む水溶液Aがある。Aに対して次の図1に示す**操作Ⅰ～Ⅳ**を行ったところ，それぞれ図1に示すような**結果**が得られた。Aに含まれる二つの金属イオンとして最も適当なものを，後の①～⑤のうちから二つ選べ。ただし，解答の順序は問わない。

17
18

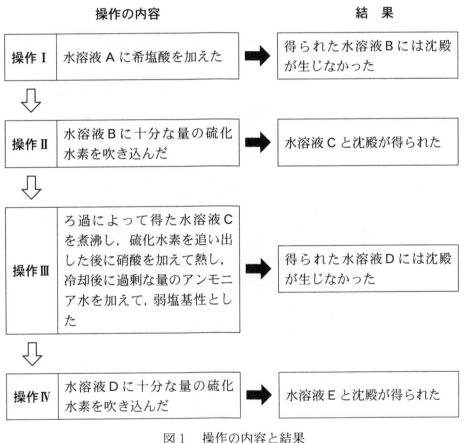

図1 操作の内容と結果

① Ag$^+$ ② Al^{3+} ③ Cu^{2+} ④ Fe^{3+} ⑤ Zn^{2+}

問3 1族，2族の金属元素に関する次の問い(a～c)に答えよ。

a 金属X，Yは，1族元素のリチウムLi，ナトリウムNa，カリウムK，2族元素のベリリウムBe，マグネシウムMg，カルシウムCaのいずれかの単体である。Xは希塩酸と反応して水素H₂を発生し，Yは室温の水と反応してH₂を発生する。そこで，さまざまな質量のX，Yを用意し，Xは希塩酸と，Yは室温の水とすべて反応させ，発生したH₂の体積を測定した。反応させたX，Yの質量と，発生したH₂の体積(0 ℃，1.013 × 10⁵ Paにおける体積に換算した値)との関係を図2に示す。

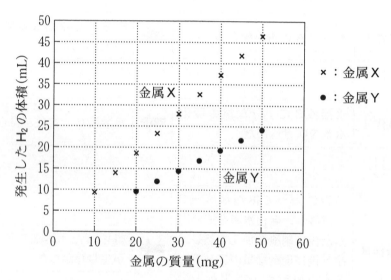

図2 反応させた金属X，Yの質量と発生したH₂の体積(0 ℃，1.013 × 10⁵ Paにおける体積に換算した値)の関係

このとき，X，Yとして最も適当なものを，後の①～⑥のうちからそれぞれ一つずつ選べ。ただし，気体定数は$R = 8.31 \times 10^3$ Pa・L/(K・mol)とする。

X 19
Y 20

① Li ② Na ③ K
④ Be ⑤ Mg ⑥ Ca

b マグネシウムの酸化物 MgO，水酸化物 Mg(OH)$_2$，炭酸塩 MgCO$_3$ の混合物 A を乾燥した酸素中で加熱すると，水 H$_2$O と二酸化炭素 CO$_2$ が発生し，後に MgO のみが残る。図3の装置を用いて混合物 A を反応管中で加熱し，発生した気体をすべて吸収管 B と吸収管 C で捕集する実験を行った。

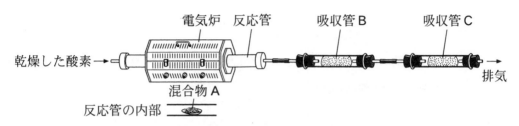

図3 混合物 A を加熱し発生する気体を捕集する装置

このとき，B と C にそれぞれ1種類の気体のみを捕集したい。B，C に入れる物質の組合せとして最も適当なものを，次の①～⑥のうちから一つ選べ。 21

	吸収管 B に入れる物質	吸収管 C に入れる物質
①	ソーダ石灰	酸化銅(Ⅱ)
②	ソーダ石灰	塩化カルシウム
③	塩化カルシウム	ソーダ石灰
④	塩化カルシウム	酸化銅(Ⅱ)
⑤	酸化銅(Ⅱ)	塩化カルシウム
⑥	酸化銅(Ⅱ)	ソーダ石灰

c b の実験で，ある量の混合物 A を加熱すると MgO のみが 2.00 g 残った。また捕集された H$_2$O と CO$_2$ の質量はそれぞれ 0.18 g，0.22 g であった。加熱前の混合物 A に含まれていたマグネシウムのうち，MgO として存在していたマグネシウムの物質量の割合は何 % か。最も適当な数値を，次の①～⑤のうちから一つ選べ。 22 ％

① 30 ② 40 ③ 60 ④ 70 ⑤ 80

第4問 次の問い(問1〜4)に答えよ。(配点　20)

問 1　次の条件(ア・イ)をともに満たすアルコールとして最も適当なものを，後の①〜④のうちから一つ選べ。　　23

　ア　ヨードホルム反応を示さない。
　イ　分子内脱水反応により生成したアルケンに臭素を付加させると，不斉炭素原子をもつ化合物が生成する。

①
$$CH_3-\underset{\underset{CH_3}{|}}{CH}-OH$$

②
$$CH_3-CH_2-CH_2-OH$$

③
$$CH_3-\underset{\underset{CH_3}{|}}{\overset{\overset{CH_3}{|}}{C}}-OH$$

④
$$CH_3-\underset{\underset{CH_3}{|}}{CH}-CH_2-OH$$

問 2　芳香族化合物に関する記述として**誤りを含むもの**はどれか。最も適当なものを，次の①〜④のうちから一つ選べ。　　24

①　フタル酸を加熱すると，分子内で脱水し，酸無水物が生成する。

②　アニリンは，水酸化ナトリウム水溶液と塩酸のいずれにもよく溶ける。

③　ジクロロベンゼンには，ベンゼン環に結合する塩素原子の位置によって3種類の異性体が存在する。

④　アセチルサリチル酸に塩化鉄(Ⅲ)水溶液を加えても呈色しない。

— 18 —

問 3 高分子化合物の構造に関する記述として**誤りを含むもの**はどれか。最も適当なものを，次の①～④のうちから一つ選べ。 25

① セルロースでは，分子内や分子間に水素結合が形成されている。

② DNA分子の二重らせん構造中では，水素結合によって塩基対が形成されている。

③ タンパク質のポリペプチド鎖は，分子内で形成される水素結合により二次構造をつくる。

④ ポリプロピレンでは，分子間に水素結合が形成されている。

問 4　グリセリンの三つのヒドロキシ基がすべて脂肪酸によりエステル化された化合物をトリグリセリドと呼び，その構造は図1のように表される。

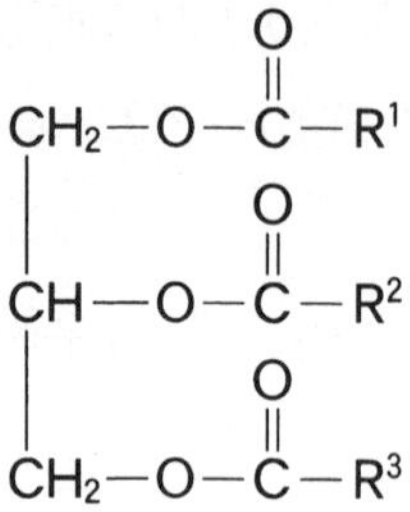

$$
\begin{array}{l}
CH_2-O-\overset{\displaystyle O}{\overset{\|}{C}}-R^1 \\[4pt]
CH-O-\overset{\displaystyle O}{\overset{\|}{C}}-R^2 \\[4pt]
CH_2-O-\overset{\displaystyle O}{\overset{\|}{C}}-R^3
\end{array}
$$

図1　トリグリセリドの構造(R^1，R^2，R^3 は鎖式炭化水素基)

　あるトリグリセリド X(分子量 882)の構造を調べることにした。(a)X を触媒とともに水素と完全に反応させると，消費された水素の量から，1分子の X には4個の C=C 結合があることがわかった。また，X を完全に加水分解したところ，グリセリンと，脂肪酸 A(炭素数 18)と脂肪酸 B(炭素数 18)のみが得られ，A と B の物質量比は1：2であった。トリグリセリド X に関する次の問い(a ～ c)に答えよ。

a　下線部(a)に関して，44.1 g の X を用いると，消費される水素は何 mol か。その数値を小数第2位まで次の形式で表すとき，| 26 | ～ | 28 | に当てはまる数字を，後の①～⓪のうちから一つずつ選べ。ただし，同じものを繰り返し選んでもよい。また，X の C=C 結合のみが水素と反応するものとする。

| 26 |．| 27 || 28 | mol

①　1　　　②　2　　　③　3　　　④　4　　　⑤　5
⑥　6　　　⑦　7　　　⑧　8　　　⑨　9　　　⓪　0

— 20 —

b トリグリセリド X を完全に加水分解して得られた脂肪酸 A と脂肪酸 B を，硫酸酸性の希薄な過マンガン酸カリウム水溶液にそれぞれ加えると，いずれも過マンガン酸イオンの赤紫色が消えた。脂肪酸 A (炭素数 18) の示性式として最も適当なものを，次の①～⑤のうちから一つ選べ。 | 29 |

① $CH_3(CH_2)_{16}COOH$

② $CH_3(CH_2)_7CH=CH(CH_2)_7COOH$

③ $CH_3(CH_2)_4CH=CHCH_2CH=CH(CH_2)_7COOH$

④ $CH_3CH_2CH=CHCH_2CH=CHCH_2CH=CH(CH_2)_7COOH$

⑤ $CH_3CH_2CH=CHCH_2CH=CHCH_2CH=CHCH_2CH=CH(CH_2)_4COOH$

c　トリグリセリド X をある酵素で部分的に加水分解すると，図2のように脂肪酸 A，脂肪酸 B，化合物 Y のみが物質量比1：1：1で生成した。また，X には鏡像異性体(光学異性体)が存在し，Y には鏡像異性体が存在しなかった。A を R^A-COOH，B を R^B-COOH と表すとき，図2に示す化合物 Y の構造式において，　ア　・　イ　に当てはまる原子と原子団の組合せとして最も適当なものを，後の①～④のうちから一つ選べ。　30

$$\text{トリグリセリド X} \longrightarrow \text{脂肪酸 A} + \text{脂肪酸 B} + \begin{array}{l} CH_2-O-\boxed{\text{ア}} \\ CH-O-\boxed{\text{イ}} \\ CH_2-O-H \end{array}$$

化合物 Y

図2　ある酵素によるトリグリセリド X の加水分解

	ア	イ
①	$\overset{O}{\overset{\|}{C}}-R^A$	H
②	$\overset{O}{\overset{\|}{C}}-R^B$	H
③	H	$\overset{O}{\overset{\|}{C}}-R^A$
④	H	$\overset{O}{\overset{\|}{C}}-R^B$

2023 年度 本試 化学

（下 書 き 用 紙）

化学の試験問題は次に続く。

第5問 硫黄 S の化合物である硫化水素 H_2S や二酸化硫黄 SO_2 を，さまざまな物質と反応させることにより，人間生活に有用な物質が得られる。一方，H_2S と SO_2 はともに火山ガスに含まれる有毒な気体であり，健康被害を及ぼす量のガスを吸い込むことがないように，大気中の濃度を求める必要がある。次の問い（**問 1 ～ 3**）に答えよ。（配点　20）

問 1 H_2S と SO_2 が関わる反応について，次の問い（**a・b**）に答えよ。

a H_2S と SO_2 の発生や反応に関する記述として**誤りを含むもの**はどれか。最も適当なものを，次の**①～④**のうちから一つ選べ。　| 31 |

① 硫化鉄(Ⅱ) FeS に希硫酸を加えると，H_2S が発生する。

② 硫酸ナトリウム Na_2SO_4 に希硫酸を加えると，SO_2 が発生する。

③ H_2S の水溶液に SO_2 を通じて反応させると，単体の S が生じる。

④ 水酸化ナトリウム NaOH の水溶液に SO_2 を通じて反応させると，亜硫酸ナトリウム Na_2SO_3 が生じる。

b 酸化バナジウム(V) V_2O_5 を触媒として SO_2 と O_2 の混合気体を反応させると，正反応が発熱反応である，次の式(1)の反応が起こる。SO_2 と O_2 の混合気体と触媒をピストン付きの密閉容器に入れて反応させるとき，式(1)の反応に関する記述として下線部に**誤りを含むもの**はどれか。最も適当なものを，後の**①～④**のうちから一つ選べ。　| 32 |

$$2\,SO_2 + O_2 \rightleftharpoons 2\,SO_3 \tag{1}$$

① 反応が平衡状態に達した後，温度一定で密閉容器内の圧力を減少させると，平衡は右に移動する。

② 反応が平衡状態に達した後，圧力一定で密閉容器内の温度を上昇させると，平衡は左に移動する。

③ SO_2 の濃度を 2 倍にしたとき，正反応の反応速度が何倍になるかは，反応式中の係数から単純に導き出すことはできない。

④ 平衡状態では，正反応と逆反応の反応速度が等しくなっている。

問 2 窒素と H_2S からなる気体試料 A がある。気体試料 A に含まれる H_2S の量を次の式(2)〜(4)で表される反応を利用した酸化還元滴定によって求めたいと考え，後の**実験**を行った。

$$H_2S \longrightarrow 2H^+ + S + 2e^- \qquad (2)$$

$$I_2 + 2e^- \longrightarrow 2I^- \qquad (3)$$

$$2S_2O_3^{2-} \longrightarrow S_4O_6^{2-} + 2e^- \qquad (4)$$

実験 ある体積の気体試料 A に含まれていた H_2S を水に完全に溶かした水溶液に，0.127 g のヨウ素 I_2（分子量 254）を含むヨウ化カリウム KI 水溶液を加えた。そこで生じた沈殿を取り除き，ろ液に 5.00×10^{-2} mol/L チオ硫酸ナトリウム $Na_2S_2O_3$ 水溶液を 4.80 mL 滴下したところで少量のデンプンの水溶液を加えた。そして，$Na_2S_2O_3$ 水溶液を全量で 5.00 mL 滴下したときに，水溶液の青色が消えて無色となった。

この**実験**で用いた気体試料 A に含まれていた H_2S は，0 ℃，1.013×10^5 Pa において何 mL か。最も適当な数値を，次の**①**〜**⑤**のうちから一つ選べ。ただし，気体定数は $R = 8.31 \times 10^3$ Pa・L/(K・mol) とする。　| 33 | mL

① 2.80　　**②** 5.60　　**③** 8.40　　**④** 10.0　　**⑤** 11.2

問 3 火口周辺での SO_2 の濃度は，SO_2 が光を吸収する性質を利用して測定できる。光の吸収を利用して物質の濃度を求める方法の原理を調べたところ，次の記述が見つかった。

多くの物質は紫外線を吸収する。紫外線が透過する方向の長さが L の透明な密閉容器に，モル濃度 c の気体試料が封入されている。ある波長の紫外線（光の量，I_0）を密閉容器に入射すると，その一部が気体試料に吸収され，透過した光の量は少なくなり I となる。このことを模式的に表したものが図1である。

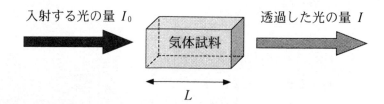

図1　密閉容器内の気体試料に紫外線を入射したときの模式図

入射する光の量 I_0 に対する透過した光の量 I の比を表す透過率 $T = \dfrac{I}{I_0}$ を用いると，$\log_{10} T$ は c および L と比例関係となる。

2023 年度 本試 化学

次の問い(**a** ・ **b**)に答えよ。

a 圧力一定の条件で，窒素で満たされた長さ L の密閉容器内に物質量の異なる SO_2 を添加し，ある波長の紫外線に対する透過率 T をそれぞれ測定した。SO_2 のモル濃度 c と得られた $\log_{10} T$ を次ページの表 1 に示す。次に，窒素中に含まれる SO_2 のモル濃度が不明な気体試料 B に対して，同じ条件で透過率 T を測定したところ 0.80 であった。気体試料 B に含まれる SO_2 のモル濃度を次の形式で表すとき， 34 に当てはまる数値として最も適当なものを，後の①～⑤のうちから一つ選べ。必要があれば，次ページの方眼紙や $\log_{10} 2 = 0.30$ の値を使うこと。ただし，窒素および密閉容器による紫外線の吸収，反射，散乱は無視できるものとする。

気体試料 B に含まれる SO_2 のモル濃度 $\boxed{34} \times 10^{-8}$ mol/L

① 2.2   ② 2.6   ③ 3.0   ④ 3.4   ⑤ 3.8

— 27 —

表1　密閉容器内の気体に含まれる SO_2 のモル濃度 c と $\log_{10} T$ の関係

SO_2 のモル濃度 c ($\times 10^{-8}$ mol/L)	$\log_{10} T$
0.0	0.000
2.0	-0.067
4.0	-0.133
6.0	-0.200
8.0	-0.267
10.0	-0.333

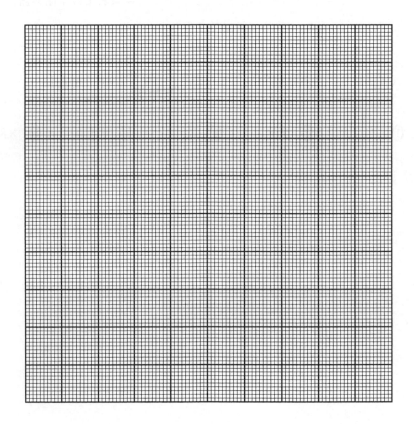

b 図2に示すように，aで用いたものと同じ密閉容器を二つ直列に並べて長さ2Lとした密閉容器を用意した。それぞれにaと同じ条件で気体試料Bを封入して，aで用いた波長の紫外線を入射させた。このときの透過率Tの値として最も適当な数値を，後の①〜⑤のうちから一つ選べ。ただし，窒素および密閉容器による紫外線の吸収，反射，散乱は無視できるものとする。 35

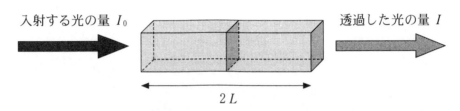

図2 密閉容器を直列に並べた場合の模式図

① 0.32   ② 0.40   ③ 0.60   ④ 0.64   ⑤ 0.80

2022 年度
大学入学共通テスト
本試験

'22 本試問題

難易度・標準所要時間・出題内容一覧

問題番号	難易度	標準所要時間	出題内容
第1問	＊	10分	物質の状態
第2問	＊	12分	物質の変化
第3問	＊	12分	無機物質
第4問	＊＊	13分	有機化合物，高分子化合物
第5問	＊＊	13分	物質の変化，有機化合物

（注）　1° 難易度記号は次の意味で用いている。

　　　　＊　　　　：教科書とほぼ同じレベル
　　　　＊＊　　　：教科書に比べて少し難しい
　　　　＊＊＊　　：教科書に比べて難しい

化　　　　　　　学

$\left(\text{解答番号}\ \boxed{1}\ \sim\ \boxed{33}\right)$

必要があれば，原子量は次の値を使うこと。

| H | 1.0 | C | 12 | N | 14 | O | 16 |
| Na | 23 | S | 32 | Cl | 35.5 | Ca | 40 |

気体は，実在気体とことわりがない限り，理想気体として扱うものとする。

また，必要があれば，次の値を使うこと。

$\sqrt{2} = 1.41 \qquad \sqrt{3} = 1.73 \qquad \sqrt{5} = 2.24$

第1問　次の問い（問1～5）に答えよ。（配点　20）

問1　原子がL殻に電子を3個もつ元素を，次の①～⑤のうちから一つ選べ。
　　　　$\boxed{1}$

① Al　　　　② B　　　　③ Li　　　　④ Mg　　　　⑤ N

― 2 ―

2022 年度 本試 化学

問 2　表 1 に示した窒素化合物は肥料として用いられている。これらの化合物のうち，窒素の含有率 (質量パーセント) が最も高いものを，後の①～④のうちから一つ選べ。　2

表 1　肥料として用いられる窒素化合物とそのモル質量

窒素化合物	モル質量(g/mol)
NH_4Cl	53.5
$(NH_2)_2CO$	60
NH_4NO_3	80
$(NH_4)_2SO_4$	132

① NH_4Cl　　　② $(NH_2)_2CO$　　　③ NH_4NO_3　　　④ $(NH_4)_2SO_4$

— 3 —

問 3 2種類の貴ガス(希ガス)AとBをさまざまな割合で混合し，温度一定のもとで体積を変化させて，全圧が一定値 p_0 になるようにする。元素Aの原子量が元素Bの原子量より小さいとき，貴ガスAの分圧と混合気体の密度の関係を表すグラフはどれか。最も適当なものを，次の①〜⑤のうちから一つ選べ。 3

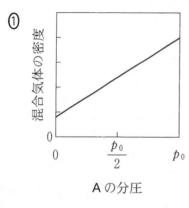

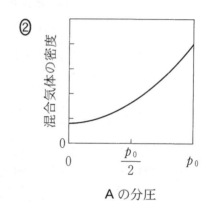

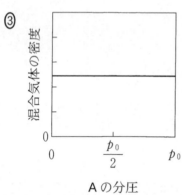

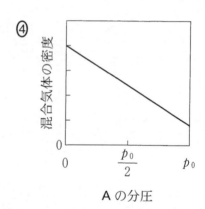

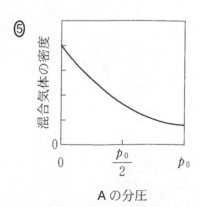

2022 年度　本試　化学

問 4　非晶質に関する記述として**誤りを含むもの**はどれか。最も適当なものを，次の①～④のうちから一つ選べ。　4

① ガラスは一定の融点を示さない。

② アモルファス金属やアモルファス合金は，高温で融解させた金属を急速に冷却してつくられる。

③ 非晶質の二酸化ケイ素は，光ファイバーに利用される。

④ ポリエチレンは，非晶質の部分（非結晶部分・無定形部分）の割合が増えるほどかたくなる。

— 5 —

問 5 空気の水への溶解は，水中生物の呼吸(酸素の溶解)やダイバーの減圧症(溶解した窒素の遊離)などを理解するうえで重要である。1.0×10^5 Pa の N_2 と O_2 の溶解度(水 1 L に溶ける気体の物質量)の温度変化をそれぞれ図 1 に示す。N_2 と O_2 の水への溶解に関する後の問い(**a**・**b**)に答えよ。ただし，N_2 と O_2 の水への溶解は，ヘンリーの法則に従うものとする。

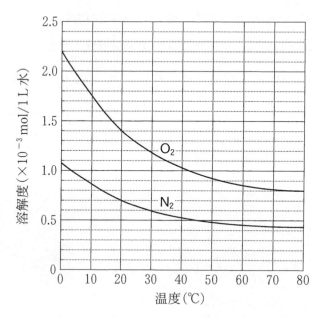

図 1　1.0×10^5 Pa の N_2 と O_2 の溶解度の温度変化

a 1.0×10^5 Pa で O_2 が水 20 L に接している。同じ圧力で温度を 10 ℃ から 20 ℃ にすると、水に溶解している O_2 の物質量はどのように変化するか。最も適当な記述を、次の ①〜⑤ のうちから一つ選べ。 5

① 3.5×10^{-4} mol 減少する。　　② 7.0×10^{-3} mol 減少する。
③ 変化しない。　　　　　　　　　　④ 3.5×10^{-4} mol 増加する。
⑤ 7.0×10^{-3} mol 増加する。

b 図 2 に示すように、ピストンの付いた密閉容器に水と空気(物質量比 $N_2 : O_2 = 4 : 1$)を入れ、ピストンに 5.0×10^5 Pa の圧力を加えると、20 ℃ で水および空気の体積はそれぞれ 1.0 L、5.0 L になった。次に、温度を一定に保ったままピストンを引き上げ、圧力を 1.0×10^5 Pa にすると、水に溶解していた気体の一部が遊離した。このとき、遊離した N_2 の体積は 0 ℃、1.013×10^5 Pa のもとで何 mL か。最も近い数値を、後の ①〜⑤ のうちから一つ選べ。ただし、気体定数は $R = 8.31 \times 10^3$ Pa·L/(K·mol) とする。また、密閉容器内の空気の N_2 と O_2 の物質量比の変化と水の蒸気圧は、いずれも無視できるものとする。 6 mL

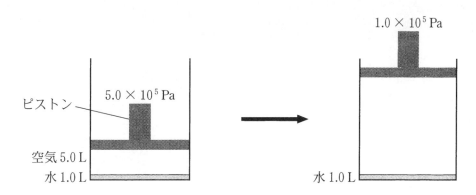

図 2　水と空気を入れた密閉容器内の圧力を変化させたときの模式図

① 13　　② 16　　③ 50　　④ 63　　⑤ 78

第 2 問 次の問い(問 1 ～ 4)に答えよ。(配点　20)

問 1　化学反応や物質の状態の変化において，発熱の場合も吸熱の場合もあるものはどれか。最も適当なものを，次の①～④のうちから一つ選べ。　7

① 炭化水素が酸素の中で完全燃焼するとき。
② 強酸の希薄水溶液に強塩基の希薄水溶液を加えて中和するとき。
③ 電解質が多量の水に溶解するとき。
④ 常圧で純物質の液体が凝固して固体になるとき。

問 2　0.060 mol/L の酢酸ナトリウム水溶液 50 mL と 0.060 mol/L の塩酸 50 mL を混合して 100 mL の水溶液を得た。この水溶液中の水素イオン濃度は何 mol/L か。最も適当な数値を，次の①～⑥のうちから一つ選べ。ただし，酢酸の電離定数は 2.7×10^{-5} mol/L とする。　8　mol/L

①　8.1×10^{-7}　　　　②　2.8×10^{-4}　　　　③　9.0×10^{-4}

④　1.3×10^{-3}　　　　⑤　2.8×10^{-3}　　　　⑥　8.1×10^{-3}

— 8 —

問 3 溶液中での，次の式(1)で表される可逆反応

$$A \rightleftharpoons B + C \qquad\qquad (1)$$

において，正反応の反応速度 v_1 と逆反応の反応速度 v_2 は，$v_1 = k_1[A]$，$v_2 = k_2[B][C]$ であった。ここで，k_1，k_2 はそれぞれ正反応，逆反応の反応速度定数であり，$[A]$，$[B]$，$[C]$ はそれぞれ A，B，C のモル濃度である。反応開始時において，$[A] = 1\,\text{mol/L}$，$[B] = [C] = 0\,\text{mol/L}$ であり，反応中に温度が変わることはないとする。$k_1 = 1 \times 10^{-6}/\text{s}$，$k_2 = 6 \times 10^{-6}\,\text{L}/(\text{mol·s})$ であるとき，平衡状態での $[B]$ は何 mol/L か。最も適当な数値を，次の①〜④のうちから一つ選べ。 9 mol/L

① $\dfrac{1}{3}$ 　　　② $\dfrac{1}{\sqrt{6}}$ 　　　③ $\dfrac{1}{2}$ 　　　④ $\dfrac{2}{3}$

問 4 化石燃料に代わる新しいエネルギー源の一つとして水素 H_2 がある。H_2 の貯蔵と利用に関する次の問い（a ～ c）に答えよ。

a 水素吸蔵合金を利用すると，H_2 を安全に貯蔵することができる。ある水素吸蔵合金 X は，0 ℃，1.013×10^5 Pa で，X の体積の 1200 倍の H_2 を貯蔵することができる。この温度，圧力で 248 g の X に貯蔵できる H_2 は何 mol か。最も適当な数値を，次の①～⑤のうちから一つ選べ。ただし，X の密度は 6.2 g/cm³ であり，気体定数は $R = 8.3 \times 10^3$ Pa・L/(K・mol) とする。
　10　mol

① 0.28　　② 0.47　　③ 1.1　　④ 2.1　　⑤ 11

b リン酸型燃料電池を用いると，H_2 を燃料として発電することができる。図1に外部回路に接続したリン酸型燃料電池の模式図を示す。この燃料電池を動作させるにあたり，供給する物質（ア，イ）と排出される物質（ウ，エ）の組合せとして最も適当なものを，後の①～⑥のうちから一つ選べ。ただし，排出される物質には未反応の物質も含まれるものとする。　11

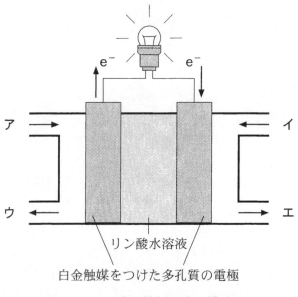

図1　リン酸型燃料電池の模式図

	ア	イ	ウ	エ
①	O_2	H_2	O_2	H_2, H_2O
②	O_2	H_2	O_2, H_2O	H_2
③	O_2	H_2	O_2, H_2O	H_2, H_2O
④	H_2	O_2	H_2	O_2, H_2O
⑤	H_2	O_2	H_2, H_2O	O_2
⑥	H_2	O_2	H_2, H_2O	O_2, H_2O

c 図1の燃料電池で H_2 2.00 mol，O_2 1.00 mol が反応したとき，外部回路に流れた電気量は何Cか。最も適当な数値を，次の①〜⑤のうちから一つ選べ。ただし，ファラデー定数は 9.65×10^4 C/mol とし，電極で生じた電子はすべて外部回路を流れたものとする。 | 12 | C

① 1.93×10^4　　② 9.65×10^4　　③ 1.93×10^5

④ 3.86×10^5　　⑤ 7.72×10^5

第 3 問 次の問い（問 1 ～ 3 ）に答えよ。（配点 20）

問 1 $AlK(SO_4)_2 \cdot 12H_2O$ と NaCl はどちらも無色の試薬である。それぞれの水溶液に対して次の**操作ア～エ**を行うとき，この二つの試薬を**区別する**ことが**できない操作**はどれか。最も適当なものを，後の①～④のうちから一つ選べ。

　　　13

操作

　　ア　アンモニア水を加える。

　　イ　臭化カルシウム水溶液を加える。

　　ウ　フェノールフタレイン溶液を加える。

　　エ　陽極と陰極に白金板を用いて電気分解を行う。

　　① ア　　　　　② イ　　　　　③ ウ　　　　　④ エ

— 12 —

問 2 ある金属元素 M が，その酸化物中でとる酸化数は一つである。この金属元素の単体 M と酸素 O₂ から生成する金属酸化物 M$_x$O$_y$ の組成式を求めるために，次の**実験**を考えた。

実験 M の物質量と O₂ の物質量の和を 3.00×10^{-2} mol に保ちながら，M の物質量を 0 から 3.00×10^{-2} mol まで変化させ，それぞれにおいて M と O₂ を十分に反応させたのち，生成した M$_x$O$_y$ の質量を測定する。

実験で生成する M$_x$O$_y$ の質量は，用いる M の物質量によって変化する。図 1 は，生成する M$_x$O$_y$ の質量について，その最大の測定値を 1 と表し，他の測定値を最大値に対する割合（相対値）として示している。図 1 の結果が得られる M$_x$O$_y$ の組成式として最も適当なものを，後の ①〜⑤ のうちから一つ選べ。 14

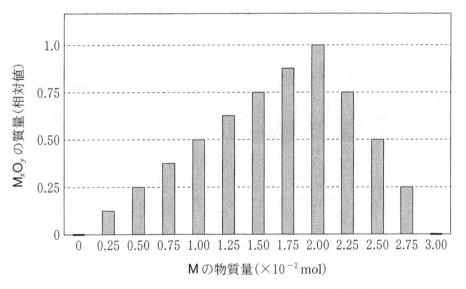

図 1 M の物質量と M$_x$O$_y$ の質量（相対値）の関係

① MO　　② MO₂　　③ M₂O　　④ M₂O₃　　⑤ M₂O₅

問 3 次の文章を読み，後の問い(**a** ～ **c**)に答えよ。

アンモニアソーダ法は，Na_2CO_3 の代表的な製造法である。その製造過程を図 2 に示す。この方法には，$NaHCO_3$ の熱分解で生じる CO_2，および NH_4Cl と $Ca(OH)_2$ の反応で生じる NH_3 をいずれも回収して，無駄なく再利用するという特徴がある。

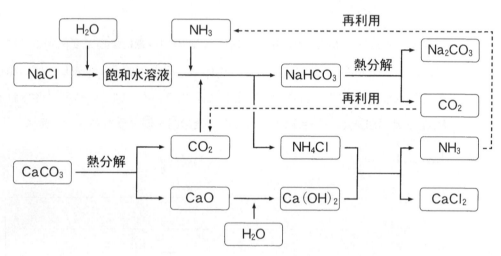

図 2　アンモニアソーダ法による Na_2CO_3 の製造過程

a　CO_2，Na_2CO_3，NH_4Cl をそれぞれ水に溶かしたとき，水溶液が酸性を示すものはどれか。すべてを正しく選んでいるものを，次の①～⑦のうちから一つ選べ。　15

① CO_2
② Na_2CO_3
③ NH_4Cl
④ CO_2，Na_2CO_3
⑤ CO_2，NH_4Cl
⑥ Na_2CO_3，NH_4Cl
⑦ CO_2，Na_2CO_3，NH_4Cl

b アンモニアソーダ法に関する記述として**誤りを含むもの**はどれか。最も適当なものを，次の①～④のうちから一つ選べ。 16

① $NaHCO_3$ の水への溶解度は，NH_4Cl より大きい。

② $NaCl$ 飽和水溶液に NH_3 を吸収させたあとに CO_2 を通じるのは，CO_2 を溶かしやすくするためである。

③ 図2のそれぞれの反応は，触媒を必要としない。

④ $NaHCO_3$ の熱分解により Na_2CO_3 が生成する過程では，CO_2 のほかに水も生成する。

c $NaCl$ 58.5 kg がすべて反応して Na_2CO_3 と $CaCl_2$ を生成するときに，最小限必要とされる $CaCO_3$ は何 kg か。最も適当な数値を，次の①～④のうちから一つ選べ。ただし，この製造過程で生じる NH_3 および CO_2 は，すべて再利用されるものとする。 17 kg

① 25.0   ② 50.0   ③ 100   ④ 200

— 15 —

第 4 問　次の問い(**問 1 ～ 4**)に答えよ。(配点　20)

問 1　ハロゲン原子を含む有機化合物に関する記述として**誤りを含むもの**を，次の
①～④のうちから一つ選べ。　18

①　メタンに十分な量の塩素を混ぜて光(紫外線)をあてると，クロロメタン，
　　ジクロロメタン，トリクロロメタン(クロロホルム)，テトラクロロメタン
　　(四塩化炭素)が順次生成する。

②　ブロモベンゼンの沸点は，ベンゼンの沸点より高い。

③　クロロプレン $CH_2=CCl-CH=CH_2$ の重合体は，合成ゴムになる。

④　プロピン 1 分子に臭素 2 分子を付加して得られる生成物は，$1,1,3,3$-テト
　　ラブロモプロパン $CHBr_2CH_2CHBr_2$ である。

問 2　フェノールを混酸(濃硝酸と濃硫酸の混合物)と反応させたところ，段階的に
ニトロ化が起こり，ニトロフェノールとジニトロフェノールを経由して
$2,4,6$-トリニトロフェノールのみが得られた。この途中で経由したと考えられ
るニトロフェノールの異性体とジニトロフェノールの異性体はそれぞれ何種類
か。最も適当な数を，次の①～⑥のうちから一つずつ選べ。ただし，同じもの
を繰り返し選んでもよい。

ニトロフェノールの異性体　　19　種類

ジニトロフェノールの異性体　20　種類

①　1　　　　②　2　　　　③　3　　　　④　4　　　　⑤　5　　　　⑥　6

— 16 —

問 3　天然高分子化合物および合成高分子化合物に関する記述として下線部に**誤り**を含むものを，次の①～⑤のうちから一つ選べ。　21

① タンパク質は α-アミノ酸 $R-CH(NH_2)-COOH$ から構成され，その置換基 R どうしが相互にジスルフィド結合やイオン結合などを形成することで，各タンパク質に特有の三次構造に折りたたまれる。

② タンパク質が強酸や加熱によって変性するのは，高次構造が変化するためである。

③ アセテート繊維は，トリアセチルセルロースを部分的に加水分解した後，紡糸して得られる。

④ 天然ゴムを空気中に放置しておくと，分子中の二重結合が酸化されて弾性を失う。

⑤ ポリエチレンテレフタラートとポリ乳酸は，それぞれ完全に加水分解されると，いずれも1種類の化合物になる。

— 17 —

問 4 カルボン酸を適当な試薬を用いて還元すると，第一級アルコールが生成することが知られている。カルボキシ基を 2 個もつジカルボン酸（2 価カルボン酸）の還元反応に関する次の問い（**a** ～ **c**）に答えよ。

a 示性式 $HOOC(CH_2)_4COOH$ のジカルボン酸を，ある試薬 X で還元した。反応を途中で止めると，生成物として図 1 に示すヒドロキシ酸と 2 価アルコールが得られた。ジカルボン酸，ヒドロキシ酸，2 価アルコールの物質量の割合の時間変化を図 2 に示す。グラフ中の A～C は，それぞれどの化合物に対応するか。組合せとして最も適当なものを，後の①～⑥のうちから一つ選べ。 22

ヒドロキシ酸　　　　2 価アルコール

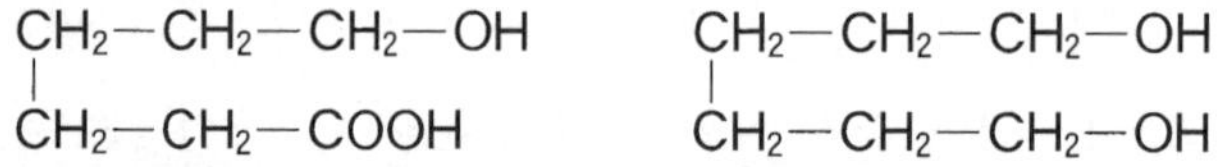

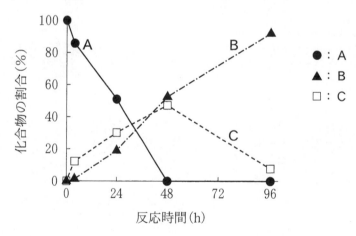

図 1 ヒドロキシ酸と 2 価アルコールの構造式

図 2 $HOOC(CH_2)_4COOH$ の還元反応における反応時間と化合物の割合

	ジカルボン酸	ヒドロキシ酸	2価アルコール
①	A	B	C
②	A	C	B
③	B	A	C
④	B	C	A
⑤	C	A	B
⑥	C	B	A

b 示性式 $HOOC(CH_2)_2COOH$ のジカルボン酸を試薬 X で還元すると，炭素原子を 4 個もつ化合物 Y が反応の途中に生成した。Y は銀鏡反応を示さず，$NaHCO_3$ 水溶液を加えても CO_2 を生じなかった。また，86 mg の Y を完全燃焼させると，CO_2 176 mg と H_2O 54 mg が生成した。Y の構造式として最も適当なものを，次の①〜⑥のうちから一つ選べ。 23

① $OHC-(CH_2)_2-CHO$

② $HO-(CH_2)_3-COOH$

③ $CH_2=CH-CH_2-COOH$

④

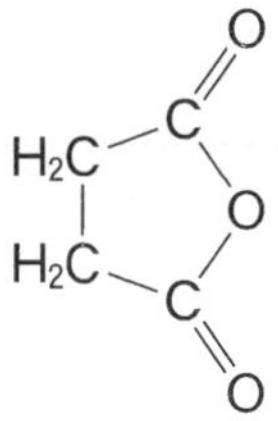

⑤

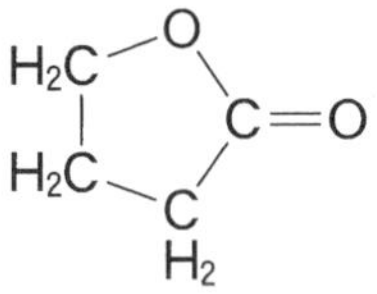

⑥

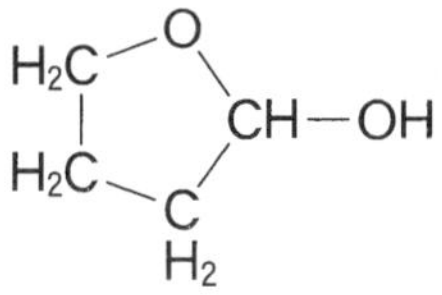

c　分子式 $C_5H_8O_4$ をもつジカルボン酸は，図3に示すように，立体異性体を区別しないで数えると4種類存在する。これら4種類のジカルボン酸を還元して生成するヒドロキシ酸 $C_5H_{10}O_3$ は，立体異性体を区別しないで数えると　ア　種類あり，そのうち不斉炭素原子をもつものは　イ　種類存在する。空欄　ア　・　イ　に当てはまる数の組合せとして最も適当なものを，後の①~⑧のうちから一つ選べ。　24

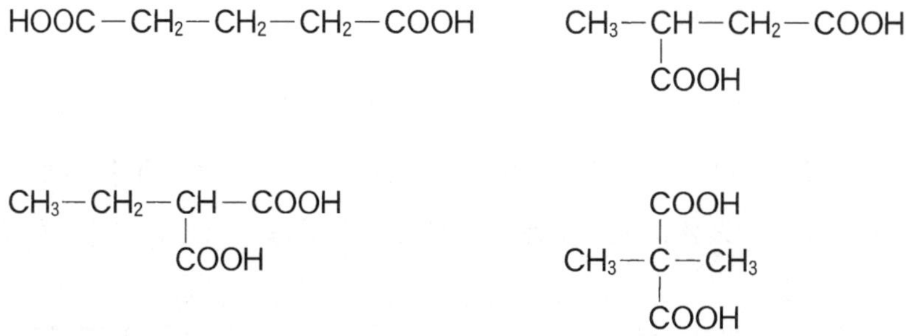

HOOC－CH_2－CH_2－CH_2－COOH　　　　CH_3－CH－CH_2－COOH
　　　　　　　　　　　　　　　　　　　　　　　　　　　|
　　　　　　　　　　　　　　　　　　　　　　　　　COOH

CH_3－CH_2－CH－COOH　　　　　　　　　　　COOH
　　　　　　　　|　　　　　　　　　　　　　　　　|
　　　　　　　COOH　　　　　　　CH_3－C－CH_3
　　　　　　　　　　　　　　　　　　　　　　　　|
　　　　　　　　　　　　　　　　　　　　　　COOH

図3　4種類のジカルボン酸 $C_5H_8O_4$ の構造式

	ア	イ
①	4	0
②	4	1
③	5	2
④	5	3
⑤	6	4
⑥	6	5
⑦	8	6
⑧	8	7

2022 年度 本試 化学

（下 書 き 用 紙）

化学の試験問題は次に続く。

第5問 大気中には，自動車の排ガスや植物などから放出されるアルケンが含まれている。大気中のアルケンは，地表近くのオゾンによる酸化反応で分解されて，健康に影響を及ぼすアルデヒドを生じる。アルケンを含む脂肪族不飽和炭化水素の構造と性質，およびオゾンとの反応に関する次の問い(**問1・2**)に答えよ。

(配点 20)

問 1 脂肪族不飽和炭化水素とそれに関連する化合物の構造に関する記述として**誤りを含むもの**を，次の①〜④のうちから一つ選べ。 25

① エチレン(エテン)の炭素—炭素原子間の結合において，一方の炭素原子を固定したとき，他方の炭素原子は自由に回転できない。

② シクロアルケンの一般式は，炭素数を n とすると C_nH_{2n-2} で表される。

③ 1-ブチン $CH \equiv C - CH_2 - CH_3$ の四つの炭素原子は，同一直線上にある。

④ ポリアセチレンは，分子中に二重結合をもつ。

— 22 —

問 2 次の構造をもつアルケン A（分子式 C_6H_{12}）のオゾン O_3 による酸化反応について調べた。

$$\underset{H}{\overset{R^1}{>}}C=C\underset{R^3}{\overset{R^2}{<}}$$
アルケン A

$R^1 = H$，CH_3，CH_3CH_2 のいずれか
$R^2 = CH_3$，CH_3CH_2 のいずれか
$R^3 = CH_3$，CH_3CH_2 のいずれか

気体のアルケン A と O_3 を二酸化硫黄 SO_2 の存在下で反応させると，式(1)に示すように，最初に化合物 X（分子式 $C_6H_{12}O_3$）が生成し，続いてアルデヒド B とケトン C が生成した。式(1)の反応に関する後の問い（$\mathbf{a} \sim \mathbf{d}$）に答えよ。

$$\underset{H}{\overset{R^1}{>}}C=C\underset{R^3}{\overset{R^2}{<}} \xrightarrow{\;O_3\;} C_6H_{12}O_3 \xrightarrow{\;SO_2\;} \underset{H}{\overset{R^1}{>}}C=O \;+\; O=C\underset{R^3}{\overset{R^2}{<}} \;+\; SO_3 \qquad (1)$$

アルケン A　　　　　　　化合物 X　　　　　アルデヒド B　　ケトン C
（C_6H_{12}）

a 式(1)の反応で生成したアルデヒド B はヨードホルム反応を示さず，ケトン C はヨードホルム反応を示した。R^1，R^2，R^3 の組合せとして正しいものを，次の①〜④のうちから一つ選べ。　$\boxed{26}$

	R^1	R^2	R^3
①	H	CH_3CH_2	CH_3CH_2
②	CH_3	CH_3	CH_3CH_2
③	CH_3	CH_3CH_2	CH_3
④	CH_3CH_2	CH_3	CH_3

— 23 —

b 式(1)の反応における反応熱を求めたい。式(1)の反応，SO_2からSO_3への酸化反応，およびO_2からO_3が生成する反応の熱化学方程式は，それぞれ式(2)，(3)，(4)で表される。

$$\underset{H}{\overset{R^1}{>}}C=C\underset{R^3}{\overset{R^2}{<}}(気) + O_3(気) + SO_2(気) =$$

$$\underset{H}{\overset{R^1}{>}}C=O\,(気) + O=C\underset{R^3}{\overset{R^2}{<}}(気) + SO_3(気) + Q\,\text{kJ} \qquad (2)$$

$$SO_2(気) + \frac{1}{2}O_2(気) = SO_3(気) + 99\,\text{kJ} \qquad (3)$$

$$\frac{3}{2}O_2(気) = O_3(気) - 143\,\text{kJ} \qquad (4)$$

各化合物の気体の生成熱が表1の値であるとき，式(2)の反応熱Qは何kJか。最も適当な数値を，後の①〜⑥のうちから一つ選べ。 | 27 | kJ

表1　各化合物の気体の生成熱

化合物	生成熱(kJ/mol)
$\underset{H}{\overset{R^1}{>}}C=C\underset{R^3}{\overset{R^2}{<}}$	67
$\underset{H}{\overset{R^1}{>}}C=O$	186
$O=C\underset{R^3}{\overset{R^2}{<}}$	217

①	221	②	229	③	578
④	799	⑤	1020	⑥	1306

c 式(1)のアルケン A と O_3 から化合物 X が生成する反応の反応速度を考える。図1は，体積一定の容器に入っている 5.0×10^{-7} mol/L の気体のアルケン A と 5.0×10^{-7} mol/L の O_3 を，温度一定で反応させたときのアルケン A のモル濃度の時間変化である。反応開始後 1.0 秒から 6.0 秒の間に，アルケン A が減少する平均の反応速度は何 mol/(L·s) か。その数値を有効数字 2 桁の次の形式で表すとき，28 ～ 30 に当てはまる数字を，後の①～⓪のうちから一つずつ選べ。ただし，同じものを繰り返し選んでもよい。

アルケン A が減少する平均の反応速度

図1 アルケン A のモル濃度の時間変化

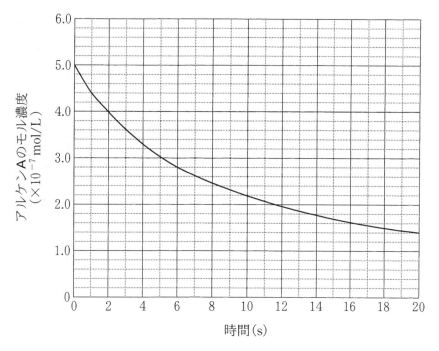

① 1　② 2　③ 3　④ 4　⑤ 5
⑥ 6　⑦ 7　⑧ 8　⑨ 9　⓪ 0

d　アルケン A と O_3 から化合物 X が生成する式(1)の反応を，同じ温度でアルケン A のモル濃度[A]と O_3 のモル濃度[O_3]を変えて行った。反応開始直後の反応速度 v を測定した結果を表2に示す。

表2　アルケン A と O_3 のモル濃度と反応速度の関係

実　験	[A] (mol/L)	[O_3] (mol/L)	反応速度 v (mol/(L・s))
1	1.0×10^{-7}	2.0×10^{-7}	5.0×10^{-9}
2	4.0×10^{-7}	1.0×10^{-7}	1.0×10^{-8}
3	1.0×10^{-7}	6.0×10^{-7}	1.5×10^{-8}

　この反応の反応速度式を $v = k[\text{A}]^a[\text{O}_3]^b$（$a$, b は定数)の形で表すとき，反応速度定数 k は何 L/(mol・s)か。その数値を有効数字2桁の次の形式で表すとき， 31 ～ 33 に当てはまる数字を，後の①～⓪のうちから一つずつ選べ。ただし，同じものを繰り返し選んでもよい。

　アルケン A と O_3 の反応の反応速度定数

$$k = \boxed{} . \boxed{} \times 10^{\boxed{33}} \text{ L/(mol・s)}$$

① 1　　　② 2　　　③ 3　　　④ 4　　　⑤ 5
⑥ 6　　　⑦ 7　　　⑧ 8　　　⑨ 9　　　⓪ 0

－ 26 －

2021 年度
大学入学共通テスト
第 1 日程

'21
第
1
日
程
問
題

難易度・標準所要時間・出題内容一覧

問題番号	難易度	標準所要時間	出題内容
第 1 問	＊	10 分	物質の状態
第 2 問	＊＊	13 分	物質の状態と変化
第 3 問	＊＊＊	13 分	無機物質，物質の変化
第 4 問	＊	12 分	有機化合物，高分子化合物
第 5 問	＊＊	12 分	天然有機化合物，物質の変化

（注）　1°　難易度記号は次の意味で用いている。

$\quad\quad$ ＊　　　：教科書とほぼ同じレベル

$\quad\quad$ ＊＊　　：教科書に比べて少し難しい

$\quad\quad$ ＊＊＊　：教科書に比べて難しい

化　　　　学

$\left(\text{解答番号}\boxed{1}\sim\boxed{29}\right)$

必要があれば，原子量は次の値を使うこと。

H　1.0	C　12	N　14	O　16
Ca　40	Fe　56	Zn　65	

気体は，実在気体とことわりがない限り，理想気体として扱うものとする。

第1問 次の問い(**問1～4**)に答えよ。(配点　20)

問1 次の記述(**ア・イ**)の両方に当てはまる金属元素として最も適当なものを，下の①～④のうちから一つ選べ。 $\boxed{1}$

ア　2価の陽イオンになりやすいもの

イ　硫酸塩が水に溶けやすいもの

① Mg　　　　② Al　　　　③ K　　　　④ Ba

— 2 —

問 2　単位格子の一辺の長さ L(cm)の体心立方格子の構造をもつモル質量 M(g/mol)の原子からなる結晶がある。この結晶の密度が d(g/cm³)であるとき，アボガドロ定数 N_A(/mol)を表す式として最も適当なものを，次の①〜⑥のうちから一つ選べ。　| 2 |　/mol

① $\dfrac{L^3 d}{M}$　　　　② $\dfrac{L^3 d}{2M}$　　　　③ $\dfrac{2L^3 d}{M}$

④ $\dfrac{M}{L^3 d}$　　　　⑤ $\dfrac{2M}{L^3 d}$　　　　⑥ $\dfrac{M}{2L^3 d}$

問 3　物質の溶媒への溶解や分子間力に関する次の記述（Ⅰ〜Ⅲ）について，正誤の組合せとして最も適当なものを，下の①〜⑧のうちから一つ選べ。　| 3 |

Ⅰ　ヘキサンが水にほとんど溶けないのは，ヘキサン分子の極性が小さいためである。

Ⅱ　ナフタレンが溶解したヘキサン溶液では，ナフタレン分子とヘキサン分子の間に分子間力がはたらいている。

Ⅲ　液体では，液体の分子間にはたらく分子間力が小さいほど，その沸点は高くなる。

	Ⅰ	Ⅱ	Ⅲ
①	正	正	正
②	正	正	誤
③	正	誤	正
④	正	誤	誤
⑤	誤	正	正
⑥	誤	正	誤
⑦	誤	誤	正
⑧	誤	誤	誤

— 3 —

問 4 蒸気圧(飽和蒸気圧)に関する次の問い(**a・b**)に答えよ。ただし,気体定数は $R = 8.3 \times 10^3 \, \text{Pa·L/(K·mol)}$ とする。

a エタノール C_2H_5OH の蒸気圧曲線を次ページの図 1 に示す。ピストン付きの容器に 90 ℃ で 1.0×10^5 Pa の C_2H_5OH の気体が入っている。この気体の体積を 90 ℃ のままで 5 倍にした。その状態から圧力を一定に保ったまま温度を下げたときに凝縮が始まる温度を 2 桁の数値で表すとき, 4 と 5 に当てはまる数字を,次の①~⓪のうちから一つずつ選べ。ただし,温度が 1 桁の場合には, 4 には⓪を選べ。また,同じものを繰り返し選んでもよい。 4 5 ℃

① 1 ② 2 ③ 3 ④ 4 ⑤ 5
⑥ 6 ⑦ 7 ⑧ 8 ⑨ 9 ⓪ 0

— 4 —

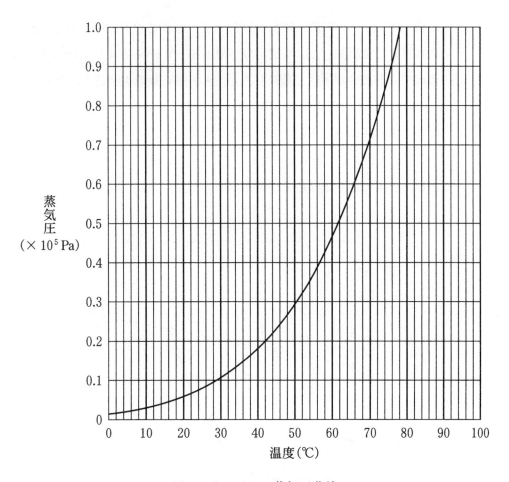

図1　C₂H₅OH の蒸気圧曲線

b 容積一定の 1.0 L の密閉容器に 0.024 mol の液体の C₂H₅OH のみを入れ，その状態変化を観測した。密閉容器の温度を 0 ℃ から徐々に上げると，ある温度で C₂H₅OH がすべて蒸発したが，その後も加熱を続けた。蒸発した C₂H₅OH がすべての圧力領域で理想気体としてふるまうとすると，容器内の気体の C₂H₅OH の温度と圧力は，図 2 の点 A ～ G のうち，どの点を通り変化するか。経路として最も適当なものを，下の ①～⑤ のうちから一つ選べ。ただし，液体状態の C₂H₅OH の体積は無視できるものとする。　6

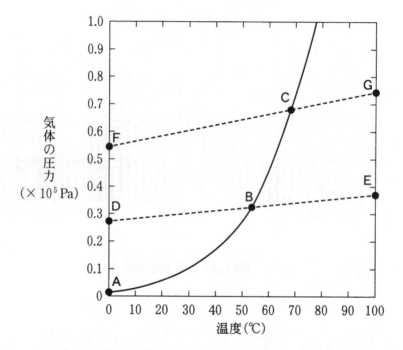

図 2　気体の圧力と温度の関係（実線 —— は C₂H₅OH の蒸気圧曲線）

① A → B → C → G
② A → B → E
③ D → B → C → G
④ D → B → E
⑤ F → C → G

2021 年度 第 1 日程 化学

（下 書 き 用 紙）

化学の試験問題は次に続く。

第2問 次の問い(**問1～3**)に答えよ。(配点 20)

問1 光が関わる化学反応や現象に関する記述として下線部に**誤りを含むもの**はどれか。最も適当なものを，次の①～④のうちから一つ選べ。 7

① 塩素と水素の混合気体に強い光(紫外線)を照射すると，<u>爆発的に反応して塩化水素が生成する</u>。

② オゾン層は，太陽光線中の<u>紫外線を吸収して</u>，地上の生物を保護している。

③ 植物は光合成で糖類を生成する。二酸化炭素と水からグルコースと酸素が生成する反応は，<u>発熱反応である</u>。

④ 酸化チタン(IV)は，光(紫外線)を照射すると，有機物などを分解する<u>触媒として作用する</u>。

— 8 —

2021 年度 第 1 日程 化学

問 2 補聴器に用いられる空気亜鉛電池では，次の式のように正極で空気中の酸素が取り込まれ，負極の亜鉛が酸化される。

正極 　$O_2 + 2\,H_2O + 4\,e^- \longrightarrow 4\,OH^-$

負極 　$Zn + 2\,OH^- \longrightarrow ZnO + H_2O + 2\,e^-$

　この電池を一定電流で 7720 秒間放電したところ，上の反応により電池の質量は 16.0 mg 増加した。このとき流れた電流は何 mA か。最も適当な数値を，次の①〜④のうちから一つ選べ。ただし，ファラデー定数は 9.65×10^4 C/mol とする。　　　　8　　mA

① 　6.25　　　　　② 　12.5　　　　　③ 　25.0　　　　　④ 　50.0

— 9 —

問 3 氷の昇華と水分子間の水素結合について，次の問い（a～c）に答えよ。

a　水の三重点よりも低温かつ低圧の状態に保たれている氷を，水蒸気に昇華
させる方法として適当なものは，次の**ア～エ**のうちどれか。すべてを正しく
選択しているものを，下の①～④のうちから一つ選べ。　9

ア　温度を保ったまま，減圧する。
イ　温度を保ったまま，加圧する。
ウ　圧力を保ったまま，加熱する。
エ　圧力を保ったまま，冷却する。

①　ア，ウ　　　②　ア，エ　　　③　イ，ウ　　　④　イ，エ

b 図1に示すように，氷の結晶中では，1個の水分子が正四面体の頂点に位置する4個の水分子と水素結合をしており，水素結合1本あたり2個の水分子が関与している。0℃における氷の昇華熱を Q (kJ/mol) としたとき，0℃において水分子間の水素結合1 mol を切るために必要なエネルギー (kJ/mol) を表す式として最も適当なものを，下の①～⑤のうちから一つ選べ。ただし，氷の昇華熱は，水分子1 mol の結晶中のすべての水素結合を切るためのエネルギーと等しいとする。 10 kJ/mol

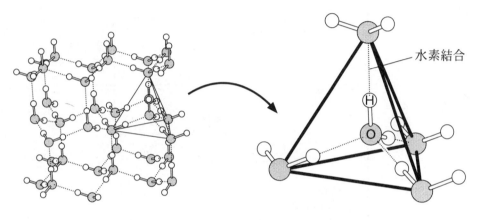

図1　氷の結晶構造と水素結合の模式図

① $\dfrac{1}{4}Q$　　② $\dfrac{1}{2}Q$　　③ Q　　④ $2Q$　　⑤ $4Q$

c 図2に0℃および25℃における水の状態とエネルギーの関係を示す。この関係を用いて、0℃における氷の昇華熱 Q(kJ/mol) の値を求めると何 kJ/mol になるか。最も適当な数値を、下の①〜⑤のうちから一つ選べ。ただし、1 mol の H_2O(液)および H_2O(気)の温度を1 K 上昇させるのに必要なエネルギーはそれぞれ 0.080 kJ, 0.040 kJ とする。また、すべての状態変化は 1.013×10^5 Pa のもとで起こるものとする。 11 kJ/mol

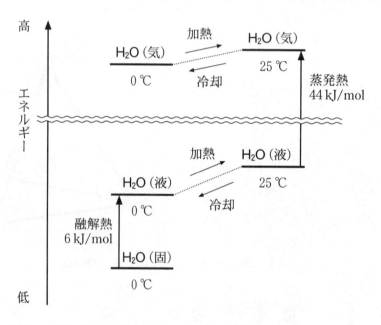

図2 0℃および25℃における水の状態とエネルギーの関係

① 45   ② 49   ③ 50   ④ 51   ⑤ 52

2021 年度 第 1 日程 化学

（下 書 き 用 紙）

化学の試験問題は次に続く。

第 3 問 次の問い（問 1 〜 3）に答えよ。（配点　20）

問 1　塩化ナトリウムの溶融塩電解（融解塩電解）に関連する記述として**誤りを含む**ものはどれか。最も適当なものを，次の①〜④のうちから一つ選べ。　12

①　陰極に鉄，陽極に黒鉛を用いることができる。

②　ナトリウムの単体が陰極で生成し，気体の塩素が陽極で発生する。

③　ナトリウムの単体が 1 mol 生成するとき，気体の塩素が 1 mol 発生する。

④　塩化ナトリウム水溶液を電気分解しても，ナトリウムの単体は得られない。

問 2　元素**ア**〜**エ**はそれぞれ Ag, Pb, Sn, Zn のいずれかであり，次の記述（**Ⅰ**〜**Ⅲ**）に述べる特徴をもつ。**ア**，**イ**として最も適当なものを，それぞれ下の①〜④のうちから一つずつ選べ。

ア　13

イ　14

Ⅰ　**ア**と**イ**の単体は希硫酸に溶けるが，**ウ**と**エ**の単体は希硫酸に溶けにくい。

Ⅱ　**ウ**の 2 価の塩化物は，冷水にはほとんど溶けないが熱水には溶ける。

Ⅲ　**ア**と**ウ**のみが同族元素である。

① Ag　　　　② Pb　　　　③ Sn　　　　④ Zn

問 3　次の化学反応式(1)に示すように，シュウ酸イオン $C_2O_4{}^{2-}$ を配位子として 3 個もつ鉄(Ⅲ)の錯イオン $[Fe(C_2O_4)_3]^{3-}$ の水溶液では，光をあてている間，反応が進行し，配位子を 2 個もつ鉄(Ⅱ)の錯イオン $[Fe(C_2O_4)_2]^{2-}$ が生成する。

$$2\,[Fe(C_2O_4)_3]^{3-} \xrightarrow{\text{光}} 2\,[Fe(C_2O_4)_2]^{2-} + C_2O_4{}^{2-} + 2\,CO_2 \qquad (1)$$

この反応で光を一定時間あてたとき，何 % の $[Fe(C_2O_4)_3]^{3-}$ が $[Fe(C_2O_4)_2]^{2-}$ に変化するかを調べたいと考えた。そこで，式(1)にしたがって CO_2 に変化した $C_2O_4{}^{2-}$ の量から，変化した $[Fe(C_2O_4)_3]^{3-}$ の量を求める**実験Ⅰ〜Ⅲ**を行った。この**実験**に関する次ページの問い（**a 〜 c**）に答えよ。ただし，反応溶液の pH は**実験Ⅰ〜Ⅲ**において適切に調整されているものとする。

実験Ⅰ　0.0109 mol の $[Fe(C_2O_4)_3]^{3-}$ を含む水溶液を透明なガラス容器に入れ，光を一定時間あてた。

実験Ⅱ　実験Ⅰで光をあてた溶液に，鉄の錯イオン $[Fe(C_2O_4)_3]^{3-}$ と $[Fe(C_2O_4)_2]^{2-}$ から $C_2O_4{}^{2-}$ を遊離（解離）させる試薬を加え，錯イオン中の $C_2O_4{}^{2-}$ を完全に遊離させた。さらに，Ca^{2+} を含む水溶液を加えて，溶液中に含まれるすべての $C_2O_4{}^{2-}$ をシュウ酸カルシウム CaC_2O_4 の水和物として完全に沈殿させた。この後，ろ過によりろ液と沈殿に分離し，さらに，沈殿を乾燥して 4.38 g の $CaC_2O_4 \cdot H_2O$（式量 146）を得た。

実験Ⅲ　実験Ⅱで得られたろ液に，(a)Fe^{2+} が含まれていることを確かめる操作を行った。

― 16 ―

a　**実験Ⅲ**の下線部(a)の操作として最も適当なものを，次の①〜④のうちから一つ選べ。 15

① H_2S 水溶液を加える。

② サリチル酸水溶液を加える。

③ $K_3[Fe(CN)_6]$ 水溶液を加える。

④ KSCN 水溶液を加える。

b　1.0 mol の $[Fe(C_2O_4)_3]^{3-}$ が，式(1)にしたがって完全に反応するとき，酸化されて CO_2 になる $C_2O_4^{2-}$ の物質量は何 mol か。最も適当な数値を，次の①〜④のうちから一つ選べ。 16 mol

① 0.5　　　② 1.0　　　③ 1.5　　　④ 2.0

c　**実験Ⅰ**において，光をあてることにより，溶液中の $[Fe(C_2O_4)_3]^{3-}$ の何％が $[Fe(C_2O_4)_2]^{2-}$ に変化したか。最も適当な数値を，次の①〜④のうちから一つ選べ。 17 ％

① 12　　　② 16　　　③ 25　　　④ 50

第4問 次の問い(**問1～5**)に答えよ。(配点 20)

問1 芳香族炭化水素の反応に関する記述として下線部に**誤りを含むもの**を，次の①～④のうちから一つ選べ。 18

① ナフタレンに，高温で酸化バナジウム(V)を触媒として酸素を反応させると，*o*-キシレンが生成する。

② ベンゼンに，鉄粉または塩化鉄(III)を触媒として塩素を反応させると，クロロベンゼンが生成する。

③ ベンゼンに，高温で濃硫酸を反応させると，ベンゼンスルホン酸が生成する。

④ ベンゼンに，高温・高圧でニッケルを触媒として水素を反応させると，シクロヘキサンが生成する。

— 18 —

2021 年度 第 1 日程 化学

問 2 油脂に関する記述として下線部に**誤りを含むもの**を，次の①～④のうちから
一つ選べ。 19

① けん化価は，油脂 1 g を完全にけん化するのに必要な水酸化カリウムの質
量を mg 単位で表した数値で，この値が大きいほど油脂の平均分子量は<u>小さ
い</u>。

② ヨウ素価は，油脂 100 g に付加するヨウ素の質量を g 単位で表した数値
で，油脂の中でも空気中で放置すると固化しやすい乾性油はヨウ素価が<u>大き
い</u>。

③ マーガリンの主成分である硬化油は，液体の油脂を<u>酸化</u>してつくられる。

④ 油脂は，高級脂肪酸と<u>グリセリン(1,2,3-プロパントリオール)</u>のエステル
である。

— 19 —

問 3 次のアルコールア〜エを用いた反応の生成物について，下の問い(a・b)に答えよ。

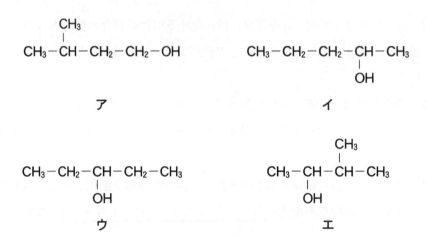

a ア〜エに適切な酸化剤を作用させると，それぞれからアルデヒドまたはケトンのどちらか一方が生成する。ア〜エのうち，ケトンが生成するものはいくつあるか。正しい数を，次の①〜⑤のうちから一つ選べ。 20

① 1   ② 2   ③ 3   ④ 4   ⑤ 0

b ア〜エにそれぞれ適切な酸触媒を加えて加熱すると，OH基の結合した炭素原子とその隣の炭素原子から，OH基とH原子がとれたアルケンが生成する。ア〜エのうち，このように生成するアルケンの異性体の数が最も多いアルコールはどれか。最も適当なものを，次の①〜④のうちから一つ選べ。ただし，シス-トランス異性体(幾何異性体)も区別して数えるものとする。 21

① ア   ② イ   ③ ウ   ④ エ

2021 年度 第 1 日程 化学

問 4 高分子化合物に関する記述として**誤りを含むもの**はどれか。最も適当なもの
を，次の①～⑤のうちから一つ選べ。 22

① ナイロン 6 は，繰り返し単位の中にアミド結合を二つもつ。

② ポリ酢酸ビニルを加水分解すると，ポリビニルアルコールが生じる。

③ 尿素樹脂は，熱硬化性樹脂である。

④ 生ゴムに数％の硫黄を加えて加熱すると，弾性が向上する。

⑤ ポリエチレンテレフタラートは，合成繊維としても合成樹脂としても用い
られる。

問 5 分子量 2.56×10^4 のポリペプチド鎖 A は，アミノ酸 B (分子量 89) のみを脱水縮合して合成されたものである。図 1 のように，A がらせん構造をとると仮定すると，A のらせんの全長 L は何 nm か。最も適当な数値を，下の ①〜⑥ のうちから一つ選べ。ただし，らせんのひと巻きはアミノ酸の単位 3.6 個分であり，ひと巻きとひと巻きの間隔を 0.54 nm ($1\,\text{nm} = 1 \times 10^{-9}\,\text{m}$) とする。

| 23 | nm

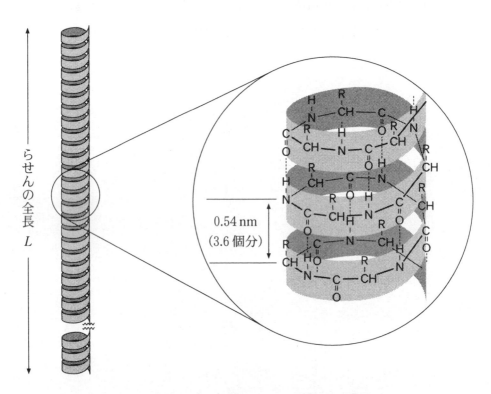

図 1　ポリペプチド鎖 A のらせん構造の模式図

① 43　　　　② 54　　　　③ 72
④ 1.6×10^2　　⑤ 1.9×10^2　　⑥ 2.6×10^2

2021 年度 第 1 日程 化学

(下 書 き 用 紙)

化学の試験問題は次に続く。

第5問 グルコース $C_6H_{12}O_6$ に関する次の問い(**問1～3**)に答えよ。(配点 20)

問 1 グルコースは，水溶液中で主に環状構造の α-グルコースと β-グルコースとして存在し，これらは鎖状構造の分子を経由して相互に変換している。グルコースの水溶液について，平衡に達するまでの α-グルコースと β-グルコースの物質量の時間変化を調べた次ページの**実験Ⅰ**に関する問い(**a・b**)と**実験Ⅱ**に関する問い(**c**)に答えよ。ただし，鎖状構造の分子の割合は少なく無視できるものとする。また，必要があれば次の方眼紙を使うこと。

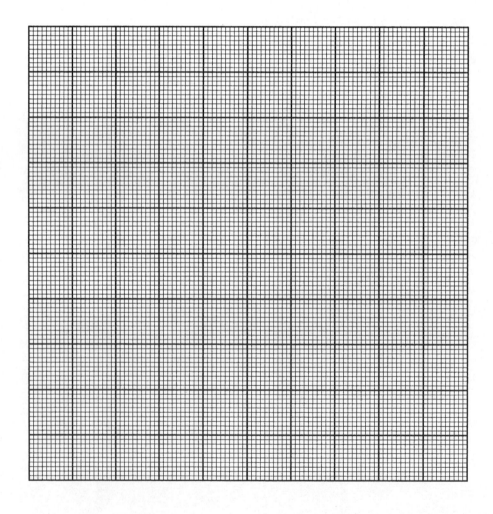

2021 年度 第 1 日程 化学

実験 I　α-グルコース 0.100 mol を 20 ℃ の水 1.0 L に加えて溶かし，20 ℃ に
保ったまま α-グルコースの物質量の時間変化を調べた。表 1 に示すように
α-グルコースの物質量は減少し，10 時間後には平衡に達していた。こうし
て得られた溶液を**溶液 A** とする。

表 1　水溶液中での α-グルコースの物質量の時間変化

時間(h)	0	0.5	1.5	3.0	5.0	7.0	10.0
α-グルコースの物質量(mol)	0.100	0.079	0.055	0.040	0.034	0.032	0.032

a　平衡に達したときの β-グルコースの物質量は何 mol か。最も適当な数値
を，次の①～⑤のうちから一つ選べ。　│ 24 │ mol

①　0.016　　②　0.032　　③　0.048　　④　0.068　　⑤　0.084

b　水溶液中の β-グルコースの物質量が，平衡に達したときの物質量の 50 ％
であったのは，α-グルコースを加えた何時間後か。最も適当な数値を，次
の①～⑥のうちから一つ選べ。　│ 25 │ 時間後

①　0.5　　　　　　②　1.0　　　　　　③　1.5
④　2.0　　　　　　⑤　2.5　　　　　　⑥　3.0

実験 II　**溶液 A** に，さらに β-グルコースを 0.100 mol 加えて溶かし，20 ℃ で
10 時間放置したところ新たな平衡に達した。

c　新たな平衡に達したときの β-グルコースの物質量は何 mol か。最も適当
な数値を，次の①～⑤のうちから一つ選べ。　│ 26 │ mol

①　0.032　　②　0.068　　③　0.100　　④　0.136　　⑤　0.168

— 25 —

問 2 グルコースにメタノールと塩酸を作用させると，グルコースとメタノールが1分子ずつ反応して1分子の水がとれた化合物 X が，図1に示す α 型（α 形）と β 型（β 形）の異性体の混合物として得られた。X の水溶液は，還元性を示さなかった。この混合物から分離した α 型の X 0.1 mol を，水に溶かして 20 ℃に保ち，α 型の X の物質量の時間変化を調べた。α 型の X の物質量の時間変化を示した図として最も適当なものを，下の①～④のうちから一つ選べ。 27

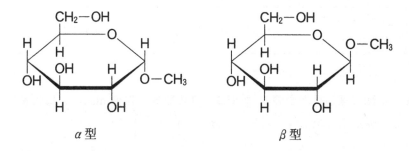

図1　α 型と β 型の化合物 X の構造

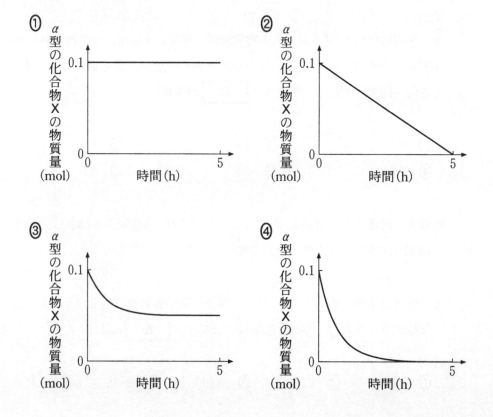

2021 年度 第 1 日程 化学

問 3　グルコースに，ある酸化剤を作用させるとグルコースが分解され，水素原子
と酸素原子を含み，炭素原子数が 1 の有機化合物 Y・Z が生成する。この反応
でグルコースからは，Y・Z 以外の化合物は生成しない。この反応と Y・Z に
関する次の問い（**a**・**b**）に答えよ。

a　Y はアンモニア性硝酸銀水溶液を還元し，銀を析出させる。Y は還元剤と
してはたらくと，Z となる。Y・Z の組合せとして最も適当なものを，次の
①～⑥のうちから一つ選べ。　28

	有機化合物 Y	有機化合物 Z
①	CH_3OH	HCHO
②	CH_3OH	HCOOH
③	HCHO	CH_3OH
④	HCHO	HCOOH
⑤	HCOOH	CH_3OH
⑥	HCOOH	HCHO

b　ある量のグルコースがすべて反応して，2.0 mol の Y と 10.0 mol の Z が生
成したとすると，反応したグルコースの物質量は何 mol か。最も適当な数
値を，次の①～④のうちから一つ選べ。　29　mol

①　2.0　　　　　②　6.0　　　　　③　10.0　　　　　④　12.0

— 27 —

— MEMO —

— MEMO —

駿台文庫の共通テスト対策

過去問演習から本番直前総仕上げまで駿台文庫が共通テスト対策を強力サポート

2024共通テスト対策 実戦問題集

共通テストを徹底分析
「予想問題」＋「過去問」をこの1冊で！

◆ 駿台オリジナル予想問題5回
◆ 2023年度共通テスト本試験問題
◆ 2022年度共通テスト本試験問題
◆ 2021年度共通テスト本試験問題（第1日程）
　　　　　　　　　　　　　計8回収録

科目	＜全19点＞
・英語リーディング	・生物
・英語リスニング	・地学基礎
・数学Ⅰ・A	・世界史B
・数学Ⅱ・B	・日本史B
・国語	・地理B
・物理基礎	・現代社会
・物理	・倫理
・化学基礎	・政治・経済
・化学	・倫理, 政治・経済
・生物基礎	

B5判／税込 各1,485円
※物理基礎・化学基礎・生物基礎・地学基礎は税込各1,100円

- 駿台講師陣が総力をあげて作成。
- 詳細な解答・解説は使いやすい別冊挿み込み。
- 仕上げは、「直前チェック総整理」で弱点補強。
  （英語リスニングにはついておりません）
- 「英語リスニング」の音声はダウンロード式（MP3ファイル）。
- 「現代社会」は『政治・経済』『倫理, 政治・経済』の一部と重複しています。

2024共通テスト 実戦パッケージ問題『青パック』

6教科全19点各1回分を、1パックに収録。

収録科目
- 英語リーディング ・生物
- 英語リスニング ・地学基礎
- 数学Ⅰ・A ・世界史B
- 数学Ⅱ・B ・日本史B
- 国語 ・地理B
- 物理基礎 ・現代社会
- 物理 ・倫理
- 化学基礎 ・政治・経済
- 化学 ・倫理, 政治・経済
- 生物基礎

B5判／箱入り　税込1,540円

- 共通テストのオリジナル予想問題。
- 「英語リスニング」の音声はダウンロード式（MP3ファイル）。
- マークシート解答用紙・自己採点集計用紙付。
- わかりやすい詳細な解答・解説。

【短期攻略共通テスト対策シリーズ】

共通テスト対策の短期完成型問題集。
1ヵ月で完全攻略。　　　　※年度版ではありません。

● 英語リーディング<改訂版>	2023年秋刊行予定	価格未定
● 英語リスニング<改訂版>	刀祢雅彦編著	1,320円
● 数学Ⅰ・A基礎編	吉川浩之・榎明夫共著	1,100円
● 数学Ⅱ・B基礎編	吉川浩之・榎明夫共著	1,100円
● 数学Ⅰ・A実戦編	榎明夫・吉川浩之共著	880円
● 数学Ⅱ・B実戦編	榎明夫・吉川浩之共著	880円
● 現代文	奥村・松本・小坂共著	1,100円
● 古文	菅野三恵・柳田縁共著	935円
● 漢文	久我昌則・水野正明共著	935円
● 物理基礎	溝口真己著	935円
● 物理	溝口真己著	1,100円
● 化学基礎	三門恒雄著	770円
● 化学	三門恒雄著	1,100円
● 生物基礎	佐野(恵)・布施・佐野(芳)・指田・橋本共著	880円
● 生物	佐野(恵)・布施・佐野(芳)・指田・橋本共著	1,100円
● 地学基礎	小野雄一著	1,045円
● 地学	小野雄一著	1,320円
● 日本史B	福井紳一著	1,100円
● 世界史B	川西・今西・小林共著	1,100円
● 地理B	阿部恵伯・大久保史子共著	1,100円
● 現代社会	清水雅博著	1,155円
● 政治・経済	清水雅博著	1,155円
● 倫理	村中和之著	1,155円
● 倫理, 政治・経済	村中和之・清水雅博共著	1,320円

A5判／税込価格は、上記の通りです。

駿台文庫株式会社
〒101-0062 東京都千代田区神田駿河台1-7-4　小畑ビル6階
TEL 03-5259-3301　FAX 03-5259-3006
https://www.sundaibunko.jp

駿台文庫のお薦め書籍

多くの受験生を合格へと導き，先輩から後輩へと受け継がれている駿台文庫の名著の数々。

システム英単語〈5訂版〉
システム英単語Basic〈5訂版〉
霜 康司・刀祢雅彦 共著
システム英単語　　　　B6判　税込1,100円
システム英単語Basic　B6判　税込1,100円

入試数学「実力強化」問題集
杉山義明 著　B5判　税込2,200円

英語 ドリルシリーズ
英作文基礎10題ドリル	竹岡広信 著　B5判　税込990円	英文法基礎10題ドリル	田中健一 著　B5判　税込990円
英文法入門10題ドリル	田中健一 著　B5判　税込913円	英文読解入門10題ドリル	田中健一 著　B5判　税込935円

国語 ドリルシリーズ
現代文読解基礎ドリル〈改訂版〉　池尻俊也 著　B5判　税込935円
現代文読解標準ドリル　池尻俊也 著　B5判　税込990円
古典文法10題ドリル〈古文基礎編〉　菅野三恵 著　B5判　税込935円
古典文法10題ドリル〈古文実戦編〉〈三訂版〉
　　菅野三恵・福沢健・下屋敷雅暁 共著　B5判　税込990円
古典文法10題ドリル〈漢文編〉　斉京宣行・三宅崇広 共著　B5判　880円
漢字・語彙力ドリル　霜 栄 著　B5判　税込1,023円

生きる シリーズ
霜 栄 著
生きる漢字・語彙力〈三訂版〉　B6判　税込1,023円
生きる現代文キーワード〈増補改訂版〉　B6判　税込1,023円
共通テスト対応 生きる現代文 随筆・小説語句　B6判　税込770円

開発講座シリーズ
霜 栄 著
現代文 解答力の開発講座 NEW　A5判　税込1,320円
現代文 読解力の開発講座〈新装版〉　A5判　税込1,100円
現代文 読解力の開発講座〈新装版〉オーディオブック　税込2,200円

国公立標準問題集CanPass（キャンパス）シリーズ
英語	山口玲児・高橋康弘 共著	A5判　税込 990円	物理基礎+物理	溝口真己・椎名泰司 共著　A5判　税込1,210円
数学Ⅰ・Ⅱ・B〈改訂版〉	桑畑信泰・古梶裕之 共著	A5判　税込1,210円	化学基礎+化学	犬塚壮志 著　A5判　税込1,210円
数学Ⅲ〈改訂版〉	桑畑信泰・古梶裕之 共著	A5判　税込1,100円	生物基礎+生物	波多野善崇 著　A5判　税込1,210円
現代文	清水正史・多田圭太朗 共著	A5判　税込 990円		
古典	白鳥永興・福田忍 共著	A5判　税込 924円		

東大入試詳解シリーズ〈第2版〉
25年 英語　25年 現代文　25年 化学　25年 世界史
20年 英語リスニング　25年 古典　25年 生物　25年 地理
25年 数学〈文科〉　20年 物理・上　25年 日本史
25年 数学〈理科〉　20年 物理・下
A5判（物理のみB5判）全て税込2,530円
※2023年秋〈第3版〉刊行予定（物理・下は除く）

京大入試詳解シリーズ〈第2版〉
25年 英語　25年 現代文　25年 化学　20年 日本史
25年 数学〈文系〉　25年 古典　15年 生物　20年 世界史
25年 数学〈理系〉　25年 物理
A5判　各税込2,750円　生物は税込2,530円
※生物は第2版ではありません

2024- 駿台 大学入試完全対策シリーズ 大学・学部別

A5判／税込2,750〜6,050円

【国立】
■北海道大学〈文系〉前期
■北海道大学〈理系〉前期
■東北大学〈文系〉前期
■東北大学〈理系〉前期
■東京大学〈文科〉前期※
■東京大学〈理科〉前期※
■一橋大学　前期※
■東京工業大学　前期
■名古屋大学〈文系〉前期
■名古屋大学〈理系〉前期
■京都大学〈文系〉前期
■京都大学〈理系〉前期
■大阪大学〈文系〉前期
■大阪大学〈理系〉前期
■神戸大学〈文系〉前期
■神戸大学〈理系〉前期
■九州大学〈文系〉前期
■九州大学〈理系〉前期

【私立】
■早稲田大学　法学部
■早稲田大学　文化構想学部
■早稲田大学　文学部
■早稲田大学　教育学部-文系
■早稲田大学　商学部
■早稲田大学　社会科学部
■早稲田大学　基幹・創造・先進理工学部
■慶應義塾大学　法学部
■慶應義塾大学　経済学部
■慶應義塾大学　理工学部
■慶應義塾大学　医学部

※リスニングの音声はダウンロード式
　（MP3ファイル）

2024- 駿台 大学入試完全対策シリーズ 実戦模試演習

B5判／税込1,980〜2,530円

■東京大学への英語※
■東京大学への数学
■東京大学への国語
■東京大学への理科（物理・化学・生物）
■東京大学への地理歴史
　（世界史B・日本史B・地理B）

■京都大学への英語
■京都大学への数学
■京都大学への国語
■京都大学への理科（物理・化学・生物）
■京都大学への地理歴史
　（世界史B・日本史B・地理B）
■大阪大学への英語※
■大阪大学への数学
■大阪大学への国語
■大阪大学への理科（物理・化学・生物）

※リスニングの音声はダウンロード式
　（MP3ファイル）

駿台文庫株式会社
〒101-0062 東京都千代田区神田駿河台1-7-4 小畑ビル6階
TEL 03-5259-3301　FAX 03-5259-3006
https://www.sundaibunko.jp

2024−駿台　大学入試完全対策シリーズ
大学入学共通テスト実戦問題集　化学

2023年7月6日　2024年版発行

編　　者	駿　台　文　庫
発　行　者	山　﨑　良　子
印刷・製本	三美印刷株式会社

発　行　所　　駿台文庫株式会社
〒101-0062　東京都千代田区神田駿河台1-7-4
小畑ビル内
TEL. 編集 03 (5259) 3302
販売 03 (5259) 3301
《共通テスト実戦・化学 340pp.》

Ⓒ Sundaibunko 2023

許可なく本書の一部または全部を，複製，複写，
デジタル化する等の行為を禁じます。

落丁・乱丁がございましたら，送料小社負担にて
お取り替えいたします。

ISBN978-4-7961-6451-1　Printed in Japan

駿台文庫Webサイト
https://www.sundaibunko.jp

理 科 ② 解答用紙

理 科 ② 解答用紙

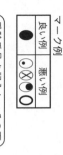

理 科 ② 解答用紙

注意事項

1 訂正は，消しゴムできれいに消し，消しくずを残してはいけません。
2 所定欄以外にはマークしたり，記入したりしてはいけません。
3 汚したり，折りまげたりしてはいけません。

マーク例

良い例	悪い例
●	◯ ⊗ ◍ ◖

受験番号を記入し，その下のマーク欄にマークしなさい。

受験番号欄

英字	一位	十位	百位	千位
Ⓐ A	⓪	⓪	⓪	−
Ⓑ B	①	①	①	①
Ⓒ C	②	②	②	②
Ⓗ H	③	③	③	③
Ⓚ K	④	④	④	④
Ⓜ M	⑤	⑤	⑤	⑤
Ⓡ R	⑥	⑥	⑥	⑥
Ⓤ U	⑦	⑦	⑦	⑦
Ⓧ X	⑧	⑧	⑧	⑧
Ⓨ Y	⑨	⑨	⑨	⑨
Ⓩ Z	−	−	−	−

・右の解答欄で解答する科目を，1科目だけマークしなさい。
・解答科目欄が無マーク又は複数マークの場合は，0点となります。

解 答 科 目 欄

物	理	◯
化	学	◯
生	物	◯
地	学	◯

氏名・フリガナ，試験場コードを記入しなさい。

フリガナ	
氏　名	

試験場コード	十万位	万位	千位	百位	十位	一位

駿 合 文 庫

解 答 欄

解答番号	1	2	3	4	5	6	7	8	9	0	a	b
1	①	②	③	④	⑤	⑥	⑦	⑧	⑨	⓪	ⓐ	ⓑ
2	①	②	③	④	⑤	⑥	⑦	⑧	⑨	⓪	ⓐ	ⓑ
3	①	②	③	④	⑤	⑥	⑦	⑧	⑨	⓪	ⓐ	ⓑ
4	①	②	③	④	⑤	⑥	⑦	⑧	⑨	⓪	ⓐ	ⓑ
5	①	②	③	④	⑤	⑥	⑦	⑧	⑨	⓪	ⓐ	ⓑ
6	①	②	③	④	⑤	⑥	⑦	⑧	⑨	⓪	ⓐ	ⓑ
7	①	②	③	④	⑤	⑥	⑦	⑧	⑨	⓪	ⓐ	ⓑ
8	①	②	③	④	⑤	⑥	⑦	⑧	⑨	⓪	ⓐ	ⓑ
9	①	②	③	④	⑤	⑥	⑦	⑧	⑨	⓪	ⓐ	ⓑ
10	①	②	③	④	⑤	⑥	⑦	⑧	⑨	⓪	ⓐ	ⓑ
11	①	②	③	④	⑤	⑥	⑦	⑧	⑨	⓪	ⓐ	ⓑ
12	①	②	③	④	⑤	⑥	⑦	⑧	⑨	⓪	ⓐ	ⓑ
13	①	②	③	④	⑤	⑥	⑦	⑧	⑨	⓪	ⓐ	ⓑ
14	①	②	③	④	⑤	⑥	⑦	⑧	⑨	⓪	ⓐ	ⓑ
15	①	②	③	④	⑤	⑥	⑦	⑧	⑨	⓪	ⓐ	ⓑ
16	①	②	③	④	⑤	⑥	⑦	⑧	⑨	⓪	ⓐ	ⓑ
17	①	②	③	④	⑤	⑥	⑦	⑧	⑨	⓪	ⓐ	ⓑ
18	①	②	③	④	⑤	⑥	⑦	⑧	⑨	⓪	ⓐ	ⓑ
19	①	②	③	④	⑤	⑥	⑦	⑧	⑨	⓪	ⓐ	ⓑ
20	①	②	③	④	⑤	⑥	⑦	⑧	⑨	⓪	ⓐ	ⓑ

解 答 欄

解答番号	1	2	3	4	5	6	7	8	9	0	a	b
21	①	②	③	④	⑤	⑥	⑦	⑧	⑨	⓪	ⓐ	ⓑ
22	①	②	③	④	⑤	⑥	⑦	⑧	⑨	⓪	ⓐ	ⓑ
23	①	②	③	④	⑤	⑥	⑦	⑧	⑨	⓪	ⓐ	ⓑ
24	①	②	③	④	⑤	⑥	⑦	⑧	⑨	⓪	ⓐ	ⓑ
25	①	②	③	④	⑤	⑥	⑦	⑧	⑨	⓪	ⓐ	ⓑ
26	①	②	③	④	⑤	⑥	⑦	⑧	⑨	⓪	ⓐ	ⓑ
27	①	②	③	④	⑤	⑥	⑦	⑧	⑨	⓪	ⓐ	ⓑ
28	①	②	③	④	⑤	⑥	⑦	⑧	⑨	⓪	ⓐ	ⓑ
29	①	②	③	④	⑤	⑥	⑦	⑧	⑨	⓪	ⓐ	ⓑ
30	①	②	③	④	⑤	⑥	⑦	⑧	⑨	⓪	ⓐ	ⓑ
31	①	②	③	④	⑤	⑥	⑦	⑧	⑨	⓪	ⓐ	ⓑ
32	①	②	③	④	⑤	⑥	⑦	⑧	⑨	⓪	ⓐ	ⓑ
33	①	②	③	④	⑤	⑥	⑦	⑧	⑨	⓪	ⓐ	ⓑ
34	①	②	③	④	⑤	⑥	⑦	⑧	⑨	⓪	ⓐ	ⓑ
35	①	②	③	④	⑤	⑥	⑦	⑧	⑨	⓪	ⓐ	ⓑ
36	①	②	③	④	⑤	⑥	⑦	⑧	⑨	⓪	ⓐ	ⓑ
37	①	②	③	④	⑤	⑥	⑦	⑧	⑨	⓪	ⓐ	ⓑ
38	①	②	③	④	⑤	⑥	⑦	⑧	⑨	⓪	ⓐ	ⓑ
39	①	②	③	④	⑤	⑥	⑦	⑧	⑨	⓪	ⓐ	ⓑ
40	①	②	③	④	⑤	⑥	⑦	⑧	⑨	⓪	ⓐ	ⓑ

理 科② 解答用紙

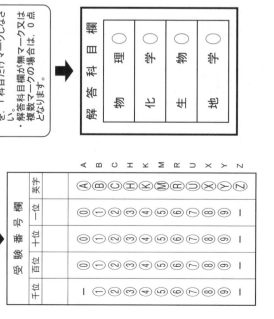

理 科 ② 解答用紙

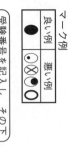

駿台文庫

理 科 ② 解答用紙

注意事項

1 訂正は、消しゴムできれいに消し、消しくずを残してはいけません。
2 所定欄以外にはマークしたり、記入したりしてはいけません。
3 汚したり、折りまげたりしてはいけません。

マーク例

良い例	悪い例
●	◐ ⊗ ◑ ○

受験番号を記入し、その下のマーク欄にマークしなさい。

受 験 番 号 欄

英字	一位	十位	百位	千位

A Ⓐ
B Ⓑ
C Ⓒ
H Ⓗ
K Ⓚ
M Ⓜ
R Ⓡ
U Ⓤ
X Ⓧ
Y Ⓨ
Z Ⓩ

・右の解答欄で解答する科目を、1科目だけマークしなさい。
・解答科目欄が無マーク又は複数マークの場合は、0点となります。

解 答 科 目 欄

物 理	○
化 学	○
生 物	○
地 学	○

氏名・フリガナ、試験場コードを記入しなさい。

フリガナ
氏 名

| 試験場コード | 十万位 | 万位 | 千位 | 百位 | 十位 | 一位 |

駿 台 文 庫

理 科 ② 解答用紙

理 科 ② 解答用紙

注意事項

1 訂正は，消しゴムできれいに消し，消しくずを残してはいけません。
2 所定欄以外にはマークしたり，記入したりしてはいけません。
3 汚したり，折りまげたりしてはいけません。

マーク例

良い例	悪い例
●	◐ ⊗ ◯ ◯

受験番号を記入し，その下のマーク欄にマークしなさい。→

受 験 番 号 欄

千位	百位	十位	一位	英字
	⓪	⓪	⓪	Ⓐ A
①	①	①	①	Ⓑ B
②	②	②	②	Ⓒ C
③	③	③	③	Ⓗ H
④	④	④	④	Ⓚ K
⑤	⑤	⑤	⑤	Ⓜ M
⑥	⑥	⑥	⑥	Ⓡ R
⑦	⑦	⑦	⑦	Ⓤ U
⑧	⑧	⑧	⑧	Ⓧ X
⑨	⑨	⑨	⑨	Ⓨ Y
				Ⓩ Z

・右の解答欄で解答する科目を，1科目だけマークしなさい。
・解答科目欄が無マーク又は複数マークの場合は，0点となります。
→

解 答 科 目 欄

物 理	○
化 学	○
生 物	○
地 学	○

氏名・フリガナ，試験場コードを記入しなさい。→

フリガナ

氏 名

試験場コード	十万位	万位	千位	百位	十位	一位

駿 合 文 庫

解答番号 1〜20

各解答番号について選択肢 1 2 3 4 5 6 7 8 9 0 a b がある。

解答番号 21〜40

各解答番号について選択肢 1 2 3 4 5 6 7 8 9 0 a b がある。

理　科② 解答用紙

理 科 ② 解答用紙

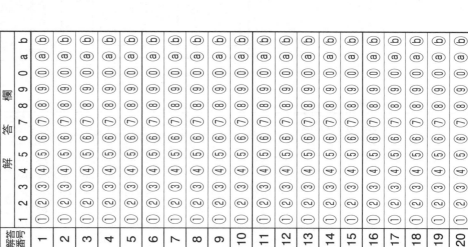

理　科② 解答用紙

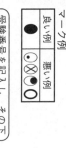

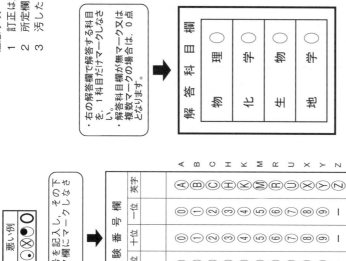

理 科 ② 解 答 用 紙

駿台

2024
大学入学共通テスト
実戦問題集

化学

【解答・解説編】

駿台文庫編

直前チェック総整理

1 物質の構成

1 原子構造

① 原子

(1) 原子は直径が10^{-10}m($=0.1$nm)ぐらい，質量が10^{-24}〜10^{-22}gの小さい粒子で，さらに小さい粒子からなる（原子核の直径は，10^{-15}〜10^{-14}m）。

$$
原子\begin{cases}
原子核\begin{cases}
陽\quad子\Rightarrow正電荷を帯びた粒子\\
中性子\Rightarrow電気的に中性の粒子
\end{cases}\\
電\quad子\Rightarrow負電荷を帯びた粒子
\end{cases}
$$

(2) 陽子の質量≒中性子の質量≒電子の質量×1840

　　原子番号＝陽子の数＝電子の数

　　質量数＝陽子の数＋中性子の数

② 同位体

(1) 原子番号（＝陽子の数）が同じで，質量数が異なる（中性子の数が異なる）原子を互いに同位体という。

(2) ほとんどの天然の元素には何種類かの同位体がある。

③ 電子配置

(1) 原子内の電子は原則として原子核に近い内側の電子殻から順に埋まる。電子殻に収容しうる電子数は決まっている。

殻	K	L	M	N	………	n番目
電子数	2	8	18	32	………	$2n^2$

(2) **価電子**

　　原子の化学的性質を決める電子で，典型元素の原子の場合，最も外側の電子殻にある電子（最外殻電子）と等しい。ただし，最外殻電子が8個（Heは2個）である18族（希ガス）の原子は，化学的に安定なので価電子をもたないものとする。

(3) 電子殻が収容しうる電子で満たされた状態を閉殻といい，化学的に安定である。

④ イオン

(1) 原子が安定な電子配置になるために，最外殻において電子を授受し，電気を帯びた粒子になる。

$$
\begin{cases}
電子を受け入れる\Rightarrow陰イオン\\
電子を放出する\Rightarrow陽イオン
\end{cases}
$$

(2) **イオン化エネルギー**　気体状の原子1個から電子1個を取り除くのに必要な最小のエネルギー。

一般に
$$
\begin{cases}
同じ族の典型元素では，周期表の下にあるほど小さい。\\
同じ周期の典型元素では，周期表の右にあるほど大きい。
\end{cases}
$$

イオン化エネルギーが小さいほど陽イオンになりやすい。

(3) **電子親和力**　気体状の原子1個が電子1個を取り入れたとき放出するエネルギー。17族のハロゲンが特に大きい。電子親和力が大きいほど陰イオンになりやすい。

2 化学式

① 元素記号を用いて，物質の分子や元素組成等を表す式の総称で，組成式（実験式），分子式，示性式，構造式，イオン式などがある。

② **組成式**　物質を構成する元素の原子数比を，最も簡単な整数比で表した式。

　　NaCl，$CuCl_2$，CaOなど。

3 化学量

① 原子量

(1) 質量数12の炭素原子^{12}C 1個の質量を12とし，これに対する各原子の質量を相対質量という。

(2) 同位体を含む元素の原子量は，各同位体の相対質量に存在率を乗じた値の総和に等しい。

　　元素Aの同位体A_1，A_2，A_3の各相対質量をm_1，m_2，m_3，存在率をa_1％，a_2％，a_3％とすると

$$
原子量＝m_1\times\frac{a_1}{100}+m_2\times\frac{a_2}{100}+m_3\times\frac{a_3}{100}
$$

② 分子量

(1) ^{12}C 1個の質量を12としたときの各分子の相対質量をいう。

(2) 1つの分子を構成する原子の原子量の総和に等しい。

③ **式量**　組成式，イオン式に含まれる各原子の原子量の総和に等しい。NaCl＝$23+35.5=58.5$

④ アボガドロ数

(1) ^{12}Cの12g中に含まれる炭素原子の数。

(2) 約6.02×10^{23}

(3) 原子量，分子量にg単位をつけた質量中に含まれる原子数，分子数。

— 化1 —

⑤ 物質量(mol)
(1) アボガドロ数($6.02×10^{23}$)個の粒子(原子，分子，イオン，電子など)の集団を1モル(mol)という。
(2) すべての気体(理想気体)1 mol は標準状態で22.4Lを占める。
(物質量の換算)

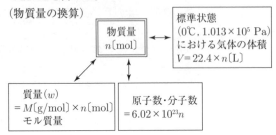

4 化学結合
① イオン結合
(1) 陽イオンと陰イオンの結合。
(2) 原子が安定な電子配置になるために原子間で価電子の一部または全部を授受して陽イオンと陰イオンになり，両者が静電気的な引力(クーロン力)で結合する。
② 共有結合
(1) 非金属元素どうしの結合。
(2) 結合する2つの原子が互いに不対電子を出し合って電子対をつくり，これを共有することで結合する。

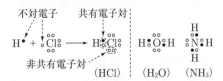

③ 配位結合
(1) 一方がもつ非共有電子対を他方と共有して結合する。
(2) 結合してしまうと共有結合と判別できない。
④ 金属結合
(1) 金属単体中の金属原子間の結合。
(2) 単体中の各金属原子が価電子を放出して陽イオンとなり，放出した電子を周囲の陽イオン全体で共有し，結合する。放出された電子は陽イオン間を自由に移動することができる(自由電子)。

5 分子の形
(直線) H−F O=C=O H−C≡C−H

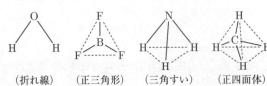

(折れ線) (正三角形) (三角すい) (正四面体)

6 分子の極性
① 電気陰性度
(1) 2つの原子が共有結合するとき，それぞれの原子が共有電子対を引きつける力の強さの程度を表した値。(ただし，18族の希ガスは除く。)
(2) 同じ周期の原子では，周期表の右にあるほど大きい。
(3) 同じ族では，族の上にあるほど大きい。
電気陰性度の大きさ：
非金属元素＞H(2.2)＞金属元素
② 結合の極性
結合する2つの原子に電気陰性度の差があるとき，共有電子対は電気陰性度の大きい原子の方に偏り，電気陰性度の大きい原子が負($δ-$)に帯電し，電気陰性度の小さい原子が正($δ+$)に帯電する。

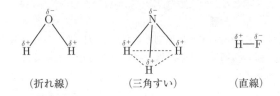

③ 極性分子
(1) 分子中の結合の極性による正電荷の重心と負電荷の重心が一致しないとき，分子に正電荷を帯びた部分と負電荷を帯びた部分を生じる。
(2) 非対称構造の分子は分子中の結合の極性が打ち消されず，分子全体として極性をもつ。

(折れ線) (三角すい) (直線)

④ 無極性分子
(1) 分子中の結合の極性による正電荷の重心と，負電荷の重心が一致するとき，結合の極性が打ち消されて分子全体としての極性はなくなる。
(2) 対称構造の分子は無極性である。

7 結晶の種類と性質
① 結晶の種類
(1) **イオン結晶**：陽イオンと陰イオンが静電気的な引力(クーロン力)で結合する。NaCl，$CaSO_4$，$CuCl_2$，NH_4Clなど。
(2) **分子結晶**：分子が分子間力で結合する。I_2，S_8など。
(3) **共有結合の結晶**：すべての原子が共有結合で連続的に結合し，巨大分子を構成する。ダイヤモンド，SiO_2など。
② 粒子の結合力と性質
(1) **静電気な引力**：イオンのもつ電荷が大きいほど強く，

— 化2 —

イオンの半径が小さいほど強い。

(2) **分子間力**：分子の形が類似しているとき，分子量が大きいほど強く，分子間距離が小さいほど強い。

(3) **水素結合**：極性の大きい分子間で，水素原子と，他の分子中の電気陰性度の大きい原子(F，O，N)の負電荷との間に働く力。一般に分子間力より強い。

③ 結晶の性質

(1) 粒子間の結合力が強いほど融点が高い。結合力の強弱は次のようである。

$$\left(\begin{array}{c}\text{共有}\\\text{結合}\end{array}\right) > \left(\begin{array}{c}\text{静電気的}\\\text{な引力}\end{array}\right) > \left(\begin{array}{c}\text{金属}\\\text{結合}\end{array}\right) > \left(\begin{array}{c}\text{水素}\\\text{結合}\end{array}\right) > \left(\begin{array}{c}\text{分子}\\\text{間力}\end{array}\right)$$

強 ←――――――――――→ 弱

(2) 構成粒子がイオンである結晶(イオン結晶)は融解，溶解すると電気をよく導く。

金属と黒鉛は電気を導く。

④ 結晶格子

(1) 種類と格子定数(単位格子の1辺の長さ)と原子半径，原子数の関係。

	体心立方格子	面心立方格子	六方最密構造
			単位格子
1個の原子が接する原子の数	8	12	12
単位格子中の原子の数	$\frac{1}{8}\times 8+1$ $=2$(個)	$\frac{1}{8}\times 8+\frac{1}{2}\times 6$ $=4$(個)	$\left(\frac{1}{6}\times 12+\frac{1}{2}\times 2\right.$ $\left.+3\right)\times\frac{1}{3}=2$(個)
格子定数(l)と原子半径(r)の関係	$r=\frac{\sqrt{3}}{4}l$	$r=\frac{\sqrt{2}}{4}l$	——

(2) 密度 d (g/cm³)と粒子のモル質量 M(g/mol)との関係。

$$\left(\begin{array}{l}a=\text{格子定数}(\text{cm}),b=\text{単位格子中の粒子数},\\N_A=\text{アボガドロ定数}(/\text{mol})\end{array}\right)$$

1 mol の体積 V(cm³) $=a^3\times\dfrac{N_A}{b}$(cm³)

密度 $d=\dfrac{\text{質量}(\text{g})}{\text{体積}(\text{cm}^3)}=\dfrac{M}{V}=\dfrac{Mb}{a^3\times N_A}$ (g/cm³)

⑧ 溶液の濃度と溶解度

① 溶液の濃度

(1) **質量パーセント濃度**(%)：溶液100g中に溶けている溶質(無水物)のグラム数で表す。

$$\frac{\text{溶質}(\text{g})}{\text{溶液}(\text{g})}\times 100 = \frac{\text{溶質}(\text{g})}{(\text{溶媒}+\text{溶質})(\text{g})}\times 100(\%)$$

(2) **モル濃度**(mol/L)：溶液1L中に含まれる溶質の物質量(mol)で表す。

C(mol/L)の溶液V(mL)中に含まれる溶質の量(mol)は $\left.\right\}$ $\dfrac{CV}{1000}$(mol)

(3) **質量モル濃度**(mol/kg)：溶媒1000g(1Lではない)中に含まれる溶質の物質量(mol)で表す。

溶媒W(g)にモル質量がM(g/mol)の物質がw(g)溶けている溶液の質量モル濃度 $\left.\right\}$

$$m=\frac{w}{M}\times\frac{1000}{W}(\text{mol/kg})$$

② 溶解度

(1) 一定温度で溶媒100gに溶けうる溶質(無水物)のグラフ数で表す。固体溶質の溶解度は，温度が高くなると大きくなる場合が多い。

(2) ある温度で溶解度がSである溶質の飽和溶液W(g)中に溶けている量をx(g)とすると，

溶液：溶質より $(100+S):S=W:x$

(3) **溶質の析出**：t_1(℃)(溶解度S_1)の飽和溶液W(g)をt_2(℃)(溶解度S_2)まで冷却したときの析出量(無水物の場合)をx(g)とすると，**溶液：析出量より**，

$(100+S_1):(S_1-S_2)=W:x$

⑨ 化学と人間生活

① 化学の成果

(1)化石燃料の利用 (2)金属の製錬 (3)プラスチック，合成繊維の開発 (4)(ファイン)セラミックス (5)化学肥料 (6)洗剤 (7)医薬品 など。

② 環境問題

(1) **自然環境の破壊**

地球の温暖化，オゾン層の破壊，酸性雨，森林の破壊，海洋汚染など。

(2) **資源の枯渇**

2 物質の状態

1 気体の法則

① アボガドロの法則

(1) 同温，同圧，同体積の気体は同数の分子を含む。

(2) 同温,同圧では,体積比＝分子数比＝物質量(モル)比

— 化3 —

(3) 標準状態で22.4Lの気体はアボガドロ数(6.02×10^{23})個の分子を含む。

② **ボイル・シャルルの法則**

(1) 気体の体積Vは圧力Pに反比例し，絶対温度Tに比例する。

$$V = k\frac{T}{P} \qquad \frac{P_1 V_1}{T_1} = \frac{P_2 V_2}{T_2}$$

(2) **絶対温度** $T(\text{K}) = t(℃) + 273$

絶対零度 $\begin{cases} ○気体の体積が0になる温度 \\ ○気体分子の熱運動が0になる温度 \end{cases}$

③ **気体の状態方程式**

(1) $PV = nRT$

各単位を，PはPa，VはL，TはKを用いるとき，

$$R = \frac{PV}{nT} = \frac{1.013 \times 10^5 \times 22.4}{1 \times 273}$$

$$\fallingdotseq 8.31 \times 10^3\,\text{Pa·L/(K·mol)} \Rightarrow 気体定数$$

(2) 気体物質のモル質量を$M(\text{g/mol})$，質量を$w(\text{g})$とすると，

$$PV = \frac{w}{M}RT$$

④ **理想気体と実在気体**

(1) 気体の状態方程式$PV = nRT$が完全に成り立つ気体（仮想上の気体）を理想気体という。

(2) 実在気体は高温，低圧ほど理想気体に近づく。

$\begin{pmatrix} 実在 \\ 気体 \end{pmatrix}\begin{cases} 高温 \Rightarrow 熱運動が大きく，分子間力を無視しうる \\ 低圧 \Rightarrow 分子間距離が大きく，分子自体の体積 \\ \qquad\quad や分子間力を無視しうる \end{cases}$

⑤ **分圧の法則**

(1) 混合気体の全圧は，成分気体の分圧の和に等しい。

$$P = p_A + p_B + p_C + \cdots\cdots（ドルトンの分圧法則）$$

(2) 混合気体中の成分気体の分圧は，その物質量に比例。

$$p_A : p_B : p_C : \cdots\cdots = n_A : n_B : n_C : \cdots\cdots$$

(3) 分圧はモル分率に比例する。

$$p_A = P \times \frac{n_A}{n_A + n_B + n_C + \cdots\cdots}$$

② 希薄溶液の性質

① **沸点上昇，凝固点降下**

(1) 溶液の沸点上昇度，凝固点降下度Δtは，不揮発性の溶質粒子（分子やイオン）の質量モル濃度mに比例する。

$$\Delta t = Km$$

(2) **モル沸点上昇**(K_b)，**モル凝固点降下**(K_f)：溶媒$1\,\text{kg}$に不揮発性の非電解質が$1\,\text{mol}$溶けている溶液（＝$1\,\text{mol/kg}$）の沸点上昇度，凝固点降下度をいう。上の

式の比例定数Kに相当するもので，溶質粒子の種類に関係なく，溶媒固有の数値である。

(3) **モル質量との関係**：モル質量$M(\text{g/mol})$の溶質$w(\text{g})$が溶媒$W(\text{g})$に溶けているとき，

$$\Delta t = K \times \frac{w}{M} \times \frac{1000}{W}$$

(4) **電離度との関係** $m(\text{mol/kg})$の$Al_2(SO_4)_3$の電離度をαとすると，

$$\left.\begin{array}{c} Al_2(SO_4)_3 \longrightarrow 2Al^{3+} + 3SO_4^{2-} \\ m(1-\alpha) \qquad\quad 2m\alpha \quad\ 3m\alpha \end{array}\right\} m' = m(1 + 4\alpha)$$

$$\Delta t = Km' = Km(1 + 4\alpha)$$

② **浸透圧**

(1) 浸透圧$\pi(\text{Pa})$は，溶質粒子（分子やイオン）のモル濃度$C(\text{mol/L})$，絶対温度を$T(\text{K})$とすると

$$\pi = CRT \quad または \quad \pi V = nRT \quad (\because \quad C = n/V)$$

(2) **液柱の高さと圧力** 溶液の密度を$d(\text{g/cm}^3)$，液柱の高さを$h(\text{cm})$とすると，（Hgの密度 $= 13.6\,\text{g/cm}^3$）

$$h \times d = 水銀柱\,h'(\text{cm}) \times 13.6$$

$$圧力(\text{Pa}) = \frac{水銀柱\,h'(\text{cm})}{76\,\text{cm/atm}}$$

$$\times 1.013 \times 10^5\,\text{Pa/atm}$$

$$= \frac{hd}{13.6 \times 76} \times 1.013 \times 10^5\,\text{Pa}$$

③ コロイド溶液

① **コロイド粒子** 直径が$10^{-9}\text{m}(1\text{nm}) \sim 10^{-7}\text{m}(10^2\text{nm})$ぐらいの粒子で，原子($= 10^{-10}\text{m}$)$10^3 \sim 10^9$個からなる粒子。

② **コロイドの種類**

(1) **分子コロイド**：1個の分子が1個のコロイド粒子を形成している。タンパク質などの高分子化合物。

(2) **会合コロイド**：小さい分子が数多く集まって1個のコロイド粒子を形成している。セッケン，染料など。

(3) **分散コロイド**：巨大分子や金属などが細かくなって1個のコロイド粒子を形成している。粘土コロイド，金属コロイド，硫黄コロイド。

(4) **親水コロイド**：水分子を吸着しやすい粒子で，安定である。有機化合物のコロイドに多い。

(5) **疎水コロイド**：水分子を吸着しにくい粒子で，不安定で凝析しやすい。無機物質のコロイドに多い。

(6) **保護コロイド**：疎水コロイドを安定化（親水性に）させる目的で用いる親水コロイドをいう。

③ **コロイド溶液の性質**

(1) **チンダル現象**：光の通路が光って見える⇒粒子が大

きく，光を乱反射するために起こる。

(2) **ブラウン運動**：限外顕微鏡で見えるコロイド粒子の不規則な運動⇒熱運動している分散媒粒子がコロイド粒子に衝突するために起こる。

(3) **電気泳動**：コロイド溶液に直流電圧を加えると，コロイド粒子が一方の極のほうに引かれる。⇔コロイド粒子が正または負の電気を帯びているために起こる。

(4) **凝析**：疎水コロイドに少量の電解質を加えると，コロイド粒子が凝集し沈殿する。⇒コロイド粒子の電荷が，反対符号の電荷をもつイオンにより電気的に中和されるために起こる。

(5) **塩析**：親水コロイドに多量の電解質を加えると，コロイド粒子が凝集し沈殿する。

(6) **透析**：コロイドと普通の溶質との混合溶液を半透膜（セロハン，細胞膜など）の袋に入れて水の中に浸すと，普通の溶質は半透膜を通って外へ出る。⇒コロイド粒子は大きく半透膜を通過できない。

3 物質の変化

1 酸・塩基

① 酸と塩基

(1) **酸** H^+ となりうる H をもつ物質。その H の数により，1価，2価，……の酸に分類する。

(2) **塩基** OH^- をもつ物質。その OH^- の数により1価，2価，……の塩基に分類する。

(3) **酸・塩基の強弱** 電離度の大きい酸や塩基を，強酸，強塩基という。

$$\left(\begin{array}{l}強酸：HCl(HBr，HI)，HNO_3，H_2SO_4 \\ 弱酸：主に上記の強酸以外の酸\end{array}\right.$$

$$\left(\begin{array}{l}強塩基：\left\{\begin{array}{l}アルカリ金属(Li，Na，K，…) \\ アルカリ土類金属(Ca，Sr，Ba，…)\end{array}\right\} \\ \quad\quad の水酸化物 \\ 弱塩基：主に上記の強塩基以外の塩基\end{array}\right.$$

② 中和反応

(1) 酸と塩基が反応して塩と水を生じる反応

$$H^+(酸) + OH^-(塩基) \longrightarrow H_2O$$
$$HCl + NaOH \longrightarrow NaCl + H_2O$$
$$H_2SO_4 + 2NaOH \longrightarrow Na_2SO_4 + 2H_2O$$

(2) 酸性酸化物＋塩基
$$CO_2 + 2NaOH \longrightarrow Na_2CO_3 + H_2O$$
塩基性酸化物＋酸
$$CaO + 2HCl \longrightarrow CaCl_2 + H_2O$$
（中和反応の一種）

(3) **中和滴定** 酸と塩基がちょうど中和するとき，

（酸から生じる H^+ の物質量）

＝（塩基から生じる OH^- の物質量）

$C_1(mol/L)$ の酸（価数 a）の $V_1(mL)$ と，$C_2(mol/L)$ の塩基（価数 b）の $V_2(mL)$ がちょうど中和したとき，

$$\frac{C_1 V_1}{1000} \times a = \frac{C_2 V_2}{1000} \times b$$

③ 塩

(1) 正塩，酸性塩（H^+ となりうる H を含む塩），塩基性塩（OH^- を含む塩）がある。

(2) **塩の液性** 塩の水溶液は必ずしも中性ではなく，成分の酸・塩基の強弱によって決まる。

成分の酸・塩基		液 性	加水分解
酸	塩基		
強	強	正塩なら中性	なし
強	弱	酸性	あり
弱	強	塩基性	あり

(注) 大 ←———— pH ————→ 小

塩基性 　塩基性 　中性 　酸性

$Na_2CO_3 > NaHCO_3 > NaNO_3 > NaHSO_4$

（正塩）（酸性塩）（正塩）（酸性塩）

④ 1価の酸・塩基の $[H^+]$，$[OH^-]$ と pH

(1) 強酸：$[H^+]$ ＝酸（1価）の濃度(mol/L)

弱酸：$[H^+]$ ＝酸（1価）の濃度(mol/L)×電離度

(2) 強塩基：$[OH^-]$ ＝塩基（1価）の濃度(mol/L)

弱塩基：$[OH^-]$ ＝塩基（1価）の濃度(mol/L)×電離度

(3) **pH**：酸性・塩基性の強弱を表す値。

$$pH = -\log_{10}[H^+]$$

$$[H^+] = 10^{-n} mol/L \Leftrightarrow pH = n$$

常温(25℃)では，

酸性⇒pH＜7，中性⇒pH＝7，塩基性⇒pH＞7

(4) **水のイオン積** K_W

$$H_2O \rightleftharpoons H^+ + OH^-$$

$$K_W = [H^+][OH^-] = 1.0 \times 10^{-14} (mol/L)^2 (25℃)$$

2 熱化学

① 反応熱 燃焼熱，生成熱，中和熱，溶解熱などがある。

② ヘスの法則 物質の最初の状態と最後の状態が決まれば，その間に出入りする熱量の総和は，反応経路に関係なく常に一定である。

(例) $CH_4 + 2O_2 = CO_2 + 2H_2O + 891\,kJ$ ……(i)

$CH_4 = C + 2H_2 - 75\,kJ$ ……(ii)

$C + O_2 = CO_2 + 394\,kJ$ ……(iii)

$H_2 + \dfrac{1}{2}O_2 = H_2O + 286\,kJ$ ……(iv)

— 化 5 —

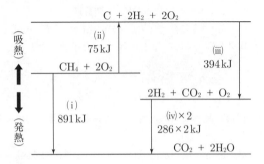

③ **結合エネルギー** 共有結合を切断して，ばらばらの原子にするのに必要なエネルギー。結合 1 mol 当たりの熱量で表す。

3 酸化と還元

① 酸化と還元
○次の変化を酸化または還元と定義する。

	酸素	水素	電子	酸化数
酸化	と化合	を失う	を失う	が増加する
還元	を失う	と化合	を得る	が減少する

○酸化と還元は必ず同時に起こる。

② 酸化数の決め方
(1) 単体の原子の酸化数＝0
  単原子イオンの酸化数＝±(イオンの価数)
(2) 化合物ではOとHの酸化数を，O＝−2，H＝＋1とし，これを基準として，(化合物を構成する各原子の酸化数の総和)＝0から決める。
  (注) H_2O_2 で，O の酸化数は −1。NaH で，H の酸化数は −1。
  O, H 以外に，次の各原子の酸化数を基準としてよい。

化合物中の { アルカリ金属(Li, Na, K, …)＝＋1
         { アルカリ土類金属(Ca, Sr, Ba, …)＝＋2

ただし，多原子イオンでは(イオンを構成する各原子の酸化数の総和)＝±(イオンの価数)から決める。

③ 酸化剤と還元剤
(1) 酸化剤 { ○他の物質を酸化する物質⇒e^-を奪う。
         { ○自分自身は還元されやすい。
(2) 還元剤 { ○他の物質を還元する物質⇒e^-を与える。
         { ○自分自身は酸化されやすい。
(3) H_2O_2，SO_2 は酸化剤にも還元剤にもなりうる。

$$\underset{0}{O_2} \leftarrow \underset{-1}{H_2O_2} \rightarrow \underset{-2}{H_2O} \quad \underset{-2}{H_2S} \leftarrow \underset{0}{S} \leftarrow \underset{+4}{SO_2} \rightarrow \underset{+6}{H_2SO_4}$$

(4) **酸化還元反応** 酸化剤と還元剤の各反応式で，e^- が互いに消去されるようにイオン反応式をつくる。

$$\begin{array}{l}MnO_4^- + 8H^+ + 5e^- \longrightarrow Mn^{2+} + 4H_2O \;(\times 2) \\ +)\quad H_2O_2 \longrightarrow O_2 + 2H^+ + 2e^- \;(\times 5) \end{array} \right\} \begin{array}{l}e^- 10個\\ を授受\end{array}$$
$$2MnO_4^- + 5H_2O_2 + 6H^+ \longrightarrow 2Mn^{2+} + 5O_2 + 8H_2O$$

(5) 電子 e^- を含んだ式

酸化剤	$X_2 + 2e^- \longrightarrow 2X^-$ (X＝F, Cl, Br, I) $MnO_4^- + 8H^+ + 5e^- \longrightarrow Mn^{2+} + 4H_2O$ $Cr_2O_7^{2-} + 14H^+ + 6e^- \longrightarrow 2Cr^{3+} + 7H_2O$ (濃) $HNO_3 + H^+ + e^- \longrightarrow NO_2 + H_2O$ (希) $HNO_3 + 3H^+ + 3e^- \longrightarrow NO + 2H_2O$ (熱濃) $H_2SO_4 + 2H^+ + 2e^- \longrightarrow SO_2 + 2H_2O$ $H_2O_2 + 2H^+ + 2e^- \longrightarrow 2H_2O$ ($SO_2 + 4H^+ + 4e^- \longrightarrow S + 2H_2O$)
還元剤	$M \longrightarrow M^+ + e^-$ (M＝Li, Na, K) $H_2S \longrightarrow S + 2H^+ + 2e^-$ $Sn^{2+} \longrightarrow Sn^{4+} + 2e^-$ $Fe^{2+} \longrightarrow Fe^{3+} + e^-$ $C_2O_4^{2-} \longrightarrow 2CO_2 + 2e^-$ $SO_2 + 2H_2O \longrightarrow SO_4^{2-} + 4H^+ + 2e^-$ ($H_2O_2 \longrightarrow O_2 + 2H^+ + 2e^-$)

4 電池・電気分解

① 金属のイオン化傾向
(1) 金属は陽イオンになろうとする性質がある。イオン化傾向が大きいほど，化学的に活性で，酸化されやすく，還元力が強い。
(2) **金属単体と金属イオンの反応** イオン化傾向の小さい金属のイオン M_1^{n+} の水溶液に，イオン化傾向の大きい金属 M_2 の単体を入れると，M_2 がイオンとなって溶出し，M_1 が金属となって析出する。
$$2Ag^+aq + Cu \longrightarrow Cu^{2+}aq + 2Ag(銀樹)$$

② 電池
(1) **ダニエル電池** (−)Zn│$ZnSO_4$aq│$CuSO_4$aq│Cu(+)
   ⊖Zn $\longrightarrow$ Zn^{2+} ＋ $2e^-$，⊕Cu^{2+} ＋ $2e^-$ $\longrightarrow$ Cu
(2) **マンガン乾電池** (−)Zn│$ZnCl_2$aq, NH_4Claq│MnO_2・C(+)
(3) **鉛蓄電池** (−)Pb│H_2SO_4aq│PbO_2(+)
   (−)Pb ＋ SO_4^{2-} $\longrightarrow$ $PbSO_4$ ＋ $2e^-$
   (+)PbO_2 ＋ $4H^+$ ＋ SO_4^{2-} ＋ $2e^-$ $\longrightarrow$ $PbSO_4$ ＋ $2H_2O$
   ○放電すると H_2SO_4 が消費され，H_2O を生じるため硫酸の濃度(密度)が減少する。これを充電すると逆反応が進み，もとに戻る。

③ 電気分解
(1) **電気分解** 電解質(MX)の水溶液に 2 枚の電極を浸し，直流電流を流すと，イオンが電極に引かれ，物質

が分解される。
$$MX \longrightarrow M^{n+} + X^{n-}$$

(2) **陽イオンの還元されやすさ(陰極)**

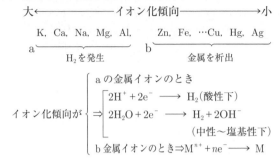

(3) **陰イオンの酸化されやすさ(陽極)**

$$\underbrace{Cl^-, Br^-, I^-}_{(単原子イオン)} > OH^- > \underbrace{SO_4^{2-}, NO_3^-}_{(多原子イオン)}$$

$\hookrightarrow 2X^- \longrightarrow X_2 + 2e^-$

$\begin{cases} 4OH^- \longrightarrow 2H_2O + O_2 + 4e^- \\ \quad\quad\quad\quad\quad\quad\quad\quad (塩基性下) \\ 2H_2O \longrightarrow O_2 + 4H^+ + 4e^- \\ \quad\quad\quad\quad\quad\quad\quad\quad (中性〜酸性下) \end{cases}$

陽極に黒鉛，Au，Pt以外の金属を用いるとき
C，Au，Ptはイオンになりにくいので陰イオンが酸化されるが，C，Au，Pt以外の金属を用いると，これらの金属が酸化されて陽イオンとなる(一般に溶け出す)。

④ **ファラデーの法則**
(1) 1 molのe⁻がもつ電気量の絶対値
　　　＝96500(C，クーロン)
　ファラデー定数 $F = 96500(C/mol)$

$\left.\begin{array}{l}1(C) = 1(A，アンペア) \times 1(s，秒) \\ i(A)の電流を t(s) 間通じた \\ ときに流れる電子の物質量\end{array}\right\} = \dfrac{it}{96500}(mol)$

(2) 電極反応で，e⁻ 1molは96500Cの電気量をもつ。

$Cu^{2+} + 2e^- \longrightarrow Cu \quad\quad 4OH^- \longrightarrow O_2 + 2H_2O + 4e^-$
$\;\;\vdots \quad\quad\;\; \vdots \quad\;\;\; \vdots \quad\quad\quad\quad\quad\quad\quad \vdots \quad\quad\quad\quad\; \vdots$
$\;\;2mol \;\; : \;\; 1mol \quad\quad\quad\quad\quad 1mol \;\; : \;\; 4mol$

5 反応速度と化学平衡

① **反応速度**
(1) 単位時間に反応または生成する物質の濃度変化で表す(正の値で表す)。

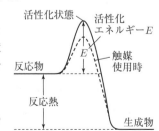

(2) **活性化エネルギー**：物質が反応を起こすの

に必要なエネルギーをいう。
　活性化エネルギーが大きいほど，反応が起こりにくい(＝反応速度小)。

(3) **反応速度を変える因子**
○濃度⇒反応物質の濃度が大きいほど，粒子の衝突回数が多くなり，反応速度が大きくなる。
○温度⇒温度が高いほど，活性化エネルギー以上のエネルギーをもつ分子が多くなり，反応速度が大きくなる。
○触媒⇒活性エネルギーを減少＝反応速度大
○固体物質では表面積が大きいほど反応速度は大きく，光で大きくなる反応(光化学反応)もある。

② **化学平衡**
(1) **可逆反応**：反応条件(濃度・温度・圧力)によって，正逆いずれにも進みうる反応。
(2) **化学平衡**：可逆反応で，正逆両方向の反応速度が等しくなり，反応が停止したように見える状態をいう。
(3) **平衡定数 K**

$$aA + bB \rightleftarrows xX + yY$$

$$K = \dfrac{[X]^x[Y]^y}{[A]^a[B]^b} \quad (温度で決まる値)$$

③ **ルシャトリエの原理**：可逆反応が平衡状態にあるとき，反応条件(濃度・温度・圧力)を変えると，条件の変化を和らげる(妨げる)方向に反応が進み，新しい平衡状態になる。

(1) **濃度**：平衡状態にある1つの物質について，

濃度を $\begin{cases} 大きくする \Rightarrow その物質の濃度が減少する方向 \\ \quad\quad\quad\quad\quad\quad\quad\quad に移動 \\ 小さくする \Rightarrow その物質の濃度が増加する方向 \\ \quad\quad\quad\quad\quad\quad\quad\quad に移動 \end{cases}$

(2) **温度** $\begin{cases} 高くする \Rightarrow 吸熱の方向に移動 \\ 低くする \Rightarrow 発熱の方向に移動 \end{cases}$

(3) **圧力** $\begin{cases} 高くする \Rightarrow 気体分子数が減る方向に移動 \\ 低くする \Rightarrow 気体分子数が増す方向に移動 \end{cases}$

(4) **触媒**：左右両方向の速度を同じだけ速くするので，平衡は移動しない。

4 無機物質

1 ハロゲン元素とその化合物
① **ハロゲン元素(17族)**
(1) 最外殻に7(族番号の末尾数)個の電子があり，いずれも1価の陰イオンになりやすい。
(2) **製法** ハロゲン化水素を酸化剤で酸化する(F_2は除

く）。

$$4HCl + MnO_2 \longrightarrow MnCl_2 + 2H_2O + Cl_2$$

(3) **性質**

	F_2	Cl_2	Br_2	I_2
色	淡黄色	黄緑色	赤褐色	黒紫色
状 態	気 体	気 体	液 体	固 体
反応性（酸化力）　大　　　　　　　　　　　小				

② **ハロゲン化水素**

(1) **製法**　ハロゲン化物に濃硫酸を加えて加熱する。

(例)　$NaCl + H_2SO_4 \longrightarrow NaHSO_4 + HCl$

(2) **性質**　いずれも無色，刺激臭をもつ物質で，水溶液は酸性を示す。

	HF	HCl	HBr	HI
状 態	気体	気体	気体	気体
酸 性	弱酸性	強酸性	強酸性	強酸性

③ **塩化水素** HCl

(1) **製法**　$H_2 + Cl_2 \longrightarrow 2HCl$

(2) NH_3 と反応して白煙を生じる。

$$HCl(気) + NH_3(気) \longrightarrow NH_4Cl（白色・粉末）$$

④ **フッ化水素** HF

(1) **製法**　ホタル石(CaF_2)に濃硫酸を加えて加熱する。

$$CaF_2 + H_2SO_4 \longrightarrow CaSO_4 + 2HF$$

(2) **性質**　水溶液は弱酸性を示す。気体および水溶液はガラスを侵す。

$$SiO_2 + 6HF \longrightarrow H_2SiF_6 + 2H_2O$$
$$\text{（水溶液）}$$

2 **硫黄とその化合物**

① **硫黄**

(1) 斜方硫黄，単斜硫黄，ゴム状硫黄の3種の同素体がある。

(2) 常温で黄色の固体(斜方硫黄)で，水に不溶，空気中で燃焼する。　$S + O_2 \longrightarrow SO_2$

② **二酸化硫黄** SO_2

(1) 銅に濃硫酸を加えて加熱する。

$$Cu + 2H_2SO_4 \longrightarrow CuSO_4 + 2H_2O + SO_2$$

(2) 無色・刺激臭の気体で，弱酸性，還元性を示す。

③ **硫酸** H_2SO_4

(1) 接触法で製造される。

○硫黄を燃焼させる。　$S + O_2 \longrightarrow SO_2$

○SO_2を酸化する。（V_2O_5触媒）$2SO_2 + O_2 \longrightarrow 2SO_3$

○SO_3を水と反応させる。　$SO_3 + H_2O \longrightarrow H_2SO_4$

(2) 濃硫酸は無色の重い液体で，**酸化力**(加熱時)，**脱水性**，**吸湿性**が強い。希硫酸は強い**酸性**を示す。

$$NaCl + H_2SO_4 \longrightarrow NaHSO_4 + HCl$$
$$\text{（硫酸の不揮発性を利用した反応）}$$
$$C_2H_5OH \longrightarrow C_2H_4 + H_2O$$
$$\text{（濃硫酸の脱水作用を利用した反応）}$$
$$Zn + H_2SO_4 \longrightarrow ZnSO_4 + H_2$$
$$\text{（希硫酸の酸性を利用した反応）}$$

④ **硫化水素** H_2S

(1) 硫化鉄(Ⅱ)に強酸を加えてつくる。

$$FeS + H_2SO_4 \longrightarrow FeSO_4 + H_2S$$

(2) 無色・腐卵臭の気体で有毒。還元性が強く，水溶液は弱酸性を示す。

(3) 多くの金属イオンと反応して有色の硫化物を沈殿させる。

3 **窒素とその化合物**

① **窒素** N_2

(1) 無色・無臭の気体で，空気の体積の約4/5を占める。化学的には比較的安定である。

(2) 高温では，水素，酸素，マグネシウムなどと反応する。

② **酸化物**　N_2O, NO, NO_2, N_2O_4, N_2O_5 など。

NO と NO_2 の製法

$$3Cu + 8HNO_3(希) \longrightarrow 3Cu(NO_3)_2 + 2NO + 4H_2O$$
$$Cu + 4HNO_3(濃) \longrightarrow Cu(NO_3)_2 + 2NO_2 + 2H_2O$$

③ **アンモニア** NH_3

(1) ハーバー・ボッシュ法で合成。

$$3H_2 + N_2 \longrightarrow 2NH_3（高圧, 約500℃, 鉄触媒）$$

(2) 無色・刺激臭の気体。水によく溶ける。水溶液は弱塩基性を示す。

$$NH_3 + H_2O \rightleftharpoons NH_4^+ + OH^-$$

④ **硝酸** HNO_3

(1) オストワルト法によって製造する。

○$4NH_3 + 5O_2 \longrightarrow 4NO + 6H_2O$（触媒：Pt）

○$2NO + O_2 \longrightarrow 2NO_2$

○$3NO_2 + H_2O \longrightarrow 2HNO_3 + NO$

(2) 無色・揮発性の液体。濃硝酸・希硝酸ともに強い酸化力を示し，銅，銀等と反応する(→②)。硝酸は強酸。

— 化8 —

4 アルカリ金属（1族）とその化合物

① アルカリ金属 Li, Na, K, Rb, Cs
(1) 最外殻に1（族番号の末尾数）個の電子があり、1価の陽イオンになりやすい。
(2) イオン化傾向が大きくて還元性が強く、常温の水と激しく反応する。石油中に保存する。

$$2Na + 2H_2O \longrightarrow 2NaOH + H_2$$

(3) 特有の炎色反応を示す。Li：赤、Na：黄、K：紫。

② 水酸化物
(1) 塩化物の水溶液の電気分解で製造する。
$$2NaCl + 2H_2O \longrightarrow 2NaOH + \overset{\oplus 極}{Cl_2} + \overset{\ominus 極}{H_2}$$
(2) 白色の固体で水に溶けやすく、強い塩基性を示す。

③ 炭酸ナトリウム Na_2CO_3
(1) ソルベー（アンモニアソーダ）法によって製造する。
○$NaCl + NH_3 + CO_2 + H_2O \longrightarrow NaHCO_3 + NH_4Cl$
○$2NaHCO_3 \longrightarrow Na_2CO_3 + H_2O + CO_2$（熱分解）
(2) 結晶（$Na_2CO_3 \cdot 10H_2O$）は風解性がある。

$$Na_2CO_3 \cdot 10H_2O \longrightarrow Na_2CO_3 \cdot H_2O（白色・粉末）+ 9H_2O$$

(3) 水溶液は塩基性を示す。
(4) 強酸と反応してCO_2を発生する。

$$Na_2CO_3 + 2HCl \longrightarrow 2NaCl + H_2O + CO_2$$

④ 炭酸水素ナトリウム $NaHCO_3$
(1) ソルベー法の中間生成物として得られる。
(2) ベーキングパウダーや胃腸薬などに利用。
(3) 熱分解するとNa_2CO_3となりCO_2を発生する。

$$2NaHCO_3 \longrightarrow Na_2CO_3 + H_2O + CO_2$$

(4) 酸と反応してCO_2を発生する。
$$NaHCO_3 + HCl \longrightarrow NaCl + H_2O + CO_2$$

5 アルカリ土類金属（2族）とその化合物

① アルカリ土類金属
(1) 2族のうち、一般にBe, Mg以外の元素をいい、Be, Mgとはかなり異なる性質を示す。

	Mg	Ca	Sr	Ba
炎色反応	なし	赤橙	赤	黄緑
冷水との反応	反応せず	反応する		
水酸化物	弱塩基	強塩基		
硫酸塩	水に可溶	水に不溶		

(2) いずれも酸化されやすく、水と反応するため、石油中に保存する。

$$Ca + 2H_2O \longrightarrow Ca(OH)_2 + H_2$$

② 水酸化カルシウム $Ca(OH)_2$
(1) 生石灰（CaO）を水と反応させてつくる。

$$CaO + H_2O \longrightarrow Ca(OH)_2 \text{ 消石灰}$$

(2) 白色の粉末で、水に少し溶け、水溶液は塩基性を示す。これを石灰水という。
(3) 石灰水にCO_2を通すと白濁する（CO_2の検出）。

$$Ca(OH)_2 + CO_2 \longrightarrow CaCO_3\downarrow + H_2O$$

③ 炭酸カルシウム $CaCO_3$
(1) 無色の結晶で、方解石、大理石、石灰石の主成分。
(2) 熱すると分解して生石灰になる。

$$CaCO_3 \longrightarrow CaO + CO_2$$

(3) CO_2を含む水に溶ける。⇒鍾乳洞の成因

$$CaCO_3 + CO_2 + H_2O \rightleftharpoons Ca(HCO_3)_2$$

この反応は加熱すると逆向きに進む。
(4) 酸と反応してCO_2を生じる（CO_2の製法）。

$$CaCO_3 + 2HCl \longrightarrow CaCl_2 + H_2O + CO_2$$

6 アルミニウムとその化合物

① アルミニウム Al
(1) アルミナ（Al_2O_3）の融解塩電解によって製造する。
(2) 銀白色の金属で、イオン化傾向が大きく酸化されやすいが、表面にAl_2O_3の膜を生じ内部を保護する。
(3) 両性を示し、酸にも強塩基にも溶ける。

$$2Al + 3H_2SO_4 \longrightarrow Al_2(SO_4)_3 + 3H_2$$
$$2Al + 2NaOH + 6H_2O \longrightarrow 2Na[Al(OH)_4] + 3H_2$$

(4) 酸化力のある酸（熱濃H_2SO_4, HNO_3）には表面にAl_2O_3の膜を生じ不動態となるため溶けない。

② 酸化物、水酸化物　いずれも両性を示し、酸にも強塩基にも溶ける。
$Al_2O_3 + 6HCl \longrightarrow 2AlCl_3 + 3H_2O$
$Al_2O_3 + 2NaOH + 3H_2O \longrightarrow 2Na[Al(OH)_4]$
$\quad Al(OH)_3 + 3HCl \longrightarrow AlCl_3 + 3H_2O$
$\quad Al(OH)_3 + NaOH \longrightarrow Na[Al(OH)_4]$

③ ミョウバン $AlK(SO_4)_2 \cdot 12H_2O$
(1) $Al_2(SO_4)_3$とK_2SO_4の混合溶液から再結晶すると得られる代表的な複塩（水に溶けると各成分イオンに

電離する)。

$$AlK(SO_4)_2 \longrightarrow Al^{3+} + K^+ + 2SO_4^{2-}$$

(2) 無色，透明，正八面体の結晶，水に溶け，水溶液は弱酸性を示す。

7 遷移元素とその化合物

① 遷移元素

(1) 周期表の3〜11族の元素で，すべて金属元素。周期表で左右の位置の元素が似た性質を示す。

第4周期：Sc, Ti, V, Cr, Mn, Fe, Co, Ni, Cu

(2) 一般にイオン化傾向が小さく，融点が高い。

(3) 一般に2価の陽イオンになる他，いくつかの酸化数をもつ。

（例）　Cu^+, Cu^{2+}, Fe^{2+}, Fe^{3+}

(4) イオンに有色のものが多い。

（例）　水溶液中のCu^{2+}(青)，Fe^{2+}(淡緑)，Fe^{3+}(黄褐)など。

(5) 錯イオンをつくりやすい。

（例）　$[Ag(NH_3)_2]^+$，$[Cu(NH_3)_4]^{2+}$

(6) 化合物に酸化剤になるものが多い。

（例）　$KMnO_4$，$K_2Cr_2O_7$など。

(7) 単体や化合物に触媒作用をもつものが多い。

（例）　Pt(オストワルト法)，Ni(水素付加)，V_2O_5(接触法)，MnO_2など。

② 錯イオン

(1) **錯イオン**　非共有電子対をもった極性分子や陰イオンが，金属イオンなどに配位結合してできた複雑な組成のイオン。

錯イオンの構成 ｛中心金属イオン⇒主に遷移金属のイオン
配位子⇒中心金属イオンに配位結合する極性分子または陰イオン
配位数⇒結合する配位子の数
イオン価⇒構成イオンのイオン価の和

$[M^{a+}(Y)_b]^c$ ｛M^{a+}＝金属イオン　$a+$＝イオン価
Y＝配位子　b＝配位数
　　　　($b=2a$となるものが多い)

(2) **主な配位子**　必ず非共有電子対(○○)をもつ。

H_2O　　NH_3　　　OH^-　　　　CN^-　　　　Cl^-

H:O:H　　H:N:H　　[:O:H]⁻　　[:C⋮N:]⁻　　[:Cl:]⁻
　　　　　　　H

(アクア) (アンミン) (ヒドロキシド) (シアニド) (クロリド)

8 イオンの性質と分離

① 陰イオン

(1) ハロゲン化物イオン：$X^- + Ag^+ \longrightarrow AgX$

	AgF	AgCl	AgBr	AgI
色	沈殿せず(無色)	白	淡黄	黄
NH_3水に	——	可溶	可溶	不溶
$Na_2S_2O_3$に	——	可溶	可溶	可溶
感光性	あり	あり	あり	あり

(2) SO_4^{2-}：アルカリ土類金属イオンと反応し，白色沈殿を生じる。$M^{2+}=Ca^{2+}$，Sr^{2+}，Ba^{2+}とすると

$$M^{2+} + SO_4^{2-} \longrightarrow MSO_4\downarrow(白)$$

(3) CO_3^{2-}：アルカリ金属イオン以外の金属イオンと反応し沈殿する。一般にCa^{2+}，Sr^{2+}，Ba^{2+}を使用。

$$M^{2+} + CO_3^{2-} \longrightarrow MCO_3\downarrow(白)　(塩酸に可溶)$$

② 陽イオン

(1) 典型金属のイオンの色⇒無色

陽イオン (水溶液)	Fe^{2+}	Fe^{3+}	Mn^{2+}	Cu^{2+}	Cr^{3+}
	淡緑	黄褐	淡桃	青	暗緑

陰イオン (水溶液)	MnO_4^-	$Cr_2O_7^{2-}$	CrO_4^{2-}
	赤紫	赤橙	黄

(2) 炎色反応：アルカリ金属イオンは，沈殿反応がないので，炎色反応で検出する。

Li^+	Na^+	K^+	Ca^{2+}	Sr^{2+}	Ba^{2+}	Cu^{2+}
赤	黄	紫	橙	赤	黄緑	青

(3) **塩基(OH^-)との反応**

○アルカリ金属(Li, Na, K, …)やアルカリ土類金属以外の金属イオンは，水酸化物または酸化物が沈殿する。

$$M^{n+} + nOH^- \longrightarrow M(OH)_n\downarrow$$

○水酸化物の色

無色の金属イオン⇒白色沈殿

$$Zn^{2+} + 2OH^- \longrightarrow Zn(OH)_2\downarrow(白)$$
$$Pb^{2+} + 2OH^- \longrightarrow Pb(OH)_2\downarrow(白)$$

有色の金属イオン⇒金属イオンに近い色の沈殿

$$Cu^{2+}(青) + 2OH^- \longrightarrow Cu(OH)_2\downarrow(青白)$$
$$Fe^{3+}(黄褐) + 3OH^- \longrightarrow Fe(OH)_3\downarrow(赤褐)$$

○過剰のNaOH水溶液に沈殿が溶けるもの(両性元素のイオン)

― 化 10 ―

$$Al^{3+} \longrightarrow Al(OH)_3 \longrightarrow [Al(OH)_4]^-$$
$$Zn^{2+} \longrightarrow Zn(OH)_2 \longrightarrow [Zn(OH)_4]^{2-}$$

○アンモニア水に沈殿が溶けるもの（Zn^{2+}, Cu^{2+}, Ag^+）

$$Cu^{2+} \longrightarrow Cu(OH)_2 \longrightarrow [Cu(NH_3)_4]^{2+}$$
$$Zn^{2+} \longrightarrow Zn(OH)_2 \longrightarrow [Zn(NH_3)_4]^{2+}$$
$$Ag^+ \longrightarrow Ag_2O \longrightarrow [Ag(NH_3)_2]^+$$

(4) H_2Sとの反応

○沈殿しないもの（イオン化傾向の大きい金属のイオン）

○塩基性溶液から硫化物が沈殿（Zn^{2+}, Fe^{2+}, Ni^{2+}）

$$Zn^{2+} + S^{2-} \longrightarrow ZnS\downarrow（白）$$

○（液性に関係なく）酸性溶液からでも沈殿（イオン化傾向の小さい金属のイオン）

$$Pb^{2+} + S^{2-} \longrightarrow PbS\downarrow（黒）$$
$$Cu^{2+} + S^{2-} \longrightarrow CuS\downarrow（黒）$$
$$2Ag^+ + S^{2-} \longrightarrow Ag_2S\downarrow（黒）$$

○硫化物の色　ZnS（白），CdS（黄）。一般的には黒色が多い。

(5) Fe^{2+}, Fe^{3+} の反応

イオン ＼ 試薬	$K_4[Fe(CN)_6]$	$K_3[Fe(CN)_6]$	KSCN
Fe^{2+}		濃青色沈殿	——
Fe^{3+}	濃青色沈殿		赤色溶液

[参考]

塩類の溶解性

(+) ＼ (−)		ClO_3^-	NO_3^-	$COOH^{-※1}$	Cl^-	Br^-	I^-	SO_4^{2-}	CrO_4^{2-}	CN^-	OH^-	S^{2-}	O^{2-}	SiO_3^{2-}	CO_3^{2-}	PO_4^{3-}
K^+		W	W	W	W	W	W	W	W	W	W	W	W	W	W	W
Na^+		W	W	W	W	W	W	W	W	W	W	W	W	W	W	W
NH_4^+		W	W	W	W	W	W	W	W	W	W	W	—	—	W	W
H^+		W	W	W	W	W	W	W	W	W	W	—	白(ゲル)	W	W	W
Ba^{2+}		W	W	W	W	W	W	白	黄	W	W	W	W	白	白	白
Ca^{2+}		W	W	W	W	W	W	白	黄	W	W	W	W	白	白	白
Al^{3+}		W	W	W	W	W	W	—	—	白(ゲル)	白※2	白	白	—	白
Fe^{3+}	黄褐	W	W	W	W	W	W	赤褐	—	赤褐	黒※3	赤褐	—	—	白
Fe^{2+}	淡緑	W	W	W	W	W	W	—	—	緑白	黒	黒	—	白	
Mg^{2+}		W	W	W	W	W	W	W	W	白(ゲル)	W	白	白	白	白
Mn^{2+}	淡桃	W	W	W	W	W	W	W	W	淡桃	淡桃	緑	淡赤	淡赤	—
Ni^{2+}	緑	W	W	W	W	W	W	W	W	W	緑白	黒			
Cu^{2+}	青	W	W	W	W	W	W	赤褐	淡緑	青白	黒	黒	—	青白	青緑
Zn^{2+}		W	W	W	W	W	W	黄	W	白(ゲル)	白	白	—	白	
Sn^{2+}		W	—	W	W	W	W	黄	—	白	灰黒	黒	—		白
Pb^{2+}		W	W	W	白	白	黄	白	黄	白	白	黒	黄	白	白	
Ag^+		W	W	W	白	淡黄	黄	w	暗赤	白	褐※4	黒	暗褐	—	淡黄	黄
Hg^{2+}		W	W	W	W	W	黄赤	W	暗赤	W	黄※4	黒	黄	—	白	淡黄
Hg_2^{2+}		W	w	w	白	—	黄	白	暗赤		黒※4	黒	黒	—	黄	白

(注)　W：水に溶ける。w：少し水に溶ける。色：沈殿の色。（ゲル）：ゲル状沈殿　**太文字**：沈殿反応として重要。

※1：原文ママ。低級カルボン酸イオンの総称と思われる。

※2：Al_2S_3は水に溶け，加水分解して$Al(OH)_3$を沈殿。

※3：Fe^{3+}はH_2S（S^{2-}）に還元されてFe^{2+}となりFeS（黒）を沈殿。

※4：水酸化物は不安定で分解して酸化物を沈殿。

(聖文社「化学根底300題」より)

表の使い方

　この表は陽イオンと陰イオンとからなる塩の溶解性を表すものである。この表では，陽イオンの上から下に行くほど溶解性が小さくなり，陰イオンでは左から右に行くほど溶解性が小さくなるように配列してある。

— 化 11 —

5　有機化合物

1　有機化合物

①有機化合物の特徴

(1)　成分元素の種類は少ない(主にC, H, O, N, Sなど)が, 化合物の種類は非常に多い。

(2)　一般に融点が低く(300℃以下), 強熱すると分解する。

(3)　分子からなる物質で非電解質が多い。

(4)　水に溶けないものが多く, 有機溶媒に溶けやすい。

(5)　異性体が多く, 構造が複雑である。

②　組成式・分子式の決定

(1)　**組成式(実験式)の決定**

C, H, Oからなる試料m(g)を完全燃焼させる。

$$\begin{cases} CO_2 \cdots a(g) \\ H_2O \cdots b(g) \end{cases}$$

試料m(g)中の

$$\begin{cases} Cの量 = a \times \dfrac{C}{CO_2} = a \times \dfrac{12}{44} = a'(g) \Rightarrow a''(\%) \\ Hの量 = b \times \dfrac{2H}{H_2O} = b \times \dfrac{2}{18} = b'(g) \Rightarrow b''(\%) \\ Oの量 = m - (a' + b') = c'(g) \Rightarrow c''(\%) \end{cases}$$

原子数比＝モル比　より

$$C : H : O = \frac{a'}{12} : \frac{b'}{1} : \frac{c'}{16}$$

$$= \frac{a''(\%)}{12} : \frac{b''(\%)}{1} : \frac{c''(\%)}{16}$$

$$\fallingdotseq A : B : C \ (最も簡単な整数比)$$

組成式：$C_A H_B O_C$

(2)　**分子式の決定**

$$\left. \begin{array}{l} 分子式 = 組成式 \times n \\ 分子量 = 組成式量 \times n \end{array} \right\} n(整数) = \frac{分子量}{組成式量}$$

分子式：$C_{nA} H_{nB} O_{nC}$

③　異性体

分子式が同じで, 性質が異なる物質。構造異性体と立体異性体に大別できる。

(1)　**構造異性体** $\begin{cases} a：炭素原子の結合状態が異なるもの \\ b：官能基の異なるもの \\ c：官能基や二重結合などの位置が異なるもの \end{cases}$

aの例

(2)　**立体異性体** $\begin{cases} d：光学異性体：不斉炭素原子をもつ。 \\ e：幾何異性体： \diagdown C = C \diagup をもつ。 \end{cases}$

eの例

（シス-2-ブテン）　　（トランス-2-ブテン）

2　鎖状炭化水素

①　分類

(1)　鎖状炭化水素 $\begin{cases} 飽和炭化水素 \rightarrow アルカン C_n H_{2n+2} \\ 不飽和炭化水素 \begin{cases} アルケン C_n H_{2n} \\ アルキン C_n H_{2n-2} \end{cases} \end{cases}$

(2)　シクロアルカン$C_n H_{2n}$ → 環状飽和炭化水素であり, 性質はアルカンに類似。

②　**アルカン**$C_n H_{2n+2}$　炭素－炭素間結合は単結合。

(1)　直鎖のものは炭素数(n)が大きくなるに従って, 融点・沸点が高くなり, 気体→液体→固体と変化する。

(2)　化学的に安定で酸・塩基と反応しないが, 空気中で燃焼する。

$$C_m H_n + \left(m + \frac{n}{4} \right) O_2 \longrightarrow m CO_2 + \frac{n}{2} H_2O$$

(3)　光を当てると, ハロゲン単体と置換反応を起こす。

$$CH_4 + Cl_2 \longrightarrow CH_3Cl + HCl$$
$$\downarrow さらに$$
$$CH_2Cl_2 \longrightarrow CHCl_3 \longrightarrow CCl_4$$

③　**アルケン**$C_n H_{2n}$　炭素－炭素間に二重結合が1個ある(シクロアルカンの構造異性体)。

(1)　種々の物質と付加反応を起こしやすい。

（例）　$CH_2 = CH_2$の付加反応

付加物	H_2	Cl_2	HCl	H_2O
生成物	$CH_3 - CH_3$	$CH_2Cl - CH_2Cl$	$CH_3 - CH_2Cl$	CH_3CH_2OH

(2)　**エチレン**　$CH_2 = CH_2$　無色・甘い芳香臭をもつ気体。エタノールに濃硫酸を加えて約170℃に加熱してつくる。

$$C_2H_5OH \longrightarrow CH_2 = CH_2 + H_2O \ （脱水）$$

— 化12 —

④ **アルキン** C_nH_{2n-2}　炭素－炭素間に三重結合が1個ある。

(1) **アセチレン**　$CH \equiv CH$, 炭化カルシウムに水を加える。

$$CaC_2 + 2H_2O \longrightarrow Ca(OH)_2 + CH \equiv CH$$

(2) 種々の物質と付加反応を起こしやすい。

　(例)　$CH \equiv CH + HX \longrightarrow \begin{array}{c} CH_2 = CH \\ | \\ X \end{array}$

HX	H_2	HCl	CH_3COOH	H_2O
生成物	$CH_2 = CH_2$	$\begin{array}{c}CH_2 = CH\\ \mid \\ Cl\end{array}$	$\begin{array}{c}CH_2 = CH\\ \mid \\ OCOCH_3\end{array}$	CH_3CHO

⑤ **ビニル化合物**　$CH_2 = CHX$($CH_2 = CH-$：ビニル基)
付加重合して高分子化合物をつくる。

$$n\begin{array}{c} H\ \ H \\ C = C \\ H\ \ X \end{array} \longrightarrow \left[\begin{array}{c} H\ \ H \\ C - C \\ H\ \ X \end{array}\right]_n$$

X	H	CH_3	Cl	$OCOCH_3$	⬡	CN
名称	エチレン	プロペン	塩化ビニル	酢酸ビニル	スチレン	アクリロニトリル

3 鎖状化合物

① **アルコール**ROH

(1) **分類**　a：OHの数により1価, 2価, …に分類する。
b：OHの位置により, 第一級, 第二級, 第三級に分類する。

$$\begin{array}{ccc} \underset{\text{(第一級アルコール)}}{R-\overset{H}{\underset{H}{\overset{|}{\underset{|}{C}}}}-OH} & \underset{\text{(第二級アルコール)}}{R_2-\overset{R_1}{\underset{H}{\overset{|}{\underset{|}{C}}}}-OH} & \underset{\text{(第三級アルコール)}}{R_2-\overset{R_1}{\underset{R_3}{\overset{|}{\underset{|}{C}}}}-OH} \end{array}$$

(2) Naと反応してH_2を発生(OHの検出)

　(例)　$2C_2H_5OH + 2Na \longrightarrow 2C_2H_5ONa + H_2$

(3) 酸化すると, アルデヒド, ケトンを生じる。

　a：第一級アルコール⇒アルデヒド(還元性あり)

　　$C_2H_5OH + (O) \longrightarrow CH_3CHO + H_2O$

　b：第二級アルコール⇒ケトン(還元性なし)

　　$CH_3CH(OH)CH_3 + (O) \longrightarrow CH_3COCH_3 + H_2O$

　c：第三級アルコールは酸化されにくい。

(4) カルボン酸と濃硫酸(触媒)を作用させると, エステルを生じる(エステル化)。

$$CH_3-\underset{O}{\overset{\|}{C}}\boxed{-OH + H}O-C_2H_5 \longrightarrow CH_3-\underset{\underset{\text{エステル結合}}{\uparrow}}{\boxed{\underset{O}{\overset{\|}{C}-O}}}-C_2H_5 + H_2O$$

(5) 濃硫酸を加えて加熱すると, 脱水されてエーテルやアルケンを生じる。

$$C_2H_5\boxed{H + HO}C_2H_5 \xrightarrow[H_2SO_4]{(約130℃)} C_2H_5OC_2H_5 + H_2O$$

$$C_2H_5OH \xrightarrow[H_2SO_4]{(約170℃)} CH_2 = CH_2 + H_2O$$

② **アルデヒド**RCHO（$-CHO$：アルデヒド基)

(1) 第一級アルコールを酸化して得られる。

(2) 酸化されやすく, 酸化されてカルボン酸になる。

$$R-CHO + (O) \longrightarrow R-COOH$$

(3) 還元されて第一級アルコールになる。

　(例)　$\underset{\text{(エタノール)}}{C_2H_5OH} \underset{(H)}{\overset{(O)}{\rightleftarrows}} \underset{\text{(アセトアルデヒド)}}{CH_3CHO} \overset{(O)}{\longrightarrow} \underset{\text{(酢酸)}}{CH_3COOH}$

(4) $-CHO$は還元性を示し, フェーリング液による反応, 銀鏡反応を示す。

フェーリング
液による反応 $\Rightarrow \left\{\begin{array}{l}\text{試料}(-CHO)\text{にフェー}\\ \text{リング液を加えて加熱}\end{array}\right\}$

$$\Rightarrow (Cu_2O\text{の赤色沈殿})$$

銀鏡反応 $\Rightarrow \left\{\begin{array}{l}\text{試料}(-CHO)\text{にアンモニア性}\\ \text{硝酸銀溶液を加えて温める}\end{array}\right\}$

$$\Rightarrow (Ag析出 \cdot 銀鏡)$$

③ **カルボン酸**RCOOH（$-COOH$：カルボキシ基)

(1) $-COOH$の数により1価, 2価, …に分類する。

(2) 低級のものは無色, 刺激臭の液体で水に溶ける。
水溶液は弱酸性, $RCOOH \rightleftharpoons RCOO^- + H^+$
高級のものは白色, ろう状の固体で水に不溶。

(3) アルコールと反応してエステルを生じる。

(4) **ギ酸**HCOOH
○ホルムアルデヒドが酸化されて生じる。

$$\underset{\text{(ギ酸)}}{H-\underset{O}{\overset{\overset{\text{アルデヒド基}}{\downarrow}}{\boxed{\overset{\|}{C}}}}-O-H}$$

○$-CHO$をもち, 還元性を示す。

(5) **酢酸**CH_3COOH
○エタノールを酸化してつくる。

$$C_2H_5OH + 2(O) \longrightarrow CH_3COOH + H_2O$$

○無色, 刺激臭の液体で, 冬季には氷結する。(⇒氷酢酸)

— 化 13 —

④ **エステルRCOOR′, R′OCOR**

(1) アルコールとカルボン酸からH_2Oがとれて(**エステル化**)生じた物質。

(注) ポリエステル

$$\left[\begin{array}{c} \overset{\displaystyle C}{\underset{\displaystyle O}{||}} \end{array}\!\!-\!\!\left\langle\!\!\bigcirc\!\!\right\rangle\!\!-\!\!\overset{\displaystyle C}{\underset{\displaystyle O}{||}}\!\!-\!\!O\!\!-\!\!CH_2\!\!-\!\!CH_2\!\!-\!\!O\right]_n$$

エステル結合

ポリエチレンテレフタラート(PET)

(2) 低級なものは,果実臭をもつ液体で水に不溶,酸・塩基によって加水分解される。

$$RCOOR′ + NaOH \overset{けん化}{\longrightarrow} RCOONa + R′OH$$

(例) $CH_3COOC_2H_5 + NaOH \longrightarrow CH_3COONa + C_2H_5OH$

④ 芳香族化合物

① **芳香族炭化水素**

(1) ベンゼン環(芳香環)をもつ炭化水素。

(2) 種々の物質と反応して置換体を生じる。

○**塩素化** 鉄を触媒として塩素を作用させる。

$$\left\langle\!\!\bigcirc\!\!\right\rangle\!\!-\!\!\boxed{H + Cl}\!\!-\!\!Cl \longrightarrow \left\langle\!\!\bigcirc\!\!\right\rangle\!\!-\!\!Cl + HCl$$

$$\left(\begin{array}{c}クロロ\\ベンゼン\end{array}\right)$$

○**スルホン化** 濃硫酸を作用させる。

$$\left\langle\!\!\bigcirc\!\!\right\rangle\!\!-\!\!\boxed{H + HO}\!\!-\!\!SO_3H \longrightarrow \left\langle\!\!\bigcirc\!\!\right\rangle\!\!-\!\!SO_3H + H_2O$$

$$(H_2SO_4) \qquad (ベンゼンスルホン酸)$$

○**ニトロ化** 濃硝酸と濃硫酸の混酸を作用させる。

$$\left\langle\!\!\bigcirc\!\!\right\rangle\!\!-\!\!\boxed{H + HO}\!\!-\!\!NO_2 \longrightarrow \left\langle\!\!\bigcirc\!\!\right\rangle\!\!-\!\!NO_2 + H_2O$$

$$(HNO_3) \qquad (ニトロベンゼン)$$

(3) **付加反応** 紫外線(日光)を当てながら塩素を作用させると,付加反応を起こす。

$$\left\langle\!\!\bigcirc\!\!\right\rangle + 3Cl_2 \longrightarrow$$

1,2,3,4,5,6-
ヘキサクロロ
シクロヘキサン
$$\left(\begin{array}{c}ベンゼン\\ヘキサクロリド\end{array}\right)$$

(4) **ベンゼンの2置換体** オルト$(o-)$,メタ$(m-)$,パラ$(p-)$の3種の異性体がある。

(o-キシレン)　(m-キシレン)　(p-キシレン)

(5) ベンゼン環に結合したアルキル基(側鎖)は酸化されると,$-COOH$になる。

$$\left\langle\!\!\bigcirc\!\!\right\rangle\!\!-\!\!CH_3 + 3(O) \longrightarrow \left\langle\!\!\bigcirc\!\!\right\rangle\!\!-\!\!COOH + H_2O$$

$$\left\langle\!\!\bigcirc\!\!\right\rangle\!\!-\!\!C_2H_5 , \left\langle\!\!\bigcirc\!\!\right\rangle\!\!-\!\!CH_2OH \overset{|}{(O)}$$

(6) **主な芳香族炭化水素**

(ベンゼン)　(トルエン)　(o-キシレン)　(ナフタレン)

② **ニトロ化合物** ($-NO_2$:ニトロ基)

(1) 芳香族化合物に濃硝酸と濃硫酸(触媒)を加えてニトロ化する。

(2) **ニトロベンゼン$C_6H_5NO_2$**

○ベンゼンをニトロ化して得られる。

○無色～淡黄色,油状の液体で水より重く水に不溶。アニリンの原料。

(3) **トリニトロトルエン**(TNT)

○トルエンをニトロ化して得られる。

○爆薬として重要。

③ **フェノール類**

(1) ベンゼン環に直接結合した$-OH$をもつ化合物の総称。

(2) 水溶液は弱い酸性を示す(炭酸水よりも弱い)。

$$\left\langle\!\!\bigcirc\!\!\right\rangle\!\!-\!\!OH \rightleftharpoons \left\langle\!\!\bigcirc\!\!\right\rangle\!\!-\!\!O^- + H^+$$

水にあまり溶けないが,塩基の水溶液には中和されてよく溶ける($NaHCO_3$とは反応しない)。

$$\left\langle\!\!\bigcirc\!\!\right\rangle\!\!-\!\!OH + NaOH \longrightarrow \left\langle\!\!\bigcirc\!\!\right\rangle\!\!-\!\!ONa + H_2O$$

(3) カルボン酸無水物と反応してエステルをつくる。

(4) $FeCl_3$水溶液を加えると青～紫色を呈する(フェノール性OHの検出)。

(5) **フェノールC_6H_5OH**

○クメン法で製造される。

— 化 14 —

○ナトリウムフェノキシド水溶液にCO_2を通すと遊離する。

$$\text{〔C}_6\text{H}_5\text{〕}-ONa + CO_2 + HO_2 \longrightarrow \text{〔C}_6\text{H}_5\text{〕}-OH + NaHCO_3$$
（弱酸の塩）＋（強酸）　　　　（弱酸）＋（強酸の塩）

酸の強弱

塩酸，硫酸 ＞ カルボン酸 ＞ 炭　酸　水 ＞ 〔C$_6$H$_5$〕$-OH$
（HCl，H$_2$SO$_4$）（R$-COOH$）（H$_2$O＋CO$_2$）

(6) **サリチル酸** o-C$_6$H$_4$(OH)COOH

○ナトリウムフェノキシドに高温，高圧のCO_2を作用させてつくる。

○無色，針状の結晶，水に少しとける。

○フェノールとカルボン酸の両方の性質を示し，酸およびアルコールと反応してエステルをつくる。

（サリチル酸）＋（無水酢酸）→（アセチルサリチル酸（固体））＋ CH$_3$COOH

（サリチル酸）＋（メタノール）$\xrightarrow{(-\text{H}_2\text{O})}$（サリチル酸メチル（液体））

④ アニリン C$_6$H$_5$NH$_2$（－NH$_2$：アミノ基）

(1) ニトロベンゼンをスズ（または鉄）と塩酸で還元する（ニトロ基の還元）。

$$\text{〔C}_6\text{H}_5\text{〕}-NO_2 + 6(H) \longrightarrow \text{〔C}_6\text{H}_5\text{〕}-NH_2 + 2H_2O$$

(2) 無色，油状の液体で水にあまり溶けないが，塩基性（－NH$_2$の性質）を示し，酸と反応して塩を作る。

$$\text{〔C}_6\text{H}_5\text{〕}-NH_2 + HCl \longrightarrow \text{〔C}_6\text{H}_5\text{〕}-NH_3Cl \quad \left(\begin{array}{c}\text{アニリン}\\\text{塩酸塩}\end{array}\right)$$

(3) アニリンの薄い溶液にさらし粉溶液を加えると紫色になる（検出反応）。

(4) 無水酢酸と反応してアセトアニリド（アミドの一種）を生じる。

（アニリン＋無水酢酸）→（アセトアニリド）アミド結合
＋ CH$_3$COOH

(注) ポリアミド

$$\left[\text{N-(CH}_2)_6\text{-N-C-(CH}_2)_4\text{-C}\right]_n$$
ナイロン66

(5) **ジアゾ化** 塩酸と亜硝酸ナトリウム水溶液を加えると，**塩化ベンゼンジアゾニウム**を生じる。

$$\text{〔C}_6\text{H}_5\text{〕}-NH_2 + NaNO_2 + 2HCl$$

$$\xrightarrow{\text{氷冷（5℃以下）}} \text{〔C}_6\text{H}_5\text{〕}-N^+\equiv NCl^- + NaCl + 2H_2O$$
（塩化ベンゼンジアゾニウム）

(6) **カップリング** 塩化ベンゼンジアゾニウムの水溶液にフェノール類などの塩の水溶液を加えると，アゾ染料を生じる。

$$\text{〔C}_6\text{H}_5\text{〕}-N^+\equiv NCl^- + \text{〔C}_6\text{H}_4\text{〕}-ONa$$

$$\xrightarrow{\text{氷冷（5℃以下）}} \text{〔C}_6\text{H}_5\text{〕}-N=N-\text{〔C}_6\text{H}_4\text{〕}-OH + NaCl$$
（p-ヒドロキシアゾベンゼン）

⑤ 芳香族カルボン酸

ベンゼン環に直接結合したカルボキシ基をもつ化合物。

(1) **安息香酸** C$_6$H$_5$COOH

○トルエンを酸化して得られる。

$$\text{〔C}_6\text{H}_5\text{〕}-CH_3 \xrightarrow[\text{KMnO}_4]{(O)} \text{〔C}_6\text{H}_5\text{〕}-COOH$$
（トルエン）　　　　（安息香酸）

○白色の固体で水に溶けにくいが，エーテルに可溶。

○塩基と反応して塩をつくり水に溶ける。

(2) **フタル酸** o-C$_6$H$_4$(COOH)$_2$

○o-キシレンを酸化して得られる。

○加熱すると容易に無水フタル酸（酸無水物）を生じる。

（フタル酸）→（無水フタル酸）＋ H$_2$O

○イソフタル酸，テレフタル酸の異性体がある。これらは加熱しても酸無水物をつくらない。

（イソフタル酸）　　　　（テレフタル酸）

— 化 15 —

6　天然有機化合物と合成高分子化合物

1　天然有機化合物

① 油脂

(1)　グリセリン（3価のアルコール）と高級脂肪酸のエステル（トリグリセリド）。

$$CH_2-OCOR$$
$$CH-OCOR'$$
$$CH_2-OCOR''$$

(2)　油脂 $\begin{cases} 脂肪油⇒液体 \begin{cases} 低級脂肪酸を多く含む \\ 高級\textbf{不飽和}脂肪酸を多く含む \end{cases} \\ 脂肪⇒固体　高級\textbf{飽和}脂肪酸を多く含む。 \end{cases}$

(3)　アルカリを加えて加熱するとけん化される。

$$C_3H_5(OCOR)_3+3NaOH \longrightarrow C_3H_5(OH)_3+3RCOONa$$
（油　脂）　　　　　　　　　　（グリセリン）（セッケン）

(4)　**セッケン** RCOONa

○高級脂肪酸のアルカリ金属塩で，油脂のけん化によってつくられる。

○疎水性の基（R−）と親水性の基（−COONa）からなり，溶液の表面張力を小さくし，油の乳化作用，洗浄作用などを示す（界面活性剤の一種）。

② 糖類（炭水化物）　$C_m(H_2O)_n$

(1)　**単糖類** $C_6H_{12}O_6$

○グルコース（ブドウ糖），フルクトース（果糖），ガラクトースなどの異性体がある。

○水に溶けやすく，水溶液は甘味をもつ。還元性を示し，フェーリング液還元反応，銀鏡反応を示す。

（α−グルコース）

○酵素群チマーゼによって分解し，エタノールを生じる。

$$C_6H_{12}O_6 \overset{チマーゼ}{\longrightarrow} 2C_2H_5OH + 2CO_2$$
　　　　　　　（アルコール発酵）

(2)　**二糖類** $C_{12}H_{22}O_{11}$

○単糖類が2分子縮合した構造のもので，加水分解により成分単糖類になる。

○水に溶けやすく，水溶液は甘味をもつ。

○**二糖類の多くは還元性を示すが，スクロース（ショ糖）は還元性を示さない。**

マルトース（麦芽糖）⇒グルコース＋グルコース
スクロース（ショ糖）⇒グルコース＋フルクトース
ラクトース（乳　糖）⇒グルコース＋ガラクトース

(3)　**デンプン** $(C_6H_{10}O_5)_n$

○α−グルコースが多数縮合重合したもの。

○白色の粉末で，枝分かれをもつアミロペクチンは水に溶けにくいが，直鎖状のアミロースは熱湯に溶ける。

○酵素または酸によってグルコースになる。

デンプン→デキストリン→マルトース→グルコース
　⇧　　　　　　　　⇧　　　　　　⇧
（アミラーゼ）　（アミラーゼ）（マルターゼ）

(4)　**セルロース** $(C_6H_{10}O_5)_n$

○β−グルコースが多数縮合重合したもの。

○白色の固体で水に不溶。シュバイツァー試薬（$Cu(OH)_2$を濃アンモニア水に溶かしたもの）に溶ける。

○加水分解してグルコースになる。

③ α−アミノ酸 $RCH(NH_2)COOH$

(1)　分子中に塩基性のアミノ基（$-NH_2$）と酸性のカルボキシ基をもつ。

(2)　無色の結晶で水に溶けやすい。

(3)　両性電解質であり，酸および塩基と反応する。

（塩基性）⇦（中性付近）⇨（酸性）
〔陰イオン〕　　〔双性イオン〕　　　〔陽イオン〕

(4)　最も簡単な（R＝H の）α−アミノ酸 $CH_2(NH_2)COOH$（グリシン）以外は不斉炭素原子をもち，1組の光学異性体がある。

(5)　ニンヒドリン溶液を加えて加熱すると，赤紫〜青紫色を示す。

④ タンパク質

(1)　種々のα−アミノ酸が縮合重合したもの。アミノ酸どうしの結合を**ペプチド結合**という。

(2)　タンパク質 $\begin{cases} \textbf{単純タンパク質}⇒アミノ酸のみが縮合 \\ \qquad\qquad したもの \\ \textbf{複合タンパク質}⇒アミノ酸以外に核酸, \\ \qquad\qquad 糖，色素などを含む \\ \qquad\qquad もの \end{cases}$

(3)　水に溶けないものが多いが，水に溶けるものはコロイド溶液になる。pH変化や加熱などにより凝固する。これを**タンパク質の変性**という。

(4)　種々の呈色反応を示す。

a：**ビウレット反応**⇒タンパク質溶液＋（$CuSO_4$溶液＋NaOH溶液）$\longrightarrow$ 赤紫色

○ペプチド結合（$-CO-NH-$）が2個以上ある（トリペプチド以上の）とき呈色する。

b：**キサントプロテイン反応**⇒タンパク質溶液＋（濃硝酸＋熱）$\longrightarrow$ 黄色沈殿

○タンパク質中のベンゼン環のニトロ化による呈色（黄色）。冷却後，塩基性にすると橙黄色になる。

— 化 16 —

c：**硫化鉛(Ⅱ)生成反応**⇒タンパク質溶液＋(酢酸鉛(Ⅱ)＋NaOH溶液＋熱) ―→ 黒色沈殿

○タンパク質中のSによりPbS(黒)を生じる。

d：**ニンヒドリン反応**⇒ニンヒドリンで赤紫色を呈する。

⑤ **核酸**

(1) 生物の細胞中に存在し，生物の遺伝に中心的な役割をもつ高分子化合物(ポリヌクレオチド)。DNAとRNAの2種がある。

(2) 単量体に相当するヌクレオチドは，リン酸，塩基，糖から構成される。

(3) DNAはペントース(五炭糖)のデオキシリボース，RNAはリボースをもち，DNAが遺伝情報を担っている。

② 合成高分子化合物

① **重合の形式と性質**

(1) **付加重合型** ビニル基($CH_2=CH-$)をもつ化合物やブタジエンの誘導体が，付加反応によって重合したもので，ビニル系樹脂，合成ゴムなどがある。

(2) **縮合重合型** 化合する物質が互いに縮合反応によって重合したもので，ポリエステル，ナイロンなどがある。

(3)
$$\begin{cases} \textbf{熱可塑性}\begin{pmatrix}加熱するとやわらかく\\なり加工しやすい\end{pmatrix}\Rightarrow\begin{pmatrix}直鎖状の構造\\をもつ分子\end{pmatrix} \\ \textbf{熱硬化性}\begin{pmatrix}加熱するとさらに\\硬くなる\end{pmatrix}\Rightarrow\begin{pmatrix}三次元網目状の\\構造をもつ分子\end{pmatrix}\end{cases}$$

② **付加重合型樹脂** ビニル基($CH_2=CH-$)をもつ物質が付加重合した樹脂など。

一般式：$nCH_2=CHX \longrightarrow (CH_2-CHX)_n$

$-X$	$CH_2=CHX$	重合体 $(CH_2-CHX)_n$
$-H$	$CH_2=CH_2$	ポリエチレン
$-CH_3$	$CH_2=CHCH_3$	ポリプロピレン
$-Cl$	$CH_2=CHCl$	ポリ塩化ビニル
$-OCOCH_3$	$CH_2=CH$ 　　　$OCOCH_3$	ポリ酢酸ビニル
$-CN$	$CH_2=CHCN$	ポリアクリロニトリル
⌬	⌬$-CH=CH_2$	ポリスチレン

③ **付加縮合型樹脂** ホルムアルデヒドを用いる次の樹脂は，いずれも三次元網目状構造で，熱硬化性。

ホルムアルデヒド (HCHO) ＋ $\begin{cases}フェノール C_6H_5OH→フェノール樹脂\\尿素(NH_2)_2CO \quad→尿素樹脂\\メラミン \qquad\quad→メラミン樹脂\end{cases}$

④ **合成繊維** いずれも鎖状構造で熱可塑性。

(1) **ビニロン**（ポリビニル系繊維）

$$n\,CH_2=CH \atop \qquad\quad OCOCH_3 \xrightarrow{付加重合} \left[CH_2-CH\atop\qquad\quad OCOCH_3\right]_n$$

(酢酸ビニル) (ポリ酢酸ビニル)

$$\xrightarrow[(+H_2O)]{加水分解}\left[CH_2-CH\atop\qquad OH\right]_n \xrightarrow[(+HCHO)]{アセタール化}$$

(ポリビニルアルコール)

$$\cdots-CH_2-CH-CH_2-CH-CH_2-CH-\cdots\atop\qquad\qquad O-CH_2-O\qquad\quad OH$$

(ビニロンの部分構造)

(2) **ナイロン66**（ポリアミド系繊維）

$$n\,HO-\overset{O}{\overset{\|}{C}}-(CH_2)_4-\overset{O}{\overset{\|}{C}}-OH + n\,H_2N-(CH_2)_6-NH_2$$

(アジピン酸) (ヘキサメチレンジアミン)

$$\xrightarrow{縮合重合}\left[\overset{O}{\overset{\|}{C}}-(CH_2)_4-\overset{O}{\overset{\|}{C}}-\overset{}{\underset{H}{N}}-(CH_2)_6-\overset{}{\underset{H}{N}}\right]_n + 2n\,H_2O$$

(ナイロン66)

(3) **ポリエチレンテレフタラート**（ポリエステル系繊維，PET）

$$n\,HO-CH_2-CH_2-OH + n\,HO-\overset{O}{\overset{\|}{C}}-⬡-\overset{O}{\overset{\|}{C}}-OH$$

$$\xrightarrow{縮合重合}\left[O-CH_2-CH_2-O-\overset{O}{\overset{\|}{C}}-⬡-\overset{O}{\overset{\|}{C}}\right]_n + 2n\,H_2O$$

ポリエチレンテレフタラート(PET)

⑤ **合成ゴム**

(1) 天然ゴムはイソプレンの付加重合体。

$$n\,CH_2=CH-\overset{CH_3}{\overset{|}{C}}=CH_2 \xrightarrow{付加重合} \left[CH_2-CH=\overset{(シス形)\ CH_3}{\overset{|}{C}}-CH_2\right]_n$$

(イソプレン) (天然ゴム)

(2) **合成ゴム** ブタジエン，クロロプレンとスチレンやアクリロニトリルの共重合体。

$$CH_2=CH-\overset{X}{\overset{|}{C}}=CH_2$$

$$\xrightarrow{付加重合}$$

$$\left[CH_2-CH=\overset{X}{\overset{|}{C}}-CH_2\right]_n$$
シス形

$\begin{cases} X=H \quad ブタジエンゴム \\ X=Cl \quad クロロプレンゴム\end{cases}$

ブタジエン＋スチレン $\xrightarrow{\text{共重合}}$ スチレンブタジエンゴム
(SBR)

自動車タイヤなど

ブタジエン＋アクリロニトリル

$\xrightarrow{\text{共重合}}$ アクリロニトリルブタジエンゴム
(NBR)

耐油ホースなど

第 1 回
実 戦 問 題
解答・解説

化　学　　第1回　　（100点満点）

（解答・配点）

問題番号（配点）	設問（配点）		解答番号	正解	自己採点欄	問題番号（配点）	設問（配点）		解答番号	正解	自己採点欄
第1問（20）	1	（4）	1	④		**第4問**（20）	1	（3）	21	④	
	2	a （2）	2	①			2	a （3）	22	③	
		b （2）	3	④				b （2）	23	⑤	
	3	（4）	4	⑥			3	（3）	24	⑤	
	4	（4）	5	⑤			4	（3）	25	③	
	5	（4）	6	①			5	a （3）	26	③	
小　計								b （3）	27	⑥	
第2問（20）	1	（4）	7	④		小　計					
	2	（4）	8	⑥		**第5問**（20）	1	a （3）	28	②	
	3	（4）	9	④				b （3）	29	⑥	
	4	a （4）*	10	④			2	（3）	30	③	
			11	③			3	（4）	31	④	
			12	④			4	a （3）	32	③	
		b （4）	13	①				b （4）	33	②	
小　計						小　計					
第3問（20）	1	（3）	14	④		合　計					
	2	（3）	15	①							
	3	a （3）	16	③							
		b （3）	17	①							
	4	（2）	18	②							
	5	a （3）	19	③							
		b （3）	20	③							
小　計											

（注）　＊は，全部正解の場合のみ点を与える。

－ 化20 －

解　説

第1問

問1　1　正解④

①（正）　フッ素分子は，2個の F 原子が共有電子対 1 組を共有した単結合でできている。

②（正）　アンモニウムイオン NH_4^+ 中に四つの N−H 結合が形成されるとき，一つは配位結合により結びついたものである。アンモニア分子の非共有電子対が水素イオンに提供され，両者が結びつくことで，アンモニウムイオンが生成する。このような結合を配位結合という。

$$H\!:\!\overset{\cdot\cdot}{\underset{H}{N}}\!:\!H \ + \ H^+ \ \longrightarrow \ \left[H\!:\!\overset{H}{\underset{H}{N}}\!:\!H\right]^+$$

なお，アンモニウムイオンの四つの N−H 結合は，すべて同等で，どれが配位結合によってできたかは区別できない。

③（正）　ドライアイスは，CO_2 分子どうしが分子間にはたらく弱い引力（ファンデルワールス力）で集合してできた固体である。

④（誤）　ケイ素の結晶は，すべての Si 原子が，共有結合で立体的に連なってできる共有結合の結晶（共有結合結晶）である。

⑤（正）　ヨウ化カリウム KI の結晶は，カリウムイオン K^+ とヨウ化物イオン I^- が静電気力（クーロン力）によって引き合うイオン結合からなるイオン結晶である。

問2　a　2　正解①

水が氷になる変化は，液体から固体への状態変化すなわち凝固である。凝固が起こるときには熱が発生する。この熱量を凝固熱という。

b　3　正解④

手が冷たく感じたのは，液体のアルコールが蒸発して気体に変化するときに熱の吸収が起こったためである。この熱量を蒸発熱という。

問3　4　正解⑥

はじめ，容器 B に入っていた酸素 O_2 は 1.00×10^5 Pa で 1.0 L である。容器 A の容積は 1.0 L であるから，B 内の酸素すべてを A に移したとき，酸素の体積は変化しない。したがって，A 内の酸素の圧力（分圧）は移す前のときと等しい 1.00×10^5 Pa である。また，もともと A に入っていた一酸化炭素についても，酸素が加わってもその圧力（分圧）は変化せず 4.0×10^4 Pa のままである。同温・同体積では各成分気体の分圧は物質量に比例する。したがって，この混合気体に点火して一酸化炭素を完全

燃焼させたときの各成分気体の分圧の変化は次のようにして求めることができる。

	2CO	O$_2$	$\longrightarrow$	2CO$_2$
反応前	4.0×10^4	1.00×10^5		0
変化量	-4.0×10^4	-2.0×10^4		$+4.0\times10^4$
反応後	0	8.0×10^4		4.0×10^4（単位は Pa）

よって，燃焼後の気体の全圧は，

$$8.0 \times 10^4 \,\text{Pa} + 4.0 \times 10^4 \,\text{Pa} = 1.2 \times 10^5 \,\text{Pa}$$

問4　5　正解⑤

結晶の密度は単位格子の密度と等しいので，結晶の密度について次の式が成り立つ。

$$結晶の密度 [\text{g/cm}^3] = \frac{単位格子の質量 [\text{g}]}{単位格子の体積 [\text{cm}^3]}$$

ここで，図2より，単位格子内に亜鉛イオン Zn^{2+} が 4 個含まれていることがわかる。また，硫化物イオン S^{2-} は面心立方格子と同じ配列であるから，単位格子内に $\left(\dfrac{1}{8} \times 8 + \dfrac{1}{2} \times 6 = \right)$ 4 個含まれている。したがって，単位格子内に ZnS は 4 個含まれていることになるから，単位格子の質量は ZnS 4 個分の質量に等しい。ZnS のモル質量を $M [\text{g/mol}]$ とすると，ZnS 1 個の質量は，

$$\frac{M [\text{g/mol}]}{N_\text{A} [\text{/mol}]} = \frac{M}{N_\text{A}} [\text{g}]$$ で表されるから，結晶の密度について次の関係式が成り立つ。

$$d [\text{g/cm}^3] = \frac{\dfrac{M}{N_\text{A}} [\text{g}] \times 4}{V [\text{cm}^3]}$$

よって，$M = \dfrac{dN_\text{A}V}{4} [\text{g/mol}]$

問5　6　正解①

質量パーセント濃度 37.5% の水溶液 80 g に含まれる物質 X の質量は，

$$80 \,\text{g} \times \frac{37.5}{100} = 30 \,\text{g}$$

よって，含まれる水の質量は，80 g − 30 g = 50 g となるから，80℃で水 50 g に X 30 g が溶けていることになる。この溶解量を水 100 g あたりに換算すると，

$$30 \,\text{g} \times \frac{100 \,\text{g}}{50 \,\text{g}} = 60 \,\text{g}$$

80℃ において水 100 g に溶質が 60 g 溶ける物質は，図3より，KNO_3，$NaNO_3$，NH_4Cl の三つである。よって，X は KNO_3，$NaNO_3$，NH_4Cl のいずれかである。また，この水溶液を 0℃ に冷却したときに X の無水物が 16 g 析出したことから，その水溶液では水 50 g に 30 g − 16 g = 14 g の X が含まれている。析出が起こった後の水溶

— 化21 —

液は飽和溶液であるから，Xは0℃で水50gに最大で14g溶けることがわかる。これを水100gあたりに換算すると，

$$14\,g \times \frac{100\,g}{50\,g} = 28\,g$$

したがって，Xは0℃で水100gに最大で28g溶けることになる。この値は0℃におけるXの溶解度に等しいから，0℃におけるXの溶解度は28g/水100gである。よって，図3より，KNO₃，NaNO₃，NH₄Clのうち，Xとして最も適当なものはNH₄Clである。

第2問

問1 ┃7┃ 正解 ④

エタン C₂H₆（気）の生成熱を Q kJ/mol とすると，エタンの生成熱を表す熱化学方程式は次の式で表される。

$$2C(黒鉛) + 3H_2(気) = C_2H_6(気) + Q\,kJ$$

与えられた式は次のとおり

$$C(黒鉛) + O_2(気) = CO_2(気) + 394\,kJ \quad \cdots\cdots(i)$$

$$H_2(気) + \frac{1}{2}O_2(気) = H_2O(液) + 286\,kJ \quad \cdots\cdots(ii)$$

$$C_2H_6(気) + \frac{7}{2}O_2(気)$$
$$= 2CO_2(気) + 3H_2O(液) + 1561\,kJ \quad \cdots\cdots(iii)$$

(i)×2 + (ii)×3 − (iii) より，

$$2C(黒鉛) + 3H_2(気) = C_2H_6(気) + 85\,kJ$$

〔別解〕　反応熱と生成熱には次の関係がある。

反応熱
　＝生成物の生成熱の総和 − 反応物の生成熱の総和

よって，1561 kJ = 394 kJ × 2 + 286 kJ × 3 − Q kJ
　　　　　(iii)　　　　CO₂　　　　H₂O　　　　C₂H₆

$Q = 85$

問2 ┃8┃ 正解 ⑥

白金電極を用いて塩ア～エの水溶液を電気分解するとき，各電極に生じる物質はそれぞれの塩を構成するイオンから判断できる。

陰極では還元反応が起こり，Ag⁺，Cu²⁺が含まれるア，イの場合はそれぞれ Ag, Cu が生じる。ウ，エの場合は，イオン化傾向が大きい K⁺, Na⁺ は還元されにくいので，いずれも水が還元されて水素 H₂ が発生する。

$$2H_2O + 2e^- \longrightarrow H_2 + 2OH^-$$

問3 ┃9┃ 正解 ④

1.0gのヨウ素I₂がすべて消費される（すなわち，未反応のヨウ素の質量が0gになる）までに必要なチオ硫酸ナトリウム水溶液の体積がわかれば，加えたチオ硫酸ナトリウム水溶液の体積と，未反応のヨウ素の質量の関係を特定できる。

与えられたイオン反応式から，電子 e⁻ を消去すると次の式が得られる。

$$2S_2O_3^{2-} + I_2 \longrightarrow S_4O_6^{2-} + 2I^-$$

この式から，ヨウ素と反応するチオ硫酸ナトリウムの物質量は，ヨウ素の物質量の2倍であることがわかる。

1.0gのI₂（モル質量254g/mol）の物質量は $\frac{1.0}{254}$ mol である。したがって，ヨウ素のすべてと過不足なく反応する0.050 mol/Lのチオ硫酸ナトリウム水溶液の体積を v 〔mL〕とすると

$$0.050\,mol/L \times \frac{v}{1000}\,[L] = 2 \times \frac{1.0\,g}{254\,g/mol}$$

$$v \fallingdotseq 157\,mL$$

よって，未反応のヨウ素の質量が0gのときにチオ硫酸ナトリウム水溶液の体積が157mLとなるグラフ ④ が正解である。

問4 a ┃10┃ 正解 ④　┃11┃ 正解 ③
　　　　　┃12┃ 正解 ④

表1より，平衡状態におけるN₂O₄の物質量は0.60molとわかる。なお，表1のデータをもとに方眼紙にグラフを描くと以下のようになる。

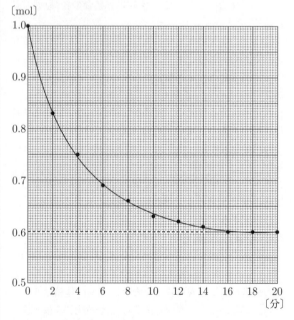

反応前のN₂O₄の物質量は1.00molであったから，減少量は 1.00 mol − 0.60 mol = 0.40 mol である。

したがって，N₂O₄とNO₂の物質量の変化のようすは以下のようになる。

$$
\begin{array}{ccc}
 & N_2O_4 & \rightleftharpoons & 2NO_2 \\
\text{反応前} & 1.00 & & 0 \\
\text{変化量} & -0.40 & & +0.80 \\
\text{平衡時} & 0.60 & & 0.80
\end{array}
$$

全圧が $1.0 \times 10^5\,\mathrm{Pa}$ なので，N_2O_4 の分圧は，

$$1.0 \times 10^5\,\mathrm{Pa} \times \frac{0.60}{0.60+0.80} \fallingdotseq 4.3 \times 10^4\,\mathrm{Pa}$$

b $\boxed{13}$ 　正解 ①

与えられた熱化学方程式は，N_2O_4 から NO_2 が生じる反応が吸熱反応であることを示している。この場合，温度を下げると，平衡は発熱反応である左向きに移動する。その結果，温度が高いときよりも，反応物の N_2O_4 が増加し，NO_2 が減少した平衡状態になる。

温度 T_1 における平衡状態で N_2O_4 が $0.60\,\mathrm{mol}$ であったので，これより低温の T_2 で平衡状態になったとき，N_2O_4 は $0.60\,\mathrm{mol}$ よりも大きくなる。これを満たすグラフは①または②である。このとき，生成している NO_2 の物質量は N_2O_4 の減少量の2倍であるから，①が正しいとわかる。なお，温度を下げると反応速度が小さくなるので，反応初期における N_2O_4 や NO_2 のグラフの変化は緩やかになっている。

第3問
問1 $\boxed{14}$ 　正解 ④

①（正）　銀は，酸化力の強い希硝酸や濃硝酸と反応して溶ける。

希硝酸のとき：

$$3Ag + 4HNO_3 \longrightarrow 3AgNO_3 + 2H_2O + NO\uparrow$$

濃硝酸のとき：

$$Ag + 2HNO_3 \longrightarrow AgNO_3 + H_2O + NO_2\uparrow$$

②（正）　フッ化銀 AgF は水によく溶けるが，ほかのハロゲン化銀（$AgCl$，$AgBr$，AgI）は水に溶けにくい。

③（正）　塩化銀や臭化銀に光を当てると，次のような反応が起こって，銀が遊離する（感光性）。

（例）　$2AgCl \xrightarrow{\text{光}} 2Ag + Cl_2$

$$2AgBr \xrightarrow{\text{光}} 2Ag + Br_2$$

④（誤）　Ag^+ を含む水溶液に $NaOH$ 水溶液を加えると，次の反応が起こって，銀の酸化物（酸化銀）Ag_2O の褐色沈殿が生じる。

$$2Ag^+ + 2OH^- \longrightarrow Ag_2O\downarrow + H_2O$$

⑤（正）　ジアンミン銀（Ⅰ）イオン $[Ag(NH_3)_2]^+$ は，配位数が2の錯イオンで，直線形である。

問2 $\boxed{15}$ 　正解 ①

SiO_4^{4-} を表す図1の **a**，**b** を参考にして，図2のイオンを図1 **a** のように表してみると，図アのようになる。

図　ア

図アに示す $\|$ で区切った部分は，くり返し単位である。したがって，この部分が組成式に対応する。

くり返し単位　　　　組成式

SiO_3^{2-}

〔別の数え方〕〔Si 1個，$O\ \frac{1}{2}$ 個 $\times 2 + 1$ 個 $\times 2$〕

くり返し単位　　　　組成式

SiO_3^{2-}

問3 **a** $\boxed{16}$ 　正解 ③

操作Ⅰにおいて，還元剤である硫化水素を通じた際，Fe^{3+} が還元されて Fe^{2+} を生じる反応（$Fe^{3+} \to Fe^{2+}$）が起こる。$Fe(OH)_2$ と $Fe(OH)_3$ では，$Fe(OH)_2$ の方が溶解度が大きいので，より溶解度の小さな $Fe(OH)_3$ として沈殿させるため，Fe^{2+} を Fe^{3+} に戻す（$Fe^{2+} \to Fe^{3+}$）必要がある。したがって，アンモニア水を加える前に，<u>希硝酸などの酸化剤を加える必要がある</u>。

b $\boxed{17}$ 　正解 ①

操作Ⅰ～Ⅲをまとめると，次のようになる。

<u>Zn^{2+}，Cd^{2+}，Fe^{3+}（塩酸酸性水溶液）</u>

　　操作Ⅰ　H_2S を通じる（HCl 酸性）

CdS…沈殿 **A** 黄色　　　　　ろ液

　　操作Ⅱ　加熱 希硝酸 NH_3 aq

$Fe(OH)_3$…沈殿 **B** 赤褐色　　　　ろ液…$[Zn(NH_3)_4]^{2+}$

　　　　　　　操作Ⅲ　H_2S を通じる（NH_3 塩基性）

ZnS…沈殿 **C** 白色　　　　　ろ液

操作Ⅰで，Fe^{3+} は H_2S により Fe^{2+} に還元される。

操作Ⅱで，加熱により H_2S が追い出され，希硝酸に

より Fe^{2+} は酸化され Fe^{3+} に戻る（**a** の解説参照）。さらに，アンモニア水を加えることで，$Fe(OH)_3$ が沈殿する。

問4 　18　 正解 ②

①（正）　黄リンは，空気中で自然発火するので，水の中で保存される。一方，赤リンは空気中で安定であり，250℃以下では発火しない。リンを空気中で燃焼させると，十酸化四リン P_4O_{10} が得られる。

②（誤）　赤リンは，多数のリン原子が結合した網目状構造の物質であり，組成式Pで表される。一方，黄リンは，分子式 P_4 で表される分子からなる物質である。

（注）　リンの単体の特徴・性質

黄リン	赤リン
P_4（分子式）	P（組成式）
淡黄色（固体）	赤褐色（粉末）
自然発火	安定
猛毒	毒性は少ない
CS_2 に溶ける	CS_2 に溶けない

③（正）　十酸化四リン P_4O_{10} を水に加えて加熱すると，次の反応が起こり，リン酸 H_3PO_4 が得られる。

$$P_4O_{10} + 6H_2O \longrightarrow 4H_3PO_4$$

④（正）　リン酸カルシウム $Ca_3(PO_4)_2$ は，リン鉱石の主成分である。

⑤（正）　リン酸二水素カルシウム $Ca(H_2PO_4)_2$ は水溶性である。リン鉱石の主成分であるリン酸カルシウムを硫酸と反応させて得られるリン酸二水素カルシウムと硫酸カルシウムの混合物は，過リン酸石灰とよばれ，リン酸肥料として用いられる。

問5 　**a** 　19　 正解 ③

オストワルト法では，まず，アンモニアと空気を800℃の白金 Pt 網に通すことにより，アンモニアが酸化されて一酸化窒素 NO になる。このとき，白金は触媒としてはたらく。

$$4NH_3 + 5O_2 \longrightarrow 4NO + 6H_2O \qquad \cdots(1)$$

次に，一酸化窒素を空気中の酸素と反応させて二酸化窒素 NO_2 にする。

$$2NO + O_2 \longrightarrow 2NO_2 \qquad \cdots(2)$$

さらに，二酸化窒素を水に吸収させて硝酸をつくる。

$$3NO_2 + H_2O \longrightarrow 2HNO_3 + NO \qquad \cdots(3)$$

b 　20　 正解 ③

上記の反応式(1)〜(3)について，

$$\{(1)式 +(2)式 \times 3 +(3)式 \times 2\} \times \frac{1}{4}$$

より，全体の反応式が得られる。

$$NH_3 + 2O_2 \longrightarrow HNO_3 + H_2O$$

この反応式から，1 mol のアンモニアから 1 mol の硝酸が得られることがわかる。つまり，原料となるアンモニアと生成物である硝酸は物質量が互いに等しい。よって，標準状態のアンモニア $1 m^3$（ $= 1 \times 10^3$ L）から得られる 63％濃硝酸の質量を x〔kg〕（ $= x \times 10^3$ g）とすると，HNO_3 のモル質量は 63 g/mol なので，

$$\frac{1 \times 10^3 L}{22.4 \, L/mol} = (x \times 10^3) \, g \times \frac{63}{100} \times \frac{1}{63 \, g/mol}$$

$$\therefore \quad x \doteqdot 4.5 \, kg$$

第4問

問1 　21　 正解 ④

①（正）　サリチル酸メチルは次の反応により得られ，消炎鎮痛剤として外用塗布薬(湿布薬)に用いられる。

②（正）　塩化ベンゼンジアゾニウムとナトリウムフェノキシドのカップリング反応により得られる p-ヒドロキシアゾベンゼンや，メチルオレンジなど，分子内にアゾ基 $-N=N-$ を含む化合物をアゾ化合物という。芳香族アゾ化合物は黄〜赤色の化合物で，染料や指示薬として用いられる。

③（正）　石油から合成されるアルキルベンゼンスルホン酸ナトリウムは，セッケン同様その構造内に親油性の部分と親水性の部分をもち，油を水中に分散させ，油汚れを落とすはたらきをもつので，合成洗剤として用いられる。硬水には Ca^{2+} や Mg^{2+} が含まれ，弱酸の塩であるセッケンとは難溶性の塩をつくるため，泡立ちが悪い。しかし，強酸の塩であるアルキルベンゼンスルホン酸ナトリウムや硫酸ドデシルナトリウムなどの合成洗剤は，難溶性の塩をつくりにくく，硬水中でも泡立ち，洗浄力は落ちない。

— 化24 —

〔参考〕 セッケンと合成洗剤

セッケン

アルキルベンゼンスルホン酸ナトリウム

④（誤） アセトンは次の構造をもつ，無色で芳香のある液体である。分子の極性が大きく，水とは任意の割合で混じりあう。また，有機化合物をよく溶かすため，有機溶媒として塗料の溶剤や除光液などに用いられる。

問2　a　22　正解 ③

この反応の化学反応式と，C_nH_{2n} が 1 mol 反応したときのそれぞれの質量の関係は次のとおりである。

（反応式）$C_nH_{2n} + Br_2 \longrightarrow C_nH_{2n}Br_2$
（質　量）　14n g　　160 g　　　(14n + 160) g

であるから，$\dfrac{C_nH_{2n}}{C_nH_{2n}Br_2}$ の関係について，$\dfrac{14n\,\text{g}}{(14n+160)\,\text{g}}$

$= \dfrac{7.0\,\text{g}}{27\,\text{g}}$ が成り立つ。

よって，$n = 4$

［別解］ $\dfrac{Br_2}{C_nH_{2n}}$ の関係について，$\dfrac{160\,\text{g}}{14n\,\text{g}} = \dfrac{27\,\text{g} - 7.0\,\text{g}}{7.0\,\text{g}}$

より $n = 4$

b　23　正解 ⑤

ⓑとⓓは構造式（原子の結合順序と結合様式を表した式）が同じであり，どちらも 2-ブテン $CH_3CH=CHCH_3$ である。ところが，炭素原子間の二重結合が回転できないため立体的に異なる二つの構造が存在する。これらを互いに幾何異性体（シス・トランス異性体）という。

ⓑ　　　　　　　　　　ⓓ
CH₃　　CH₃　　　　　CH₃　　H
　＼　／　　　　　　　＼　／
　C＝C　　　　　　　　C＝C
　／　＼　　　　　　　／　＼
　H　　H　　　　　　 H　　CH₃
シス-2-ブテン　　　　トランス-2-ブテン

問3　24　正解 ⑤

① エタノールは水に非常によく溶ける。フェノールは水にわずかしか溶けない。

② エタノール，フェノールともにナトリウムの単体と反応して水素 H_2 を発生し，それぞれナトリウムエトキシド，ナトリウムフェノキシドを生じる（ヒドロキシ基の検出）。

$2C_2H_5OH + 2Na \longrightarrow 2C_2H_5ONa + H_2$
エタノール　　　　　　ナトリウムエトキシド

$2C_6H_5OH + 2Na \longrightarrow 2C_6H_5ONa + H_2$
フェノール　　　　　　ナトリウムフェノキシド

③ ヒドロキシ基とカルボキシ基の脱水縮合によりエステル結合を生じる。したがって，エタノール，フェノールともに酢酸と脱水縮合により酢酸エチル，酢酸フェニルを生じる。ただし，フェノールと酢酸のエステル化は起こりにくいので，通常は酢酸に代えて無水酢酸を用いる。

④ 第一級アルコールであるエタノールは，二クロム酸カリウムにより酸化され，アセトアルデヒドを生じる。フェノールは二クロム酸カリウムでは酸化されない。

⑤ フェノールは弱酸であるから，塩基である水酸化ナトリウムと反応して塩（ナトリウムフェノキシド）を生じる。エタノールは中性物質で酸や塩基とは中和反応しない。

よって，フェノールのみに当てはまるものは，⑤である。

問4　25　正解 ③

p-キシレンはメチル基を二つもち，互いにパラ位に存在する。ベンゼン環に結合している炭化水素基は酸化されると，カルボキシ基になる。パラ位にカルボキシ基をもつのは，テレフタル酸である。

　CH₃　　　　　　　　　　　COOH
　│　　　　酸化　　　　　　│
H₃C─◯　─────→　HOOC─◯

p-キシレン　　　　　　　　　テレフタル酸

問5　a　26　正解 ③

ナイロン66は次のような繰り返し単位をもち，その式量は図1より，$146 + 116 - 2 \times 18 = 226$ である。

$-CO-(CH_2)_4-CONH-(CH_2)_6-NH-$

このうち，C は 12 個含まれているので，その原子量の合計は $12 \times 12 = 144$ であるから，含有率は $\dfrac{144}{226} \times 100 \fallingdotseq 64\%$

b　27　正解 ⑥

この高分子の平均分子量は 6.78×10^4 なので，次式が成り立つ。

$6.78 \times 10^4 = 226 \times n$

よって，平均重合度 n は，$n = 3.00 \times 10^2$

繰り返し単位1個あたりアミド結合（−CONH−）は2個含まれるので，この高分子1分子中に含まれるアミ

ド結合の数は，
$$3.00 \times 10^2 \times 2 = 6.00 \times 10^2$$

(高分子の末端の−COOHと−NH₂はアミド結合していないので，正確には
$6.00 \times 10^2 - 1 = 599 \fallingdotseq 6.0 \times 10^2$)

第5問
問1　a　28　正解②

ア，イ　図1の電池では，二つの電極に用いる金属板のイオン化傾向の差が大きいほど，電池の起電力は大きくなる。Zn, Mg, Cu, Ni の金属のイオン化傾向の大小は以下の通り。

$$Mg > Zn > Ni > Cu$$

したがって，ア(亜鉛をマグネシウムに替えた場合)は起電力が大きくなるが，イ(銅をニッケルに替えた場合)は，起電力が小さくなる。

ウ，エ　図1の電池では，以下の反応が起こる。
$$Zn \longrightarrow Zn^{2+} + 2e^-$$
$$Cu^{2+} + 2e^- \longrightarrow Cu$$

したがって，硫酸亜鉛水溶液の(Zn^{2+}の)濃度を小さくしたり，硫酸銅(Ⅱ)水溶液の(Cu^{2+}の)濃度を大きくする(エ)と，より長時間，放電することができる。

ポイント

〔ダニエル電池〕

$$\underset{負極}{(-)} Zn | ZnSO_4aq | CuSO_4aq | Cu \underset{正極}{(+)}$$

(負極) $Zn \longrightarrow Zn^{2+} + 2e^-$
(正極) $Cu^{2+} + 2e^- \longrightarrow Cu$

※負極側の溶液と正極側の溶液が混ざらないように素焼き板などで仕切られている。放電の際は，電気的なバランスをとるように主に SO_4^{2-} が素焼き板を正極側から負極側へと通過する。

---

b　29　正解⑥

0.10 A で 965 秒間放電させたとき，流れた電気量〔C〕は，
$$0.10\,A \times 965\,s = 96.5\,C$$

このとき流れた電子の物質量〔mol〕は，
$$\frac{96.5\,C}{9.65 \times 10^4\,C/mol} = 1.00 \times 10^{-3}\,mol$$

ダニエル電池を放電させるとき，銅電極では次の変化が起こり，流れた電子の $\frac{1}{2}$ の物質量の銅(モル質量 64 g/mol) の単体が析出し，質量は増加する。
$$Cu^{2+} + 2e^- \longrightarrow Cu$$

したがって，増加する質量は，
$$1.00 \times 10^{-3}\,mol \times \frac{1}{2} \times 64\,g/mol = 0.032\,g$$

問2　30　正解③

電池の放電では，次図のように外部回路を正極から負極へ電流が流れる。

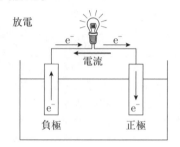

一方で，電池の充電では，下図のように外部の電源を用いることで，強制的に放電の逆反応を起こす。したがって，充電では放電と逆向きに電流を流す。また，このとき電池の負極側は外部電源の負極と，電池の正極側は外部電源の正極とつなぐ。

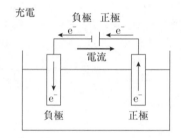

問3　31　正解④

表より，負極活物質が 1 mol 反応したときに流れた電子の物質量は以下の通りである。

酸化銀電池…2 mol
リチウム電池…1 mol
ニッケルカドミウム電池…2 mol
鉛蓄電池…2 mol

したがって，電気エネルギー(J) = 起電力(V) × 電気量(C) より，ファラデー定数を F(C/mol) とすると取り出すことのできる電気エネルギーは次のように表せる。

酸化銀電池
$$1.6(V) \times (2 \times F)(C) = 3.2F(J)$$
リチウム電池
$$3.0(V) \times (1 \times F)(C) = 3.0F(J)$$
ニッケルカドミウム電池
$$1.3(V) \times (2 \times F)(C) = 2.6F(J)$$
鉛蓄電池
$$2.0(V) \times (2 \times F)(C) = 4.0F(J)$$

したがって，負極活物質 1 mol あたりで比較すると，鉛蓄電池から取り出せる電気エネルギーが最も大きいことがわかる。

- ポイント -

〔電池〕

酸化還元反応に伴い発生するエネルギーを電気エネルギーに変換する装置

負極…酸化反応が起こり，外部回路に電子を放出する電極

正極…還元反応が起こり，外部回路から電子を受け取る電極

問4 a 32 正解 ③

①（誤）　極板 A では，電子を放出する反応が起きているので，バナジウム（Ⅱ）イオン V^{2+} は酸化されている。

②（誤）　極板 A：$V^{2+} \longrightarrow V^{3+} + e^-$

上記の反応では H^+ が反応に関与していないが，反応により，バナジウム V が V^{2+} から V^{3+} へと価数の大きな陽イオンになる。そのため，極板 A 側で増えた正電荷との電荷バランスをとるため，水素イオン H^+ が陽イオン交換膜を通過して，極板 B 側へ移動する（問題文にあるように，ここではバナジウム V を含むイオンは陽イオン交換膜を移動しないものとする）。極板 B 側での反応も考慮すると，H^+ の移動は下図のようになる。

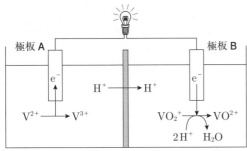

したがって，極板 A 側の水溶液の $[H^+]$ は小さくなり，pH は大きくなる。

③（正）　①より極板 A は負極，極板 B は正極である。

④（誤）　VO_2^+：V の酸化数を x とする。

$x + (-2) \times 2 = +1$　∴　$x = +5$

VO^{2+}：V の酸化数を y とする。

$y + (-2) \times 1 = +2$　∴　$y = +4$

よって，反応(2)ではバナジウム V の酸化数は $+5$ から $+4$ に変化している。

- ポイント -

〔酸化数の求め方〕

(1) 単体中の原子の酸化数は 0 とする。

(2) 化合物では，構成する原子の酸化数の総和は 0 となる。

(3) 単原子イオンの酸化数は，イオンの価数に符号をつけた値に等しい。

(4) 多原子イオンでは，含まれる原子の酸化数の総和はその多原子イオンの価数に符号をつけた値に等しい。

(5) 化合物や多原子イオンにおける H の酸化数は $+1$，O の酸化数は -2 とする。ただし，NaH などの金属水素化物中では H の酸化数は -1，H_2O_2 などの過酸化物中では O の酸化数は -1 になる。

b 33 正解 ②

放電前の V^{2+} の物質量は，

$0.20 \text{ mol/L} \times \dfrac{300}{1000} \text{L} = 6.0 \times 10^{-2} \text{ mol}$

放電の前後で体積は変化しないので，放電反応後の $[V^{2+}]:[V^{3+}] = 1:1$（V^{2+} と V^{3+} の物質量比 $1:1$）より，6.0×10^{-2} mol の半分の 3.0×10^{-2} mol の V^{2+} が反応したとわかる。反応(1)の反応式 $V^{2+} \longrightarrow V^{3+} + e^-$ より，流れた電子の物質量も 3.0×10^{-2} mol である。よって，流れた電気量は

$3.0 \times 10^{-2} \text{ mol} \times 9.65 \times 10^4 \text{ C/mol} = 2.895 \times 10^3$
$\fallingdotseq 2.9 \times 10^3 \text{ C}$

第 2 回
実 戦 問 題
解答・解説

化　学　　第2回　　（100点満点）

（解答・配点）

問題番号（配点）	設問（配点）		解答番号	正解	自己採点欄	問題番号（配点）	設問（配点）		解答番号	正解	自己採点欄
第1問（20）	1　（4）*		1	①		第4問（20）	1　（4）		20	③	
			2	⑧			2　（3）		21	④	
			3	⑤			3	a（3）	22	④	
	2　（4）		4	②				b（3）	23	②	
	3　（4）		5	②			4　（3）		24	②	
	4	a（4）	6	④			5　（4）		25	③	
		b（2）	7	①		小　　計					
		（2）	8	③		第5問（20）	1	a（4）	26	⑥	
小　　計								b（4）	27	③	
第2問（20）	1　（4）		9	⑤				c（3）	28	③	
	2　（4）		10	②			2　（3）		29	④	
	3	a（2）	11	④			3	a（3）	30	③	
		b（4）	12	⑥				b（3）	31	⑤	
	4	a（3）	13	①		小　　計					
		b（3）	14	①		合　　計					
小　　計						（注）　＊は全部正解の場合のみ点を与える。					
第3問（20）	1　（4）		15	③							
	2　（4）		16	③							
	3	a（4）	17	⑧							
		b（4）	18	④							
		c（4）	19	②							
小　　計											

— 化30 —

解　説

第1問

問1 $\boxed{1}$　正解①　$\boxed{2}$　正解⑧　$\boxed{3}$　正解⑤

1ppm は全体の量の $\dfrac{1}{10^6}$ を表すので，400ppm は全体の量の $400 \times \dfrac{1}{10^6} = \dfrac{400}{10^6}$ である。

よって，空気1Lに含まれる二酸化炭素の体積は，

$$1\,\mathrm{L} \times \frac{400}{10^6} = 400 \times 10^{-6}\,\mathrm{L}$$

0℃，1.013×10^5 Pa における気体のモル体積は22.4 L/mol なので，空気1L中の二酸化炭素の物質量は，

$$\frac{400 \times 10^{-6}\,\mathrm{L}}{22.4\,\mathrm{L/mol}} \fallingdotseq \boxed{1}.\boxed{8} \times 10^{-\boxed{5}}\,\mathrm{mol}$$

よって，そのモル濃度は 1.8×10^{-5} mol/L

《参考》$1\,\mathrm{m}^3 = 10^6\,\mathrm{cm}^3$ なので，$1\,\mathrm{m}^3$ 中に $1\,\mathrm{cm}^3$ 含まれている量の割合が1ppm である。したがって，400ppm は，「$1\,\mathrm{m}^3$ 中に $400\,\mathrm{cm}^3$ 含まれている」ことになる。

問2 $\boxed{4}$　正解②

混合気体中の CH_4，CO，H_2 の物質量を，それぞれ x (mol)，y (mol)，z (mol) とする。これらの完全燃焼を表す化学反応式および生成する CO_2 と H_2O の物質量は，それぞれ以下のようになる。

$$
\begin{array}{l}
CH_4 + 2O_2 \longrightarrow \underset{x}{CO_2} + \underset{2x}{2H_2O} \\[4pt]
2CO + O_2 \longrightarrow \underset{y}{2CO_2} \\[4pt]
2H_2 + O_2 \longrightarrow \underset{z}{2H_2O} \\
\hline
\underset{\binom{\text{生成物}}{\text{の合計}}}{} \quad x+y \quad 2x+z \quad \text{(単位は mol)}
\end{array}
$$

生じた CO_2 と H_2O の物質量は等しいので，

$$x + y = 2x + z \qquad \therefore\ y = x + z \qquad \cdots(1)$$

初めの混合気体の物質量は 3.0 mol であるから，

$$x + y + z = 3.0 \qquad \cdots(2)$$

式(1)，(2)より，$y = 1.5$（また，$x + z = 1.5$）

よって，CO の物質量は 1.5 mol である。また，CH_4 と H_2 の物質量については，その和が 1.5 mol であるということはわかるが，それぞれの物質量はわからない。

問3 $\boxed{5}$　正解②

水溶液の凝固点降下度 ΔT_f(K) は，溶質粒子（分子，イオン）の種類によらず，その総質量モル濃度 m (mol/kg) に比例する。選択肢①〜④について，水溶液A・Bそれぞれの m を調べると，以下のようになる。

① A　$NaCl \longrightarrow Na^+ + Cl^-$
　　$0.15 \Longrightarrow 0.15\quad 0.15$
　$m = 0.15 + 0.15 = 0.30$
　B　$MgCl_2 \longrightarrow Mg^{2+} + 2Cl^-$
　　$0.10 \Longrightarrow 0.10\quad 0.20$
　$m = 0.10 + 0.20 = 0.30$

② A　$K_2SO_4 \longrightarrow 2K^+ + SO_4^{2-}$
　　$0.05 \Longrightarrow 0.10\quad 0.05$
　$m = 0.10 + 0.05 = 0.15$
　B　$KBr \longrightarrow K^+ + Br^-$
　　$0.05 \Longrightarrow 0.05\quad 0.05$
　$m = 0.05 + 0.05 = 0.10$

③ A　グルコース（非電解質）　$m = 0.15$
　B　スクロース（非電解質）　$m = 0.05$

④ A　尿素（非電解質）　$m = 0.10$
　B　$NaNO_3 \longrightarrow Na^+ + NO_3^-$
　　$0.05 \Longrightarrow 0.05\quad 0.05$
　$m = 0.05 + 0.05 = 0.10$

凝固点はAの方がBより低いので，凝固点降下度はAの方がBより大きい。したがって，m の値はAの方がBより大きい。これに当てはまるのは，②，③である。②，③のうち，A・Bのいずれか一方にスクロース 0.05 mol を加えて溶かしたとき，A・Bの凝固点が等しくなるのは，すなわち m が等しくなるのは，②である。

　A　$m = \underline{0.15}$　　B　$m = 0.10 + \underset{\text{加えた分}}{0.05} = \underline{0.15}$

問4　a　$\boxed{6}$　正解④
　　　　b　$\boxed{7}$　正解①　$\boxed{8}$　正解③

a　図1からもわかるように，100℃より低い温度では，水の蒸気圧は 1.013×10^5 Pa より小さい。図2の容器のピストンにかかる圧力は 1.013×10^5 Pa に保たれているので，温度 t(℃)＜100℃では，ピストンにかかる圧力＞蒸気圧となり，水蒸気はピストンによって押しつぶされ，すべて液体になる。t(℃)＝100℃では，ピストンにかかる圧力と水の蒸気圧がつり合う。t(℃)＞100℃では，水はすべて蒸発して圧力 1.013×10^5 Pa の気体となり，理想気体の状態方程式 $PV = nRT$ に従って変化する。よって，次式が成り立つ。

$$1.013 \times 10^5 \times V = \frac{1.8}{18} \times 8.3 \times 10^3 \times (t + 273)$$

$$V \fallingdotseq 8.2 \times 10^{-3}(t + 273)\,(\mathrm{L}) \qquad \cdots\cdots(1)$$

以上より，27℃〜100℃ではすべて液体で，V はほとんど 0 になる。100℃〜127℃では，上の式(1)（直線の式）に従う。よって，④のグラフが当てはまる。

— 化31 —

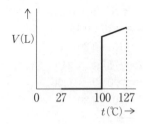

b 67℃にしたとき：67℃＜100℃なので，**a** より $V ≒ \underline{0}\,\text{L}$ 　<u>7</u>　になる。（題意により，液体の体積は無視する。）

127℃にしたとき：**a** の式(1)より，
$$V = 8.2 \times 10^{-3}(127+273) ≒ \underline{3.3}\,\text{L} \quad \boxed{8}$$

第2問
問1 　<u>9</u>　 **正解 ⑤**

図1の**イ**において，U字管の右側のスクロース水溶液の浸透圧と，水溶液柱20cmの重みによる圧力はつりあっている。水溶液柱1.0cmの重みによる圧力が98Paなので，水溶液柱20cmの重みによる圧力は，
$$98\,\text{Pa} \times \frac{20\,\text{cm}}{1.0\,\text{cm}} = 1960\,\text{Pa}$$
である。したがって，**イ**におけるU字管の右側のスクロース水溶液の浸透圧は1960Paである。

ところで，図1の**ア**から**イ**の変化において，$4.0\,\text{cm}^2 \times 10\,\text{cm} = 40\,\text{cm}^3 = 40\,\text{mL}$ の純水が半透膜の左側から右側へ移動している。したがって，**イ**におけるU字管の右側の水溶液は，**ア**におけるスクロース水溶液よりも体積が40mL増加しており，100mL + 40mL = 140mLになっている。ここで，図1の**ア**におけるスクロース水溶液100mLに含まれるスクロースの物質量を $n(\text{mol})$ とすると，**イ**におけるスクロース水溶液140mLに含まれるスクロースの物質量も同じ $n(\text{mol})$ である。一定温度における浸透圧は溶質（粒子）のモル濃度に比例するので，**ア**におけるスクロース水溶液の浸透圧を$\Pi(\text{Pa})$とすると，**ア**におけるスクロース水溶液と**イ**におけるスクロース水溶液の浸透圧とモル濃度について，次式が成り立つ。

$$\overset{\mathbf{ア}}{\Pi(\text{Pa})} : \overset{\mathbf{イ}}{1960\,\text{Pa}} = \frac{\frac{n}{100}}{1000}\,\text{mol/L} : \frac{\frac{n}{140}}{1000}\,\text{mol/L}$$

$$\therefore \Pi ≒ 2.7 \times 10^3\,\text{Pa}$$

問2 　<u>10</u>　 **正解 ②**

H_2O_2 の分解反応（触媒 MnO_2）は，次の化学反応式で表される。

$$2H_2O_2 \longrightarrow O_2 + 2H_2O$$
$$\quad\quad 2 \quad\quad\quad : 1$$

30秒間に発生した O_2 の体積は0℃，$1.013 \times 10^5\,\text{Pa}$ で0.224Lであるから，その物質量は

$$\frac{0.224\,\text{L}}{22.4\,\text{L/mol}} = 0.010\,\text{mol}$$

反応式より，この30秒間に反応した H_2O_2 の物質量は，
$$0.010\,\text{mol} \times 2 = 0.020\,\text{mol}$$

30秒間ごとの H_2O_2 の濃度変化を $|\Delta c|\,\text{mol/L}$ とおくと，題意より水溶液の体積は200mLで一定としてよいので，この30秒間について次式が成り立つ。

$$|\Delta c|\,\text{mol/L} \times \frac{200}{1000}\,\text{L} = 0.020\,\text{mol}$$

$$\therefore |\Delta c| = 0.10\,\text{mol/L}$$

表1のデータを方眼紙にプロットして，それらをなめらかな曲線で結ぶと以下のようになる。

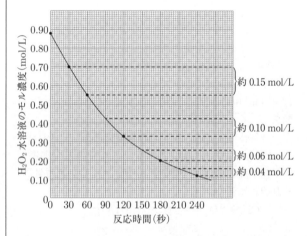

よって，選択肢 ①〜④ の反応時間の範囲のうちで，H_2O_2 水溶液の濃度変化が0.10 mol/Lになるのは，②（90秒〜120秒）である。

問3 **a** 　<u>11</u>　 **正解 ④** 　　**b** 　<u>12</u>　 **正解 ⑥**

a 錯イオン $[Co(H_2O)_6]^{2+}$ の化学式から，Co^{2+} に配位子として H_2O が6個結合していることがわかる。よって，配位数6の錯イオンとして次のような<u>正八面体</u>の形が考えられる。

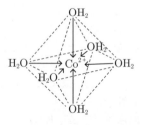

$[Co(H_2O)_6]^{2+}$ の形

$$\underset{\text{青色}}{[CoCl_4]^{2-}} + 6H_2O \rightleftarrows \underset{\text{赤色}}{[Co(H_2O)_6]^{2+}} + 4Cl^-$$

（右方向は発熱）

上の可逆反応に，ルシャトリエの原理を適用して考察すればよい。問題文より，$CoCl_2$ 水溶液は $[Co(H_2O)_6]^{2+}$ により赤色を示すが，これに濃塩酸を加えて Cl^- 濃度を大きくすると，平衡は左へ移動して $[CoCl_4]^{2-}$ 濃度が大きくなり，水溶液は青色に変化すると考えられる。試験管 A～C には，この青色の水溶液が同量ずつ入っている。

操作 I：A 内の水溶液に純水 5 mL を加えると，溶媒の H_2O が増し，Cl^- 濃度が減少するので，平衡は右へ移動し，$[Co(H_2O)_6]^{2+}$ 濃度が大きくなり，赤色に変わったと考えられる。

操作 II：B 内の水溶液に NaCl を加えると，Cl^- 濃度を大きくしたことになるので，平衡はさらに左へ移動して，青色が濃くなったと考えられる。

操作 III：C 内の水溶液を冷却すると，発熱方向の右へ平衡が移動するので，赤色に変わったと考えられる。

問4 **a** 13 正解① **b** 14 正解①

a 0℃，1.013×10^5 Pa で 1.0 L の H_2 の物質量を n_1 (mol)，27℃，1.013×10^7 Pa で 1.0 L の H_2 の物質量を n_2 (mol) とおくと，気体の状態方程式（$PV = nRT$）より，次式が成り立つ。

$$1.013 \times 10^5 \times 1.0 = n_1 R(273 + 0) \quad \cdots\cdots(1)$$
$$1.013 \times 10^7 \times 1.0 = n_2 R(273 + 27) \quad \cdots\cdots(2)$$

$\dfrac{(2)}{(1)}$ より，$\dfrac{1.013 \times 10^7 \times 1.0}{1.013 \times 10^5 \times 1.0} = \dfrac{n_2 R(273 + 27)}{n_1 R(273 + 0)}$

$$\therefore \quad \frac{n_2}{n_1} = \frac{100 \times 273}{300}$$

与えられた熱化学方程式より，n_1 (mol)，n_2 (mol) の H_2 を燃焼させたときの発熱量は，それぞれ $286 n_1$ (kJ)，$286 n_2$ (kJ) であるから，求める比の値は，

$$\frac{286 n_2}{286 n_1} = \frac{n_2}{n_1} = \frac{100 \times 273}{300} = \underline{91}\text{（倍）}$$

b この金属単体の質量は，

$$1000\,\text{cm}^3 \times 6.0\,\text{g/cm}^3 = 6000\,\text{g}$$

吸蔵された H_2 の質量は，$6000\,\text{g} \times \dfrac{2.8}{100} = 168\,\text{g}$

この半分の量の H_2（モル質量 2.0 g/mol）を燃焼させたとき発生する熱量は，

$$\frac{168\,\text{g} \times \dfrac{1}{2}}{2.0\,\text{g/mol}} \times 286\,\text{kJ/mol} \fallingdotseq \underline{1.2 \times 10^4\,\text{kJ}}$$

第3問

問1 15 正解③

酸化チタン(IV) TiO_2 は，光が当たることにより，有機化合物を分解する反応の触媒としてはたらく。このような触媒を光触媒という。酸化チタン(IV) は，近年，汚れがつきにくい素材として，ビルの外壁などに用いられている。なお，酸化亜鉛 ZnO，酸化マンガン(IV) MnO_2，酸化鉄(III) Fe_2O_3 は，いずれも光触媒としてのはたらきをもたない。

問2 16 正解③

① (誤) 水溶液中の Ag^+ は無色だが，Cu^{2+} は青色である。したがって，水溶液は青色である。

② (誤) 塩酸を加えると，AgCl の白色沈殿を生じる。
$$Ag^+ + Cl^- \longrightarrow AgCl \downarrow \text{（白色）}$$

③ (正) アンモニア水を過剰に加えると，いずれも錯イオンを生じて溶ける。水溶液中のジアンミン銀(I)イオンは無色だが，テトラアンミン銅(II)イオンは深青色である。したがって，深青色の溶液になる。
$$Ag^+ + 2NH_3 \longrightarrow [Ag(NH_3)_2]^+ \text{（無色）}$$
$$Cu^{2+} + 4NH_3 \longrightarrow [Cu(NH_3)_4]^{2+} \text{（深青色）}$$

④ (誤) 硫化水素を通じると，Ag_2S，CuS の黒色沈殿を生じる。
$$2Ag^+ + H_2S \longrightarrow Ag_2S \downarrow \text{（黒色）} + 2H^+$$
$$Cu^{2+} + H_2S \longrightarrow CuS \downarrow \text{（黒色）} + 2H^+$$

⑤ (誤) $AgNO_3$ と $Cu(NO_3)_2$ はいずれも水に可溶なので，希硝酸を加えても沈殿を生じない。

問3 **a** 17 正解⑧ **b** 18 正解④
　　　 c 19 正解②

a **ア** Mg の単体は，常温の水とは反応しないが，熱水とはおだやかに反応して，水素 H_2 を発生する。（次式）
$$Mg + 2H_2O \longrightarrow Mg(OH)_2 + H_2$$

イ $Mg(OH)_2$ に塩酸を加えると，溶解して塩化マグネシウム $MgCl_2$ の水溶液が得られる。（次式）
$$Mg(OH)_2 + 2HCl \longrightarrow MgCl_2 + 2H_2O$$

得られた水溶液から水を完全に蒸発させると，$MgCl_2$ の固体が残る。（蒸発乾固）

ウ 得られた固体の $MgCl_2$ を電解槽に入れて加熱し，溶融塩電解を行うと，陰極側に Mg の単体が液体として得られる。（次式）
$$\text{陰極：} Mg^{2+} + 2e^- \longrightarrow Mg$$
$$(\text{陽極：} 2Cl^- \longrightarrow Cl_2 + 2e^-)$$

b 必要な海水の体積を x (L) とおくと，得られる Mg（原子量 24）の物質量について次式が成り立つ。

— 化33 —

$$\frac{1.3\text{g/L} \times x(\text{L})}{24\text{g/mol}} = 1.0\text{mol} \quad \therefore \quad x = 18.4\cdots \text{L}$$

よって，必要な海水は少なくとも 19L である。

c Mg 結晶 1cm^3 で考える。充塡率が 74% なので，結晶 1cm^3 中に含まれる Mg 原子の個数は，

$$\frac{1\text{cm}^3 \times \frac{74}{100}}{1.7 \times 10^{-23}\text{cm}^3/\text{個}} = \frac{74}{1.7} \times 10^{21} \text{個}$$

この質量は，

$$\frac{\frac{74}{1.7} \times 10^{21}}{6.0 \times 10^{23}/\text{mol}} \times 24\text{g/mol} \fallingdotseq 1.7\text{g}$$

よって，結晶の密度は $\underline{1.7\text{g/cm}^3}$ である。

第4問
問1 20 正解③

①（正）　液体のアルカンは，液体の水より軽く，水の上に浮く。つまり，水の方が密度が大きい。

②（正）　ペンタンと 2-メチルブタンは，分子式 C_5H_{12} をもつアルカンの構造異性体である。一般にアルカンの構造異性体では，直鎖状の方が枝分かれをもつ方より分子間力が強く，沸点が高い。よって，ペンタンの方が沸点が高い。

$$CH_3-CH_2-CH_2-CH_2-CH_3 \qquad \begin{array}{c} CH_3 \\ | \\ CH_3-CH-CH_2-CH_3 \end{array}$$

　　　　　　ペンタン　　　　　　　　2-メチルブタン

沸点　　　　　36℃　　　　　　　　　　　28℃

③（誤）　炭素原子間の結合距離は，単結合(C-C)＞二重結合(C=C)＞三重結合(C≡C)の順に短くなる。よって，エタンとアセチレンでは，エタンの方が炭素原子間の結合距離が長い。

$$\begin{array}{c}H \ H\\ | \ |\\H-C-C-H\\| \ |\\H \ H\end{array} \qquad \begin{array}{c}H \ \ \ \ H\\ \ \diagdown \ \ \diagup\\C=C\\ \diagup \ \ \ \diagdown\\H \ \ \ \ H\end{array} \qquad H-C≡C-H$$

エタン　　　　　エチレン　　　　アセチレン

長 ←────── 結合距離 d ──────→ 短

(注)炭素原子間の結合エネルギーは，結合距離 d が短いほど大きくなる。

④（正）　シクロヘキサン C_6H_{12} は，その結合角(C-C 結合，C-H 結合のつくる角度)がメタン CH_4 の結合角 109.5° に近く，環をつくる結合がほとんど歪むことなく形成されているため，化学的に安定である。これに対して，シクロプロパン C_3H_6 は，環をつくる結合が大きく歪んでいるため，環が開きやすく化学的に不安定で，反応性が高い。

シクロヘキサン　　　　シクロプロパン

問2 21 正解④

①（正）　オレイン酸は，高級不飽和脂肪酸の一種であり，直鎖状に結合した炭素原子間に二重結合(C=C)を 1 個もつ。

	ステアリン酸	オレイン酸	リノール酸	リノレン酸
	$C_{17}H_{35}COOH$	$C_{17}H_{33}COOH$	$C_{17}H_{31}COOH$	$C_{17}H_{29}COOH$
C=Cの数	0	1	2	3

②（正）　分子式 $C_4H_4O_4$ をもつマレイン酸とフマル酸は，互いにシス-トランス(幾何)異性体である。

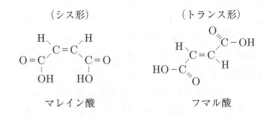

　　　マレイン酸　　　　　　　　　フマル酸

③（正）　乳酸はヒドロキシ酸(分子中にヒドロキシ基 -OH をもつカルボン酸)の一種で，不斉炭素原子(C^*)を 1 個もち，鏡像異性体が存在する。

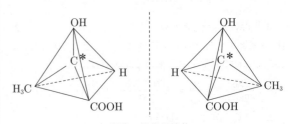

乳酸の鏡像異性体

④（誤）　ナイロン 66 の原料となるアジピン酸は，一分子中にカルボキシ基 -COOH を 2 個もつジカルボン酸の一種であるが，ヒドロキシ基 -OH をもたないので，ヒドロキシ酸ではない。

$$\begin{array}{c}HO\\ \diagdown\\C-CH_2-CH_2-CH_2-CH_2-C\\ \diagup \diagdown\\O \ OH\end{array}$$

アジピン酸

問3　a 22 正解④　　b 23 正解②

a 選択肢①〜④を構造式で表し，結合状態の異なるH原子の種類ごとに番号(H^1, H^2…)をつけて区別すると，以下のようになる。（分子内の各単結合は自由に回転できることに留意すること。）

①
$H^1 \quad H^2 \quad H^3 \quad H^4$
$H^1-C-C-C-C-OH^5$
$\quad H^1 \quad H^2 \quad H^3 \quad H^4$

②
$H^1 \quad H^2 \quad H^4 \quad H^5$
$H^1-C-C-C-C-H^5$
$\quad H^1 \quad OH^3 \quad H^4 \quad H^5$

③
$\quad\quad H^1$
$H^1-C-C-C-H^3$
$\quad\quad H^2 \quad OH^4$

④
$\quad\quad H^1 \quad\quad H^1$
$H^1-C-C-C-C-H^1$
$\quad\quad H^1 \quad OH^2 \quad H^1$

結合状態の異なるH原子は，①，②ではいずれも5種類，③では4種類存在する。よって，④の2種類が最も少ない。

b **a**と同様に，結合状態の異なるH原子の種類を番号で区別すると，トルエンは次に示すように4種類存在する。

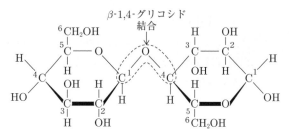

トルエン

p-キシレンは次に示すように2種類存在する。

p-キシレン

なお，o-キシレンには3種類，m-キシレンには4種類のH原子が存在する。

[構造式: o-キシレン，m-キシレン]

問4 24　正解 ②

①（正）　セロビオースは二糖類の一種で，次図のようにグルコース二分子が脱水縮合により1個の β-1,4-グリコシド結合で結びついた構造をもつ。

[セロビオース構造式]

セロビオース

②（誤）　アミロースは多糖類の一種で，次図のように多数のグルコース分子が脱水縮合により多数の α-1,4-グリコシド結合で結びついた直鎖状構造をもつ。一つのグルコース単位ごとに不斉炭素原子を5個もつので，全体としては多数の不斉炭素原子をもつ。

[アミロース構造式]
α-1,4-グリコシド結合

アミロース

③（正）　スクロースは二糖類の一種で，次式のようにグルコース $C_6H_{12}O_6$ 一分子とフルクトース $C_6H_{12}O_6$ 一分子が脱水縮合により結びついたものである。よって，その分子式は $C_{12}H_{22}O_{11}$ であり，分子内に炭素原子を12個もつ。

$C_6H_{12}O_6 + C_6H_{12}O_6 \longrightarrow C_{12}H_{22}O_{11} + H_2O$
グルコース　フルクトース

④（正）　マルトースは，次図のように分子内にヘミアセタール構造を1個もつ。この構造部分は，水溶液中で開環ができる。

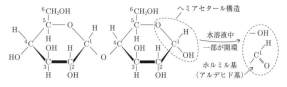

ヘミアセタール構造が開環するとホルミル基を生じるので，マルトースの水溶液は還元性を示す。

問5 25　正解 ③

ヒトのDNAにおいて，アデニンA(x個)とチミンT(x個)がつくる塩基対を x 個，グアニンG(y個)とシトシンC(y個)がつくる塩基対を y 個とおくと，塩基対の総数は 3.1×10^9 個なので次式が成り立つ。

$x + y = 3.1 \times 10^9$　……(1)

塩基総数($3.1 \times 10^9 \times 2$)のうちAの占める割合は

30%なので，次式が成り立つ。

$$\frac{x}{3.1 \times 10^9 \times 2} = \frac{30}{100} \quad \cdots\cdots(2)$$

式(1), (2)より，$x = 1.86 \times 10^9$，$y = 1.24 \times 10^9$

A⋯T対には2本の水素結合，G⋯C対には3本の水素結合が含まれるので，このDNAに存在する水素結合の総数は，

$$2x + 3y = (2 \times 1.86 + 3 \times 1.24) \times 10^9$$
$$\fallingdotseq \underline{7.4 \times 10^9}(個)$$

第5問

問1　a 26 正解⑥　　b 27 正解③
　　　c 28 正解③

a 式(1)の電離定数 K_1 の式に，$[H^+] = 10^{-1.0}$ mol/L (pH = 1.0) を代入すると，

$$K_1 = \frac{[G^{\pm}][H^+]}{[G^+]} = \frac{[G^{\pm}] \times 10^{-1.0}}{[G^+]} = 10^{-2.2}$$

$$\therefore \frac{[G^+]}{[G^{\pm}]} = 10^{1.2} = \underline{16}(倍)$$

b $K_1 \times K_2$ より，$[G^{\pm}]$ を消去すると，

$$K_1 \times K_2 = \frac{[G^{\pm}][H^+]}{[G^+]} \times \frac{[G^-][H^+]}{[G^{\pm}]}$$

$$= \frac{[G^-]}{[G^+]} \times [H^+]^2$$

$[G^+] : [G^-] = 1 : 1 \left(\frac{[G^-]}{[G^+]} = 1\right)$ のとき，

$$K_1 \times K_2 = [H^+]^2 \quad \therefore [H^+] = \sqrt{K_1 K_2}$$

よって，等電点は，

$$pH = -\log_{10}\sqrt{K_1 K_2} = -\frac{1}{2}(\log_{10} K_1 + \log_{10} K_2)$$

$$= -\frac{1}{2}(-2.2 - 4.2) = \underline{3.2}$$

c K_1，K_2，K_3 の各式に，$[H^+] = 10^{-8.0}$ (pH = 8.0) を代入すると，

$$K_1 = \frac{[G^{\pm}] \times 10^{-8.0}}{[G^+]} = 10^{-2.2}$$

$$\therefore \frac{[G^{\pm}]}{[G^+]} = 10^{5.8} \Rightarrow [G^{\pm}] > [G^+]$$

$$K_2 = \frac{[G^-] \times 10^{-8.0}}{[G^{\pm}]} = 10^{-4.2}$$

$$\therefore \frac{[G^-]}{[G^{\pm}]} = 10^{3.8} \Rightarrow [G^-] > [G^{\pm}]$$

$$K_3 = \frac{[G^{2-}] \times 10^{-8.0}}{[G^-]} = 10^{-9.6}$$

$$\therefore \frac{[G^-]}{[G^{2-}]} = 10^{1.6} \Rightarrow [G^-] > [G^{2-}]$$

以上より，$\underbrace{[G^-] > \underbrace{[G^{2-}] > [G^{\pm}]}_{10^{3.8}倍} > [G^+]}_{10^{1.6}倍}$ 　$10^{5.8}$倍

よって，水溶液中に最も多く存在するものは，$\underline{G^-}$ である。

問2　29 正解④

次図に示すように，水溶液中のアラニンはpHに依存して，3種類の異なるイオン(1価の陽イオン A^+，双性イオン $A^{\pm}$，1価の陰イオン A^-)の状態で存在する。

$H_3N^+-CH-COOH \underset{H^+}{\overset{OH^-}{\rightleftharpoons}} H_3N^+-CH-COO^- \underset{H^+}{\overset{OH^-}{\rightleftharpoons}} H_2N-CH-COO^-$
　　　　|　　　　　　　　　　　|　　　　　　　　　　　|
　　　　CH_3　　　　　　　　　CH_3　　　　　　　　　CH_3
　　　　A^+　　　　　　　　　 $A^{\pm}$　　　　　　　　　A^-

$$A^+ \rightleftharpoons A^{\pm} + H^+ \quad \cdots\cdots(1)$$
$$A^{\pm} \rightleftharpoons A^- + H^+ \quad \cdots\cdots(2)$$

pHが小さい(酸性が強い)ところでは，式(1)の平衡が左へかたより，主として A^+ の状態で存在するので，電荷の総和は $+1$ に近い。pHをしだいに大きくしていくと(pH6.0付近に近づけていくと)，A^+ がほとんど $A^{\pm}$ に変わるので，電荷の総和は0に近くなる。(等電点のpH6.0で電荷の総和はちょうど0になる。)さらにpHを大きくしていくと，式(2)の平衡が右へかたより，主として A^- の状態で存在するので，電荷の総和は -1 に近づく。

よって，④の図が当てはまる。

〔参考〕④の図

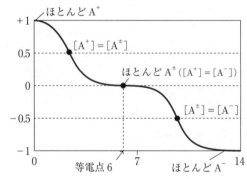

なお，上図の横軸を縦軸にして向きを変え，横軸をアラニン塩の水溶液(A^+ または A^-)に加える塩基または酸の量とすると，中和滴定曲線と同様の図になる。

問3　a 30 正解③　　b 31 正解⑤

a アラニン Ala 2分子とグルタミン酸 Glu 1分子からなる鎖状トリペプチドの一つとして次のものがある。

$$\overset{\displaystyle \text{CH}_2\text{CH}_2\text{COOH}}{\underset{\displaystyle \text{Glu}}{\text{H}_2\text{N}-\overset{|}{\text{C}}\text{H}-}}\overset{}{\underset{}{(\text{CO}\underset{.}{\vdots}\text{NH})-}}\overset{\displaystyle \text{CH}_3}{\underset{\displaystyle \text{Ala}}{\overset{|}{\text{C}}\text{H}-}}\overset{}{\underset{}{(\text{CO}\underset{.}{\vdots}\text{NH})-}}\overset{\displaystyle \text{CH}_3}{\underset{\displaystyle \text{Ala}}{\overset{|}{\text{C}}\text{H}-\text{COOH}}}$$

ペプチド結合

このトリペプチドを Glu−Ala−Ala で表すと，これ以外に次のものが考えられる。

Ala−Glu−Ala   Ala−Ala−Glu

よって，題意のトリペプチドは3種類ある。

b　Ⅰ(誤)　この反応は，キサントプロテイン反応とよばれ，ベンゼン環のニトロ化により起こり，芳香族アミノ酸が含まれていることを示す。本問のトリペプチドは，芳香族アミノ酸を含まないので，この反応は起こらない。

Ⅱ(正)　この反応は，ビウレット反応とよばれ，ペプチド結合を2個以上もつペプチドに起こる。本問のトリペプチドにはペプチド結合が2個含まれるので，この反応が起こる。

Ⅲ(正)　本問のトリペプチドは$-\text{NH}_2$ 1個と$-\text{COOH}$ 2個を含むが，中性付近の水溶液中ではこれらがすべて電離して，全体として1価の陰イオンになっている。したがって，直流電圧をかけると電気泳動が起こり，このトリペプチドは陽極側に移動する。

〔例〕
$$\overset{\displaystyle \text{CH}_2\text{CH}_2\text{COO}^-}{\text{H}_3\text{N}^+-\overset{|}{\text{C}}\text{H}-\text{CONH}-}\overset{\displaystyle \text{CH}_3}{\overset{|}{\text{C}}\text{H}-\text{CONH}-}\overset{\displaystyle \text{CH}_3}{\overset{|}{\text{C}}\text{H}-\text{COO}^-}$$

中性付近における状態(1価の陰イオン)

第 3 回
実 戦 問 題
解答・解説

第3回 解答・解説

化 学　第3回　（100点満点）

（解答・配点）

問題番号（配点）	設問（配点）		解答番号	正解	自己採点欄
第1問（20）	1	a（4）	1	④	
		b（3）	2	②	
		c（3）	3	③	
	2	（3）	4	④	
	3	（3）	5	①	
	4	（4）	6	③	
小　計					
第2問（20）	1	a（2）	7	①	
		a（2）	8	⑥	
		b（5）	9	④	
	2	a（4）	10	④	
		b（3）	11	⑤	
	3	（各2）	12 － 13	②－④	
小　計					
第3問（20）	1	a（3）	14	⑤	
		b（4）	15	③	
	2	a（3）	16	③	
		b（3）*	17	①	
			18	⓪	
			19	⑤	
		（2）	20	③	
		c（5）	21	②	
小　計					

問題番号（配点）	設問（配点）		解答番号	正解	自己採点欄
第4問（20）	1	a（3）	22	⑤	
		b（3）	23	③	
		c（各2）	24 － 25	②－③	
	2	（3）	26	②	
	3	（各2）	27 － 28	②－④	
	4	（3）	29	⑥	
小　計					
第5問（20）	1	a（4）	30	①	
		b（4）	31	④	
		c（4）	32	④	
	2	a（4）	33	③	
		b（4）	34	③	
小　計					
合　計					

（注）　＊は全部正解の場合のみ点を与える。

　　　　－（ハイフン）でつながれた正解は，順序を問わない。

解 説

第1問

問1 a 1 正解 ④

図1の立方体の一辺の長さをa(cm), 共有結合している炭素原子間の距離(原子の中心間の最短距離)をℓ(cm)とする。図1の立方体を八分割した小立方体の一辺の長さは$\frac{a}{2}$(cm)であるから、以下の図に示すように、その小立方体の対角線は$\frac{a}{2}\times\sqrt{3}$(cm)と表される。一方、その小立方体の対角線の長さは、ℓ(cm)の2倍の長さに等しい。よって、次式が成り立つ。

$$\frac{a}{2}\times\sqrt{3}\,(\text{cm}) = \ell \times 2\,(\text{cm}) \quad \therefore \ell = \frac{\sqrt{3}\,a}{4} \fallingdotseq 0.43\,a$$

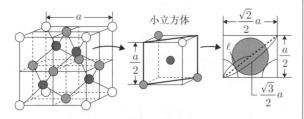

よって、ℓはaの0.43倍である。

b 2 正解 ②

水H_2Oの構造式は、H-O-Hで表される。O-H結合では、電気陰性度の大きいO原子の方に共有電子対が偏っているため、O原子は負に帯電し、H原子は正に帯電している。このため、以下に示すように、一方の水分子のO原子と、他方の水分子のH原子の間で水素結合が形成される。

①、③、④の図では、O原子とO原子の間で、あるいはH原子とH原子の間で水素結合を形成している部分があるため、いずれも正しい図ではない。

〔参考〕 一方の水分子のH原子は、他方の水分子のO原子がもつ非共有電子対に向かって水素結合をする。

c 3 正解 ③

氷が0.9168gあるとすると、氷の体積は$\frac{0.9168\,\text{g}}{0.9168\,\text{g/cm}^3}$ = 1.000 cm³である。これが、水(液体)に変化しても質量は変わらないので、水(液体)の体積は$\frac{0.9168\,\text{g}}{0.9998\,\text{g/cm}^3}$ ≒ 0.917 cm³である。よって、

$$\frac{1.000 - 0.917}{1.000}\times 100 = \underline{8.3}\,(\%)$$

問2 4 正解 ④

図2では次の関係が成り立つ。

　大気圧(100 kPa) = 水銀柱76 cmの重みが及ぼす圧力

また、図3では次の関係が成り立つ。

　大気圧(100 kPa) = 水銀柱h_1(cm)(またはh_2(cm))の重みが及ぼす圧力 + 水(またはエタノール)の蒸気圧

図3のように、ガラス管の下端から水を入れた場合、水銀柱の上部で水が気液平衡状態に達したとき、水銀柱の上部に水の蒸気圧(4.0 kPa)がかかることにより水銀柱の重みが及ぼす圧力は、100 - 4.0 = 96.0(kPa)になる。このため、水銀柱の高さh_1は以下のようになる。

$$h_1 = 76\,\text{cm}\times\frac{96.0\,\text{kPa}}{100\,\text{kPa}} \fallingdotseq \underline{73}\,\text{cm}$$

同様に、エタノールの場合は、水銀柱の上部にエタノールの蒸気圧(10.0 kPa)がかかることにより水銀柱の重みが及ぼす圧力は、100 - 10.0 = 90.0(kPa)になる。このため、水銀柱の高さh_2は以下のようになる。

$$h_2 = 76\,\text{cm}\times\frac{90.0\,\text{kPa}}{100\,\text{kPa}} \fallingdotseq 68\,\text{cm}$$

つまり、水の蒸気圧よりもエタノールの蒸気圧の方が大きいので、水の代わりにエタノールを入れた場合の方が、水銀柱の重みが及ぼす圧力はより小さくなる。このため、水銀柱の高さはより低くなる。よって、h_1よりもh_2の方が小さい。

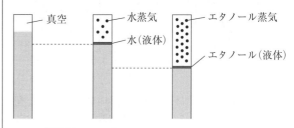

問3 5 正解 ①

二酸化炭素と水(液体)からグルコース(固体)1 molと酸素を生じる光合成の反応の反応熱をQ(kJ)とすると、次の式(1)が成り立つ。

$6CO_2(気) + 6H_2O(液)$
$\quad = C_6H_{12}O_6(固) + 6O_2(気) + Q\,(\text{kJ})$ …(1)

『生成物の生成熱の総和 - 反応物の生成熱の総和
　 = 反応熱』の関係より、

C₆H₁₂O₆(固)の生成熱 × 1
　− (CO₂(気)の生成熱 × 6 + H₂O(液)の生成熱 × 6)
　= Q　　　　　　　　　※単体の生成熱は0。
よって，
　　1273 × 1 − (394 × 6 + 286 × 6) = Q
　　　　　　　　　　　　　　∴ Q = −2807 kJ
《別解》 二酸化炭素の生成熱，水(液体)の生成熱，グルコースの生成熱は，それぞれ，394 kJ/mol，286 kJ/mol，1273 kJ/mol であるから，次の式(2)～式(4)が成り立つ。

C(固) + O₂(気) = CO₂(気) + 394 kJ 　　　…(2)

H₂(気) + $\frac{1}{2}$ O₂(気) = H₂O(液) + 286 kJ 　　…(3)

6C(固) + 6H₂(気) + 3O₂(気)
　　= C₆H₁₂O₆(固) + 1273 kJ 　　　　　…(4)

式(1) = 式(2) × (−6) + 式(3) × (−6) + 式(4) より，
　Q = 394 × (−6) + 286 × (−6) + 1273
　　= −2807 (kJ)

問4　| 6 |　正解 ③

表1のデータを方眼紙にプロットし，それらをなめらかな曲線で結ぶと次のグラフが得られる。

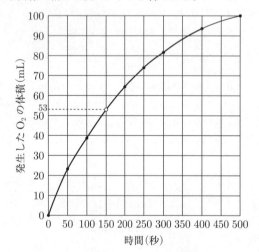

このグラフより，経過した時間が150秒のとき，発生した酸素の体積は53 mLと読み取れる。したがって，経過した時間が50秒から150秒の間に発生した酸素の体積は，
　　53 mL − 23 mL = 30 mL
この酸素の物質量を n_{O_2} (mol) とすると，気体の状態方程式 $PV = nRT$ より，次式が成り立つ。

　$(1.0 × 10^5)$ Pa × $\frac{30}{1000}$ L = n_{O_2} (mol) × (8.3 × 10³)

　　Pa·L/(K·mol) × (273 + 27) K

　　　　　　　　　　　　　　∴ n_{O_2} ≒ 1.2 × 10⁻³ mol

ところで，過酸化水素の分解反応は次の化学反応式で表される。
　　2H₂O₂ ⟶ 2H₂O + O₂
　　　　　　　　(酸化マンガン(IV)は触媒)
係数比より，発生した O₂ の物質量の2倍の物質量のH₂O₂ が分解することがわかる。
よって，50秒から150秒の間に分解(減少)した過酸化水素の物質量は，
　　1.2 × 10⁻³ mol × 2 = 2.4 × 10⁻³ mol
過酸化水素の分解速度を v とすると，
　$v = \frac{過酸化水素の濃度の減少量}{反応時間}$ で表されるから，50秒から150秒における過酸化水素の平均分解速度 $\bar{v}_{50〜150}$ は，

$$\bar{v}_{50〜150} = \frac{\dfrac{2.4 × 10^{-3} \text{ mol}}{\dfrac{10.0}{1000} \text{ L}}}{(150 − 50) 秒}$$

　　　　= 2.4 × 10⁻³ mol/(L·秒)

第2問

問1　a　| 7 |　正解 ①　　| 8 |　正解 ⑥

実験Iでは，試料中のアルミニウム Al が希硫酸により次式のように反応して水素ₐH₂を発生するが，銅 Cu は反応しない。これは，Al と Cu のイオン化傾向の大小が Al > (H₂) > Cu であるためである。
　　2Al + 3H₂SO₄ ⟶ Al₂(SO₄)₃ + 3H₂↑ 　　…(1)
実験IIでは，試料中の Cu が濃硝酸により次式のように反応して二酸化窒素ₐNO₂を発生するが，Al は反応しない。これは，Al が濃硝酸により不動態(表面にちみつな酸化被膜が生じて内部が保護された状態)になるためである。
　　Cu + 4HNO₃ ⟶ Cu(NO₃)₂ + 2NO₂↑ + 2H₂O
　　　　　　　　　　　　　　　　　　　…(2)

b　| 9 |　正解 ④

一定量の試料に含まれる Al を n_1 (mol) とすると，式(1)の係数比より，発生した H₂ は $n_1 × \frac{3}{2}$ (mol) である。
また，同量の試料に含まれる Cu を n_2 (mol) とすると，式(2)の係数比より，発生した NO₂ は $n_2 × 2$ (mol) である。

(注)　実験I・IIとも十分な量の希硫酸や濃硝酸を加えたので，はじめの試料に含まれていた Al または Cu はすべて反応したと考えてよい。同温・同圧(ここでは0℃，1.013 × 10⁵ Pa)の気体については，物

質量比＝体積比が成り立つので，

$$n_1 \times \frac{3}{2}(\overset{\text{H}_2}{\text{mol}}) : n_2 \times 2(\overset{\text{NO}_2}{\text{mol}}) = V_1(\text{mL}) : V_2(\text{mL})$$

$$= 3 : 1$$

$$\therefore \quad n_1 : n_2 = 4 : 1$$

よって，Al の原子量 27 と Cu の原子量 64 を用いて，はじめの試料に含まれる Al の質量％を求めると，

$$\frac{4 \times 27}{4 \times 27 + 1 \times 64} \times 100 = \frac{27}{43} \times 100 \fallingdotseq \underline{63}\%$$

問2　a　[10]　正解④

図1の操作では，アンモニア水を十分に加えると，1種類の金属イオンがろ液アに分離される。Ag^+，Cu^{2+}，Zn^{2+} は，過剰のアンモニア水を加えるとそれぞれ $[Ag(NH_3)_2]^+$，$[Cu(NH_3)_4]^{2+}$，$[Zn(NH_3)_4]^{2+}$ となって溶ける。また，K^+，Ba^{2+} は過剰のアンモニア水を加えても変化しない。したがって，Ag^+，Cu^{2+}，Zn^{2+}，K^+，Ba^{2+} のうちの2種類以上を含む①，②，⑤ は不適である。③，④ について図1の操作を行うと，以下のようになる。

③

$$[Al^{3+},\ Pb^{2+},\ Zn^{2+}]$$

過剰 NH_3aq

沈殿 $[Al(OH)_3,\ Pb(OH)_2]$ ─ $[[Zn(NH_3)_4]^{2+}]$ ろ液ア

過剰 $NaOHaq$

沈殿ウ なし ─ $[[Al(OH)_4]^-,\ [Pb(OH)_4]^{2-}]$ ろ液イ

④

$$[Al^{3+},\ Cu^{2+},\ Fe^{3+}]$$

過剰 NH_3aq

沈殿 $[Al(OH)_3,\ Fe(OH)_3]$ ─ $[[Cu(NH_3)_4]^{2+}]$ ろ液ア

過剰 $NaOHaq$

沈殿ウ $[Fe(OH)_3]$ ─ $[[Al(OH)_4]^-]$ ろ液イ

③ では，生じた $Al(OH)_3$ と $Pb(OH)_2$ がいずれも両性水酸化物で過剰の NaOH 水溶液に溶けるため，分離できない。よって，④ が適する。

b　[11]　正解⑤

a の解説で示したように，④ $(Al^{3+}$，Cu^{2+}，$Fe^{3+})$ について図1の操作を行うと，沈殿ウとして赤褐色の $Fe(OH)_3$ が分離される。

問3　[12]　[13]　正解②・④（順不同）

表1をみると，オキソ酸 $XO_m(OH)_n$ の酸としての強さ（K_1 の大小）には，次の二つの傾向(1),(2)が読みとれる。

傾向(1)　m の違いは K_1 に大きく影響し，m の値が 0，1，2，3 と大きくなるにつれて，オキソ酸は強くなる。

$$\overset{m=0}{X(OH)_n} \to \overset{m=1}{XO(OH)_n} \to \overset{m=2}{XO_2(OH)_n} \to \overset{m=3}{XO_3(OH)_n}$$

弱 ───────── 酸の強さ ─────⟶ 強

傾向(2)　元素 X が同族で同じ型（m，n が同じ）のオキソ酸は，X の電気陰性度が大きい（陰性が強い）方が強い。

$$\underline{X}(OH) \quad 強$$

$HC\underline{l}O$
$HB\underline{r}O$　電気陰性度 $Cl > Br > I$
$H\underline{I}O$

弱

以上の考察を踏まえて，選択肢 ① 〜 ⑤ を検討する。

① (誤)　$\overset{HNO_2}{=}\ \overset{HNO_3}{=}$
$\underset{m=1}{NO(OH)}\ \underset{m=2}{NO_2(OH)}$
弱　強　⟸ 傾向(1)

② (正)　$\overset{HClO_3}{=}\ \overset{HBrO_3}{=}$
強　弱　⟸ 傾向(2)
$\left(\begin{array}{l}\text{同じ型 } \underline{X}O_2(OH) \\ \text{で，} \underline{X} \text{ が同族}\end{array}\right)$

③ (誤)　$\overset{H_4SiO_4}{=}\ \overset{H_3PO_4}{=}$
$\underset{m=0}{Si(OH)_4}\ \underset{m=1}{PO(OH)_3}$
弱　強　⟸ 傾向(1)

④ (正)　$\overset{H_2SO_4}{=}\ \overset{HClO_2}{=}$
$\underset{m=2}{SO_2(OH)_2}\ \underset{m=1}{ClO(OH)}$
強　弱　⟸ 傾向(1)

⑤ (誤)　$\overset{H_3BO_3}{=}\ \overset{HNO_2}{=}$
$\underset{m=0}{B(OH)_3}\ \underset{m=1}{NO(OH)}$
弱　強　⟸ 傾向(1)

— 化 43 —

第3問

問1

a・bを検討するために，方眼紙を使って表1のデータをプロットし，それに添ってなめらかな線を描くと，次のような溶解度曲線のグラフが得られる。

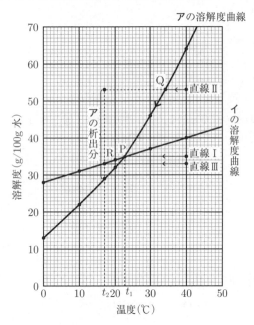

a 14 正解 ⑤

溶解度曲線を利用するために，40℃の水100gにアとイが同じ質量 $\frac{w_1}{2}$ (g)ずつ溶けている水溶液で考える。これを冷却していくときの変化を図中で見ると，水溶液中のアとイはいずれも水平の同じ直線上を左へ進む。ある温度 t_1(℃)でアとイが同時に析出し始めるので，この水平の直線は，アとイの溶解度曲線の交点Pに至るはずである（図中の直線Ⅰ）。

よって，交点Pの座標より，

$$t_1 ≒ \underline{23}℃ \quad \frac{w_1}{2} ≒ 35\,\text{g} \quad ∴ w_1 ≒ \underline{70}\,\text{g}$$

b 15 正解 ③

aと同様に溶解度曲線を利用するために，40℃の水100gにアが53g，イが33g溶けている水溶液で考える。これを冷却していくときの変化を図中で見ると，水溶液中のアは直線Ⅱ上を，イは直線Ⅲ上をそれぞれ左へ進む。直線Ⅱの方が先にアの溶解度曲線と交わるので（Q点），アが先に析出し始める。その後さらに冷却していくと，純粋なアの析出量が増し，水溶液中のアは溶解度曲線上を変化していく。一方，水溶液中のイは直線Ⅲがイの溶解度曲線と交わるR点で析出し始める。図より，R点の温度 t_2(℃)は$\underline{17}$℃である。また，このときまでに析出した水100gあたりの純粋なアの質量 $\frac{w_2}{2}$ (g)は，図より，

$$\frac{w_2}{2} = 53\,\text{g} - 29\,\text{g} = 24\,\text{g}$$

$$∴ w_2 = 24\,\text{g} × 2 = \underline{48\,\text{g}}$$

問2 a 16 正解 ③

図1は，沈殿と溶解平衡の状態にある金属イオン濃度と塩化物イオン濃度の関係を示したものであるから，溶解度積 K_{sp} の関係式をグラフで表したものと同じである。AgClとPbCl$_2$の溶解度積は，それぞれ次式で表される。

$$\text{AgCl} \rightleftarrows \text{Ag}^+ + \text{Cl}^-$$
$$K_{sp(AgCl)} = [\text{Ag}^+][\text{Cl}^-]\,(\text{mol/L})^2 \quad \cdots(1)$$
$$\text{PbCl}_2 \rightleftarrows \text{Pb}^{2+} + 2\text{Cl}^-$$
$$K_{sp(PbCl_2)} = [\text{Pb}^{2+}][\text{Cl}^-]^2\,(\text{mol/L})^3 \quad \cdots(2)$$

それぞれの K_{sp} は，温度一定のもとで一定値をとる。式(1)，式(2)より，

$$[\text{Ag}^+] = \frac{K_{sp(AgCl)}}{[\text{Cl}^-]}, \quad [\text{Pb}^{2+}] = \frac{K_{sp(PbCl_2)}}{[\text{Cl}^-]^2}$$

[Ag$^+$]は[Cl$^-$]に反比例し，[Pb^{2+}]は[Cl$^-$]^{2}に反比例するので，[Cl$^-$]の変化に対する金属イオン濃度の変化は[Ag$^+$]のほうが[Pb^{2+}]より小さい。図1を見ると，直線Aの方が直線Bより傾きの大きさ(絶対値)が小さいので直線Aは沈殿$_{ア}\underline{\text{AgCl}}$に，直線Bは沈殿$_{イ}\underline{\text{PbCl}_2}$に対応していると考えられる。

図1より，直線Aの傾きの大きさは1（[Cl$^-$]が10倍になると[Ag$^+$]が$\frac{1}{10}$倍になる）である。一方，直線Bの傾きの大きさは2（[Cl$^-$]が10倍になると[Pb^{2+}]が$\frac{1}{100}$倍になる）であるから，直線Aのそれの$_{ウ}\underline{2.0}$倍である。

(注) 図1の横軸と縦軸は，いずれも目盛の間隔が対数値でとられていることに注意しよう。

b 17 正解 ① 18 正解 ⓪
19 正解 ⑤ 20 正解 ③

溶解度積は温度一定のもとで一定値をとるので，図1の直線B上の任意の点を用いて計算すればよい。例えば[Cl$^-$]が $1.0×10^{-2}$ mol/Lのとき，[Pb^{2+}]は $1.0×10^{-1}$ mol/Lであるから，

$$K_{sp(PbCl_2)} = [\text{Pb}^{2+}][\text{Cl}^-]^2$$
$$= (1.0×10^{-1}\,\text{mol/L}) × (1.0×10^{-2}\,\text{mol/L})^2$$
$$= \underline{1.0×10^{-5}}\,(\text{mol/L})^3$$

c 　21　 正解 ②

Cl⁻を含む水溶液を少量ずつ加えていったときの水溶液中の[Ag⁺]と[Pb²⁺]の変化を，図1を利用して考察する。

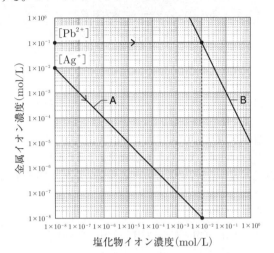

[Ag⁺]は，はじめ 1.0×10^{-2} mol/L であるが，[Cl⁻]が 1.0×10^{-8} mol/L になると直線Aと交わり飽和になるので，まず AgCl が沈殿し始める。さらに[Cl⁻]を大きくしていくと，AgCl が増すとともに，[Ag⁺]は直線A上を降下していく。一方，[Pb²⁺]は，はじめ 1.0×10^{-1} mol/L であるが，[Cl⁻]が 1×10^{-2} mol/L になると直線Bと交わり飽和になるので，PbCl₂ が沈殿し始める。このとき[Ag⁺]は 1.0×10^{-8} mol/L になっている。よって，PbCl₂ が沈殿し始めるときの[Ag⁺]は，水溶液の体積変化を無視すれば，はじめの[Ag⁺]の $\frac{1.0 \times 10^{-8}}{1.0 \times 10^{-2}}$ × 100 = <u>1.0×10^{-4}</u> % になっている。

第4問

問1　a　 22 　正解 ⑤

①(正)　エテン(エチレン)C₂H₄ 分子では，次図のように，二重結合で結びついているC原子2個とこれらに結びついているH原子4個のすべてが同一平面上にある。

②(正)　シス-トランス異性体(幾何異性体)が存在するアルケンのうち，最も炭素数が少ないものは，2-ブテンである。

③(正)　エテンを付加重合させると，高分子化合物のポリエチレンが生成する。

$n\,CH_2=CH_2 \xrightarrow{\text{付加重合}} \text{-}[CH_2-CH_2]_n\text{-}$
エテン(エチレン)　　　　　　　ポリエチレン

④(正)　プロペン(プロピレン)C₃H₆ に臭素 Br₂ を付加させると，不斉炭素原子を1個もつ化合物が得られる。

$CH_2=CH-CH_3 + Br_2 \xrightarrow{\text{付加}} CH_2-C^*H-CH_3$
　　　　　　　　　　　　　　　　　　|　　|
　　　　　　　　　　　　　　　　　　Br　Br
プロペン(プロピレン)　　　　　1,2-ジブロモプロパン

⑤(誤)　エチン(アセチレン)に水を付加させると，不安定なビニルアルコールを生じるが，直ちに異性化してアセトアルデヒドになる。

b　 23 　正解 ③

ある炭化水素X 1mol を完全にオゾン分解したところ，1種類の化合物が1mol 生成したので，X は炭素間二重結合が開裂しても分子数が変化しない構造をもつ。したがって，選択肢より，X は環状構造をもつ③，④，⑤，⑥のいずれかと考えられる。

X のオゾン分解で得られた化合物の構造式を見ると，1分子中にカルボニル基($\text{>}C=O$)が2個あるので，これらの炭素原子がオゾン分解の前に二重結合していたと考えられる。よって，X は次のように決まる。

よって，組成式は $C_4H_{10}O$ である。

C 数 4 に対して H 数 10 は最大数 $(2 \times 4 + 2)$ なので，分子式も $C_4H_{10}O$ である。

(注) 組成式が $C_nH_{2n+2}O_x$ のとき，分子式と組成式は一致する。

———（最大 H 数）

分子式が $C_4H_{10}O$ で表される化合物 Y は金属ナトリウムと反応して気体(H_2)を発生したので，ヒドロキシ基をもつと考えられる。

$$2C_4H_9OH + 2Na \longrightarrow 2C_4H_9ONa + H_2\uparrow$$

①(誤)　Y は C_4H_9OH のアルコールであるから，常温常圧で液体である。

②(正)　C_4H_9OH のアルコールは，次の 4 種類が考えられる。いずれであっても濃硫酸を加えて適切な温度で加熱すると，分子内脱水が起こってアルケン C_4H_8 を生じうる。

$$CH_3-CH_2-CH_2-CH_2-OH \quad | \quad CH_3-\overset{\displaystyle CH_3}{\underset{\displaystyle}{CH}}-CH_2-OH$$

$$CH_3-CH_2-\overset{\displaystyle CH_3}{\underset{\displaystyle}{CH}}-OH \quad | \quad CH_3-\overset{\displaystyle CH_3}{\underset{\displaystyle CH_3}{C}}-OH$$

③(誤)　Y は炭素原子間の不飽和結合をもたないので，Br_2 の付加による脱色は起こらない。

④(誤)　Y は還元性をもたないので，銀鏡反応は起こらない。

⑤(誤)　Y は中性化合物であるから，NaOH 水溶液と反応しない。

問3　27　28　正解②・④（順不同）

分子内の結合に極性はあるが，分子がもつ対称性によって，全体としては無極性となる分子を，①～⑥について調べると，以下のようになる。

よって，組成式は…（左カラム）

c　**24　25　正解②・③（順不同）**

3 種類のアルケンをオゾン分解すると，以下の化合物が生成する。

（⑥）（⑤）（①）

（④）

よって，選択肢の②と③は生成する化合物として適当でない。

問2　26　正解②

元素 C，H，O のみからなる化合物 Y の元素分析値から，Y の組成式を決める。

$$C : 88.0\,mg \times \frac{12}{44} = 24.0\,mg$$

$$H : 45.0\,mg \times \frac{2.0}{18} = 5.0\,mg$$

$$O : 37.0\,mg - (24.0\,mg + 5.0\,mg) = 8.0\,mg$$

原子数の比は，

$$C : H : O = \frac{24.0}{12} : \frac{5.0}{1.0} : \frac{8.0}{16} \fallingdotseq 4 : 10 : 1$$

— 化46 —

		結合の極性	分子の極性	
①	C₂H₅-O-H	あり	あり	◯は結合の極性が大きい部分
②	Cl-◯-Cl	あり	なし	(p-体 X-◯-X)
③	(シス型構造)	あり	あり	シス型 $\begin{matrix} H & H \\ C=C \\ X & X \end{matrix}$
④	(トランス型構造)	あり	なし	トランス型 $\begin{matrix} H & X \\ C=C \\ X & H \end{matrix}$
⑤	(CHCl₃四面体)	あり	あり	
⑥	CH₃-◯-OH	あり	あり	(p-体 X-◯-Y X≠Y)

②と④は，分子がもつ対称性によって，結合の極性が打ち消され，無極性分子となる。

問4 29 **正解 ⑥**

図1の構造から，このイオン交換樹脂は陽イオン交換樹脂であることがわかる。陽イオン交換樹脂は，水溶液中の陽イオンを，それと等しい電荷量の水素イオンに交換する能力をもつ。したがって，この樹脂に塩化カルシウム水溶液を通じると，水溶液中のカルシウムイオン Ca^{2+} と樹脂中の水素イオン H^+ が，以下のように 1:2 の物質量比で交換される。

$$2RSO_3H + Ca^{2+} \longrightarrow (RSO_3)_2Ca + 2H^+$$

0.10 mol/L の塩化カルシウム $CaCl_2$ 水溶液 10 mL 中のカルシウムイオン Ca^{2+} の物質量は，

$$0.10\,\text{mol/L} \times \frac{10}{1000}\,\text{L} = 0.0010\,\text{mol}$$

したがって，流出する H^+ の物質量は，

$$0.0010\,\text{mol} \times 2 = 0.0020\,\text{mol}$$

H^+ を中和するには OH^- が必要であるから，まず，中和に必要な水溶液は酸でなく塩基の水溶液である。選択肢より水酸化ナトリウム NaOH は 1 価であるから，0.10 mol/L の水酸化ナトリウム水溶液が x [mL] 必要であるとすると，

$$0.0020\,\text{mol} = 0.10\,\text{mol/L} \times \frac{x}{1000}\,[\text{L}] \times 1$$

$$\therefore \quad x = 20\,\text{mL}$$

第5問

問1　a 30 **正解 ①**

アミロペクチンは，α-グルコース(図ア)が縮合重合した構造をもつ高分子化合物で，α-グルコースどうしの結合は，1位と4位の炭素原子の部分での結合(1,4-グリコシド結合)と，1位と6位の炭素原子の部分での結合(1,6-グリコシド結合)からなる。

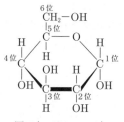

図ア(α-グルコース)

したがって，アミロペクチンは図イに示すように，主に3種類の構造単位(1)〜(3)で構成される((1)は1位の炭素原子でのみグリコシド結合を形成，(2)は1位と4位の炭素原子でグリコシド結合を形成，(3)は1位と4位と6位の炭素原子でグリコシド結合を形成)。図イからわかるように，枝の末尾にある(1)と枝の頭部がつくところにある(3)はほぼ同じ数であるが，それに比べて鎖の途中にある(2)はかなり数が多い((1)の数 ≒ (3)の数 ≪ (2)の数)。なお，主鎖の両端にある構造単位は無視してよい。

アミロペクチンに含まれる −OH をすべてメチル化すると，(1)〜(3)は，それぞれ以下の(1)′〜(3)′に変化する。

図イ(アミロペクチン)

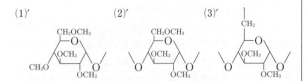

その後，グリコシド結合を完全に加水分解すると(1)′〜(3)′は，それぞれ以下の(1)″〜(3)″に変化する。

問題文で与えられたA〜Cの構造式と上記の(1)″〜(3)″の構造式を照らし合わせれば，Aが(1)″，Bが(2)″であることがわかる。よって，Cは(3)″である。

なお，上で明らかなように(1)″と(3)″はほぼ同じ数なので，問題文中の「A，B，Cがそれぞれ，0.0010 mol，0.023 mol，0.0010 mol 得られた」という実験結果とも矛盾しない。

b 31 正解④

「A，B，Cがそれぞれ，0.0010 mol，0.023 mol，0.0010 mol 得られた」より，これらの物質量比は，A：B：C ＝ 1：23：1 となる。上記のアミロペクチンの構造から，アミロペクチン分子を構成するすべてのグルコース単位のうち，(1)または(3)の数がアミロペクチン分子中の枝分かれの数に等しいから，枝分かれの数の割合は，$\frac{1}{1+23+1} = \frac{1}{25}$，つまり，25 個に 1 個の割合である。

アミロペクチンの分子式は $(C_6H_{10}O_5)_n$ で表されるから，分子量が 1.62×10^6 のアミロペクチンXにおけるグルコース単位の総数は，$C_6H_{10}O_5 = 162$ より，
$$162n = 1.62 \times 10^6 \quad \therefore n = 1.00 \times 10^4 (個)$$
よって，X 1分子中の枝分かれの数は，
$$1.00 \times 10^4 \times \frac{1}{25} = \underline{400}(個)$$

c 32 正解④

①(正) アミロースは温水に溶けやすいが，アミロペクチンは温水に溶けにくい。

②(正) ヨウ素デンプン反応により，アミロースは青色，アミロペクチンは赤紫色を示す。

③(正) **a** で示したように，デンプン（アミロースおよびアミロペクチン）は，α-グルコースが縮合重合した構造をもつ。

④(誤) 米（うるち米）にはアミロースが 20 〜 25 %，アミロペクチンが 75 〜 80 % 含まれている。したがって，含まれる割合は，アミロペクチンの方が大きい。なお，もち米ではほぼ 100 % がアミロペクチンである。

⑤(正) グリコーゲンの構造は，動物の体内に存在する多糖類で，枝分かれを多くもち，構造や分子量はアミロペクチンに似ている。

問2 **a** 33 正解③

天然ゴムは，イソプレン（2-メチル-1,3-ブタジエン）が付加重合した構造をもつ高分子化合物であり，天然ゴムを乾留するとイソプレンが得られる。イソプレンは，分子内に二重結合を二つもつ炭化水素で，その分子式は C_5H_8 である。

$$n\,CH_2=C-CH=CH_2 \xrightarrow{\text{付加}\atop\text{重合}} \left[CH_2-C=CH-CH_2\right]_n$$
$$\qquad\ \ |\qquad\qquad\qquad\qquad\quad\ \ |$$
$$\quad\ \ CH_3\qquad\qquad\qquad\qquad\ \ CH_3$$

　　イソプレン　　　　　　　ポリイソプレン

b 34 正解③

$m:n = 3:1$ より，$m = 3n$ であるから，構造式は次のように表すことができる。

$$\left[CH_2-CF_2\right]_{3n}\left[CF_2-CF\atop\quad\ |\atop\quad\ CF_3\right]_n$$

$CH_2=CF_2$ の分子量は 64，$CF_2=CF-CF_3$ の分子量は 150 であるから，$-CH_2-CF_2-$ の式量は 64，$-CF_2-CF(CF_3)-$ の式量は 150 である。また，$-CH_2-CF_2-$ 中に F 原子は 2 個，$-CF_2-CF(CF_3)-$ 中に F 原子は 6 個含まれている。

よって，F（原子量 19）の質量含有率は，
$$\frac{19 \times 2 \times 3n + 19 \times 6 \times n}{64 \times 3n + 150 \times n} \times 100 = \frac{2n}{3n} \times 100$$
$$\qquad\qquad\qquad\qquad\qquad\quad \fallingdotseq \underline{67}(\%)$$

第 4 回
実 戦 問 題
解答・解説

第4回 解答・解説

化　学　　第4回　（100点満点）

（解答・配点）

問題番号（配点）	設問（配点）		解答番号	正解	自己採点欄	問題番号（配点）	設問（配点）		解答番号	正解	自己採点欄
第1問（20）	1	a（3）	1	④		**第4問**（20）	1	（4）	22	④	
		b（3）	2	③			2	（4）	23	③	
	2	a（3）	3	⑤			3	（4）	24	②	
		b（4）	4	①			4	（5）	25	③	
	3	a（3）	5	⑤			5	（3）	26	④	
		b（4）	6	②		小　　計					
小　　計						**第5問**（20）	1	a（3）	27	③	
第2問（20）	1	a（4）	7	③				b（2）	28	⑤	
		b（4）	8	⑤				（2）	29	④	
		c（4）	9	④				c（4）	30	④	
	2	a（4）*	10	②			2	a（3）	31	①	
			11	⑥				b（3）	32	④	
			12	⑤				c（3）	33	⑤	
		b（4）	13	①		小　　計					
小　　計						合　　計					
第3問（20）	1	a（3）	14	③		（注）　＊は，全部正解の場合のみ点を与える。					
		b（3）	15	⑥							
		c（4）	16	②							
	2	a（3）	17	⑤							
		b（1）	18	①							
		（1）	19	②							
		（1）	20	⑧							
		c（4）	21	②							
小　　計											

解　説

第1問
問1
ジエチルエーテル，1-ブタノール，ペンタンはそれぞれ次の構造式で表される物質である。

ジエチルエーテル（エーテル）
CH₃-CH₂-O-CH₂-CH₃
分子量 74

1-ブタノール（アルコール）
CH₃-CH₂-CH₂-CH₂
　　　　　　　　OH
分子量 74

ペンタン（アルカン）
CH₃-CH₂-CH₂-CH₂-CH₃
分子量 72

a　1　正解 ④

表1より，液体ウの密度は 0.81g/cm^3（20℃），20℃の水に対する溶解度は9.1g/100g 水であるから，250gの水に溶けうるウの体積は，

$$\frac{9.1 \text{g} \times \dfrac{250 \text{g}}{100 \text{g}}}{0.81 \text{g/cm}^3} \fallingdotseq 28 \text{cm}^3$$

b　2　正解 ③

液体ア〜ウの分子量は等しいか同程度であるが，表1を見ると，ウの沸点はア・イの沸点と比べて非常に高い。ヒドロキシ基（-OH）をもつ1-ブタノール CH₃CH₂CH₂CH₂OH は，分子間で水素結合を形成するので，分子量が等しいか同程度の他の物質と比べてかなり高い沸点をもつ。したがって，ウは1-ブタノールと考えられる。

また，表1を見ると，アの水に対する溶解度はイ・ウの溶解度と比べて著しく小さい。これはO原子の有無によるものと考えられる。ペンタン CH₃CH₂CH₂CH₂CH₃ は疎水性の炭化水素基だけからなる無極性分子で，O原子をもつ極性分子である他の物質と比べて極めて水に溶けにくい。したがって，アはペンタン，残りのイはジエチルエーテルと考えられる。

問2　a　3　正解 ⑤

操作Ⅰにおける過程を，以下の図(1)〜(3)に示す。

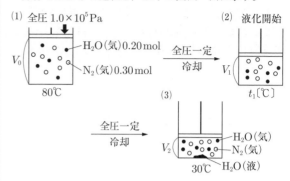

(1)において，H₂O（気）の分圧を P_{H_2O}，N₂（気）の分圧を P_{N_2} とおくと，

$$P_{H_2O} = 1.0 \times 10^5 \text{Pa} \times \frac{0.20}{0.20+0.30} = 0.40 \times 10^5 \text{Pa}$$

$$P_{N_2} = 1.0 \times 10^5 \text{Pa} - P_{H_2O} = 0.60 \times 10^5 \text{Pa}$$

(1)→(2)の冷却過程において，全圧は一定に保たれているから，P_{H_2O} と P_{N_2} は変化しない。

(2)の温度 t_1（℃）において，H₂O（気）は液化を始めるので，P_{H_2O} は t_1（℃）の飽和水蒸気圧と一致している。よって，t_1（℃）は蒸気圧が 0.40×10^5 Pa となる温度であり，蒸気圧曲線のグラフより **75℃** と決まる。

(2)→(3)の冷却過程においても全圧は一定に保たれているが，H₂O は気液平衡の状態になるので，P_{H_2O} は蒸気圧曲線上で減少していく。これに対して N₂（気）の方は $P_{N_2} = 1.0 \times 10^5 \text{Pa} - P_{H_2O}$（蒸気圧）が成り立つので，$P_{H_2O}$（蒸気圧）が減少した分だけ増加していく。

b　4　正解 ①

操作Ⅱにおける過程を，以下の図(4)〜(6)に示す。

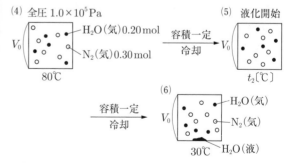

(4)は，操作Ⅰの(1)と同じ状態である。

(4)→(5)の冷却過程において，容積は一定に保たれているから，P_{H_2O} と P_{N_2} はいずれも絶対温度に比例して減少していく。

$$P_{H_2O} = 0.40 \times 10^5 \text{Pa} \times \frac{t+273}{80+273}$$

$$P_{N_2} = 0.60 \times 10^5 \text{Pa} \times \frac{t+273}{80+273}$$

(5)の温度 t_2(℃)において，H_2O(気)は液化を始めるので，P_{H_2O} は t_2(℃)の飽和水蒸気圧と一致している。よって，t_2(℃)は蒸気圧曲線のグラフと

$$P_{H_2O} = 0.40 \times 10^5 \text{Pa} \times \frac{t+273}{80+273}$$

のグラフ(直線)の交点の温度として求まる。次の図から明らかなように，**操作Ⅰ**の t_1 と**操作Ⅱ**の t_2 の値の大小関係は，ア $t_1 > t_2$ である。

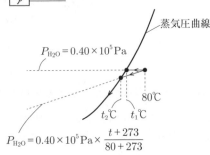

(5)→(6)の冷却過程においても容積は一定に保たれているが，H_2O は気液平衡の状態になるので，P_{H_2O} は蒸気圧曲線上で減少していく。これに対して N_2(気)の方は，(4)→(5)のときと同じように

$$P_{N_2} = 0.60 \times 10^5 \text{Pa} \times \frac{t+273}{80+273}$$

の式に従って減少していく。

次に，**操作Ⅰ**の(3)の状態(30℃)と**操作Ⅱ**の(6)の状態(30℃)における H_2O(気)を比べると，いずれも30℃の飽和水蒸気圧を示している。(3)の容積 V_2 より(6)の容積 V_0 の方が大きいので，明らかに H_2O(気)の物質量は(3)より(6)の方が多い。H_2O の全物質量は同じ(0.20 mol)であるから，H_2O(液)の物質量は(6)より(3)の方が多い。

よって，30℃の容器内に存在する液体の水の質量はイ**操作Ⅰ**の方が多い。

問3 a 5 正解⑤

式(2)より，窒素酸化物アは $N_2O_5 - O_2 = \boxed{N_2O_3}$ と決まる。

$$N_2O_5 \longrightarrow \underset{\text{ア}}{\boxed{N_2O_3}} + O_2 \quad \cdots\cdots(2)$$

イ，ウも窒素酸化物であるから，式(3)より，イ，ウは NO，NO_2 のいずれかである。

$$\underset{\text{ア}}{\boxed{N_2O_3}} \longrightarrow \underset{\text{イ，ウ}}{\boxed{NO} + \boxed{NO_2}} \quad \cdots\cdots(3)$$

式(4)は，イを NO，ウを NO_2 とすれば成り立つ。

$$N_2O_5 + \underset{\text{イ}}{\boxed{NO}} \longrightarrow 3\underset{\text{ウ}}{\boxed{NO_2}} \quad \cdots\cdots(4)$$

イを NO_2，ウを NO とすると，式(4)は成り立たない。よって，イは $\boxed{NO}$，ウは $\boxed{NO_2}$ と決まる。

式(2) + 式(3) + 式(4)より N_2O_3，NO を消去すると，式(1)が得られる。

$$2N_2O_5 \longrightarrow 4NO_2 + O_2 \quad \cdots\cdots(1)$$

b 6 正解②

題意より，式(1)の反応は，式(2)〜式(4)の素反応が順に進行することで起こる複合反応である。式(2)の反応は式(3)と式(4)の反応と比べて十分に遅いので，全体の反応速度 v(式(1)の反応における N_2O_5 の分解速度)は，式(2)の反応の段階(律速段階という)で決まる。

$$N_2O_5 \xrightarrow[\substack{\text{遅い}\\ \text{式(2)}}]{O_2} N_2O_3 \xrightarrow[\substack{\text{速い}\\ \text{式(3)}}]{NO_2} NO \xrightarrow[\substack{\text{速い}\\ \text{式(4)}}]{N_2O_5} 3NO_2$$

したがって，N_2O_5 の分解反応の反応速度式は，式(1)における N_2O_5 の係数2を反応次数とする $v = k[N_2O_5]^2$ (2次反応)ではなく，素反応の式(2)における N_2O_5 の係数1から導かれる $v = k[N_2O_5]$ (1次反応)で表される。

$$v = \frac{-\Delta[N_2O_5]}{\Delta t} = k[N_2O_5]$$

v は $[N_2O_5]$ に比例するので，グラフは原点を通る傾き k の直線(②)となる。

(注) 式(1)の反応のように，1つの化学反応式で示される反応が，実際には多段階で進行する場合がある。そのような場合，全体の反応式だけで反応速度式が決定できるわけではない。したがって，反応速度式は一般的に実験結果に基づいて決定される。

第2問

問1 a 7 正解③

分子やイオンが還元剤としてはたらく場合，それに含まれる何らかの原子の酸化数が増加するが，このとき酸化数の増加分の合計と失った e^- の総数がつり合う。したがって，式(2)の右辺にある「$2e^-$」より，式(2)の反応では，何らかの原子の酸化数が合計で2増加していることになる。式(2)のビタミンCの構造式に着目すると，6個の炭素原子のうち，以下に示す○で囲んだ2個の炭素原子の結合様式だけが変化しているので，これらの炭素原子の酸化数が変化したものと考えられる。

$$O=C \overset{\displaystyle O}{\underset{\displaystyle}{\big|}} CHCH(OH)CH_2OH$$
$$\underset{HO}{\overset{}{}} C = C \overset{}{\underset{OH}{}}$$

$$\longrightarrow \quad O=C \overset{\displaystyle O}{\underset{\displaystyle}{\big|}} CHCH(OH)CH_2OH$$
$$\underset{O}{\overset{}{}} C \!-\! C \overset{}{\underset{O}{}} \quad +2H^+ +2e^-$$

これら2個の炭素原子は同じ変化をしているので，炭素原子1個あたり酸化数が1増加(合計で2増加)していると考えられる。

b 　**8**　正解⑤

ヨウ素溶液にデンプンを加えると青紫色に呈色する。これをヨウ素デンプン反応という。溶液中にヨウ素 I_2 が存在している間は溶液は青紫色を示すが，ヨウ素がすべて反応して消費されてしまうと，青紫色は消えて溶液は無色になる。よって，滴定の終点の前後で，溶液が青紫色から無色へと変化する。

c 　**9**　正解④

式(1)＋式(2)より次式が得られる。

$$I_2 + C_6H_8O_6 \longrightarrow 2I^- + C_6H_6O_6 + 2H^+$$

三角フラスコに取った試料水 50.0 mL に含まれるビタミンCの物質量を x (mol) とする。上の反応式の係数比より，加えた 0.040 mol/L のヨウ素溶液 20.0 mL に含まれる I_2 のうち，ビタミンCの物質量と等しい物質量の I_2 がビタミンCと反応して消費される。このため，反応せずに残った I_2 の物質量は，

$$\left(0.040 \,\text{mol/L} \times \frac{20.0}{1000}\,\text{L} - x\right)(\text{mol})$$

この I_2 が，滴下した 0.010 mol/L のチオ硫酸ナトリウム水溶液 12.0 mL に含まれる $Na_2S_2O_3$ と過不足なく反応する。式(3)の係数比より，I_2 と $Na_2S_2O_3$ は 1：2 の物質量比で反応するので，次式が成り立つ。

$$\left(0.040 \,\text{mol/L} \times \frac{20.0}{1000}\,\text{L} - x\right)(\text{mol})$$
$$: 0.010 \,\text{mol/L} \times \frac{12.0}{1000}\,\text{L} = 1：2$$
$$\therefore \quad x = 7.4 \times 10^{-4}\,\text{mol}$$

ビタミンCのモル質量は 176 g/mol であるから，試料水 50.0 mL 中に含まれるビタミンCの質量は，

$$7.4 \times 10^{-4}\,\text{mol} \times 176\,\text{g/mol} ≒ 0.13\,\text{g} = 130\,\text{mg}$$

問2 a 　**10**　正解②　　**11**　正解⑥
　　　　12　正解⑤

$pH = -\log_{10}[H^+] = 2.80$ より，$[H^+] = 10^{-pH}\,\text{mol/L}$
$= 10^{-2.80}\,\text{mol/L} = 1.6 \times 10^{-3}\,\text{mol/L}$ である。

よって，

$$K_a = \frac{[H^+]^2}{c} = \frac{(1.6 \times 10^{-3}\,\text{mol/L})^2}{0.10\,\text{mol/L}}$$
$$= 2.56 \times 10^{-5}\,\text{mol/L} ≒ 2.6 \times 10^{-5}\,\text{mol/L}$$

なお，このときの α は

$$\alpha = \frac{[H^+]}{c} = \frac{1.6 \times 10^{-3}\,\text{mol/L}}{0.10\,\text{mol/L}} = 1.6 \times 10^{-2}$$

であり，1に比べてかなり小さい。

b 　**13**　正解①

電離定数 K_a は温度で決まる定数であるから，温度が一定であれば水溶液を希釈しても K_a の値は変化しない。

$$K_a = \frac{[H^+]^2}{c} \quad \text{より，} \quad [H^+] = \sqrt{K_a c} \qquad \cdots\cdots(1)$$

式(1)を $\alpha = \dfrac{[H^+]}{c}$ に代入すると，

$$\alpha = \frac{\sqrt{K_a c}}{c} = \sqrt{\frac{K_a}{c}} \qquad \cdots\cdots(2)$$

c (mol/L) の酢酸水溶液を4倍に希釈したときの電離度を α' とすると，式(2)より

$$\alpha' = \sqrt{\frac{K_a}{\dfrac{c}{4}}} = 2\sqrt{\frac{K_a}{c}} = 2\alpha$$

よって，近似式が成り立つ範囲で，α の値はほぼ2倍になる。

第3問

問1　操作A～Eによって起こる反応は，以下の通り。

A　亜鉛に希硫酸を加えると，水素が発生する。
　$$Zn + H_2SO_4 \longrightarrow ZnSO_4 + \underline{H_2} \quad (H_2：無色，無臭)$$

B　濃硫酸に塩化ナトリウムを加えて加熱すると，塩化水素が発生する。
　$$NaCl + H_2SO_4 \longrightarrow \underline{HCl} + NaHSO_4$$
　$$\qquad\qquad\qquad\qquad (HCl：無色，刺激臭)$$

C　高度さらし粉に塩酸を加えると，塩素が発生する。
　$$Ca(ClO)_2 \cdot 2H_2O + 4HCl$$
　$$\longrightarrow CaCl_2 + 2\underline{Cl_2} + 4H_2O$$
　$$\qquad\qquad\qquad (Cl_2：黄緑色，刺激臭)$$

D　硫化鉄(Ⅱ)に希硫酸を加えると，硫化水素が発生する。
　$$FeS + H_2SO_4 \longrightarrow \underline{H_2S} + FeSO_4$$
　$$\qquad\qquad\qquad (H_2S：無色，腐卵臭)$$

E　銅に濃硝酸を加えると，二酸化窒素が発生する。
　$$Cu + 4HNO_3 \longrightarrow Cu(NO_3)_2 + 2\underline{NO_2} + 2H_2O$$
　$$\qquad\qquad\qquad (NO_2：赤褐色，刺激臭)$$

a 　**14**　正解③

酸化還元反応では，反応式中の特定の原子の酸化数が

— 化53 —

変化(増加と減少)している。操作A，C，Eによって起こる反応では，以下に示す原子の酸化数が変化している。

《参考》 化学反応式中に単体を含む反応は，一般に酸化還元反応である。

A $\underset{0}{Zn} + \underset{+1}{H_2SO_4} \longrightarrow \underset{+2}{ZnSO_4} + \underset{0}{H_2}$

C $Ca(\underset{+1}{ClO})_2 \cdot 2H_2O + 4\underset{-1}{HCl} \longrightarrow CaCl_2 + 2\underset{0}{Cl_2} + 4H_2O$

E $\underset{0}{Cu} + 4H\underset{+5}{N}O_3 \longrightarrow \underset{+2}{Cu}(NO_3)_2 + 2\underset{+4}{N}O_2 + 2H_2O$

なお，操作Bによって起こる反応は揮発性酸(HCl)の遊離反応，Dによって起こる反応は弱酸(H₂S)の遊離反応であり，いずれも，酸化数が変化している原子はない。

b 15 正解⑥

操作Eで発生する気体NO₂は，赤褐色である。表1に示された色の欄には「赤褐色」がないことから，**ウ**は操作Eにより発生する気体であり，**X**は赤褐色とわかる。また，操作Dで発生する気体H₂Sは，腐卵臭である。表1に示されたにおいの欄には「腐卵臭」がないことから，**エ**は操作Dにより発生する気体であり，**Y**は腐卵臭とわかる。

c 16 正解②

表1の**ア**はHCl，**イ**はH₂，**ウ**はNO₂，**エ**はH₂S，**オ**はCl₂である。

①(正) **ア**(HCl)にアンモニアを触れさせると，次の反応が起こり，塩化アンモニウムの固体微粒子が生成する。このため白煙を生じる。

$HCl + NH_3 \longrightarrow NH_4Cl$

②(誤) **イ**(H₂)は，操作A〜Eにより発生した気体の中で沸点が最も低い。なお，すべての物質中で最も沸点が低いのはヘリウムHeであり，2番目に低いのはH₂である。

③(正) **ウ**(NO₂)は，操作eにより発生した気体である。

④(正) **エ**(H₂S)は，有毒の気体で火山ガスに含まれている。

⑤(正) **オ**(Cl₂)は酸化力が強く，漂白作用を示す。例えば，塩素を入れた集気びんに色のついた花びらを入れて放置すると，花びらが酸化漂白されて白くなる。

問2 a 17 正解⑤

①(正) 炭酸カルシウムCaCO₃は，石灰石，大理石，貝殻などの主成分であり水に溶けにくいが，CO₂を含む水や塩酸には溶ける。

$\underset{\text{溶ける}}{CaCO_3 + CO_2 + H_2O \longrightarrow Ca(HCO_3)_2}$

$\underset{\text{溶ける}}{CaCO_3 + 2HCl \longrightarrow CaCl_2 + H_2O + CO_2}$

②(正) 二酸化ケイ素SiO₂に炭素Cを高温で作用させると，ケイ素Siが生じる。

$SiO_2 + 2C \longrightarrow Si + 2CO$

③(正) 酸化カルシウム(生石灰)CaOに水を加えると，大きな発熱が生じて，水酸化カルシウムCa(OH)₂(消石灰)が生じる。このため酸化カルシウムは乾燥剤や発熱剤として利用される。

$CaO + H_2O \longrightarrow Ca(OH)_2$

④(正) カルシウムCaに水を加えると，水素H₂が発生して，水酸化カルシウムCa(OH)₂が生じる。

$Ca + 2H_2O \longrightarrow Ca(OH)_2 + H_2$

⑤(誤) 一酸化炭素COは水に溶けにくい。二酸化炭素CO₂は水に少し溶けて一部が電離し，弱い酸性を示す。

$CO_2 + H_2O \rightleftharpoons H^+ + HCO_3^-$

b 18 正解① 19 正解②
20 正解⑧

図1の反応Ⅰ〜Ⅳを化学反応式で表すと，以下のようになる。

反応Ⅰ：$CaCO_3 \longrightarrow CaO + CO_2$

反応Ⅱ：$CaO + 3C \longrightarrow CaC_2 + CO$

反応Ⅲ：$CaC_2 + 2H_2O \longrightarrow C_2H_2 + Ca(OH)_2$

反応Ⅳ：$Ca(OH)_2 + CO_2 \longrightarrow CaCO_3 + H_2O$

Ⅰ＋Ⅱ＋Ⅲ＋Ⅳより，中間で生じた物質を消去して一つの化学反応式で表すと，

$3C + H_2O \longrightarrow C_2H_2 + CO$ ……(※)

となり，炭素Cと A 水 H₂OからアセチレンC₂H₂とともに， B 一酸化炭素 COが生じる反応式になる。反応Ⅰ〜Ⅳが完全に進み，それ以外の反応が起こらなければ，炭酸カルシウムCaCO₃が少量であっても，式(※)より炭素C 1.0 molからアセチレンC₂H₂ 1.0 mol×$\frac{1}{3}$

≒ C 0.33 molを合成できることがわかる。

(注) 式(※)の反応が直接起こるわけではない。

c 21 正解②

①(正) **b**で導いた式(※)からわかるように，炭素Cを2.0 molにすれば，反応式の係数比よりアセチレンC₂H₂を2.0 mol×$\frac{1}{3}$つくれることがわかる。

— 化54 —

$$3C + H_2O \longrightarrow C_2H_2 + CO \quad \cdots\cdots(※)$$
$$2.0\,\text{mol} \qquad\qquad 2.0\,\text{mol} \times \frac{1}{3}$$

②(誤) 式(※)に $CaCO_3$ が含まれていないのは，反応Ⅰで消費された $CaCO_3$ の量と同じ量の $CaCO_3$ が反応Ⅳで再生され，繰り返し使用できるからである。したがって，反応Ⅳで $CaCO_3$ が生成しないと，各工程の反応を繰り返すことができない。

反応Ⅰ～Ⅳの反応式の係数比より，各1回の反応で $CaCO_3$ $0.10\,\text{mol}$ あたり炭素 C $0.10\,\text{mol} \times 3$ が消費され，アセチレン C_2H_2 $0.10\,\text{mol}$ が生成する。したがって，炭素 C $1.0\,\text{mol}$ を消費させるには，反応Ⅰ～Ⅳのプロセスを $\dfrac{1.0\,\text{mol}}{0.10\,\text{mol} \times 3/\text{回}} = \dfrac{10}{3}$ 回繰り返さなければならない。すなわち，反応Ⅳの工程は最低 4 回行って，各回ごとに $CaCO_3$ を再生させる必要がある。

③(正) 図1を参考にして，以下のようなプロセスを考えればよい。これにより少量の酸化カルシウム CaO からでも，反応Ⅱ，Ⅲにもう1つのある反応(反応Ⅴとする)を組み合わせれば，全体として反応(※)と一致させることができる。

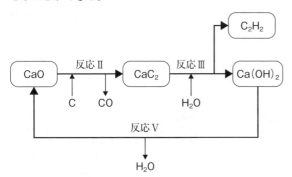

上図より，もう一つの反応Ⅴは，次の反応式で表される。

反応Ⅴ：$Ca(OH)_2 \xrightarrow{\text{加熱}} CaO + H_2O$

(Ⅱ＋Ⅲ＋Ⅴより，反応(※)が得られる。)

④(正) 反応Ⅳで過剰に CO_2 を通じると，次の反応が起こって水溶性の炭酸水素カルシウム $Ca(HCO_3)_2$ が生じ，$CaCO_3$ の物質量が減少する。

$$CaCO_3 + CO_2 + H_2O \rightleftarrows Ca(HCO_3)_2$$

第4問

問題文に示されたベンゼンからフェノールを合成する工業的な製法は，クメン法とよばれる。

ベンゼン $\xrightarrow[\text{プロペン}]{A\;\boxed{CH_2=CHCH_3}}$ B $\boxed{\text{クメン(CH(CH}_3)_2\text{ベンゼン)}}$

B(クメン) $\xrightarrow{O_2}$ クメンヒドロペルオキシド $\xrightarrow{\text{希硫酸}}$ C $\boxed{CH_3\text{-C(=O)-}CH_3}$ ＋ フェノール(OH)
アセトン

得られたフェノールのナトリウム塩(ナトリウムフェノキシド)を加熱・加圧下で二酸化炭素 CO_2 と反応させ，生じた生成物(サリチル酸ナトリウム)に希硫酸を加えて酸性にすると，サリチル酸が得られる。

ナトリウムフェノキシド $\xrightarrow[\text{加熱・加圧}]{CO_2}$ サリチル酸ナトリウム $\xrightarrow{\text{希硫酸}}$ サリチル酸

問1 〔22〕 正解 ④

①(正) プロペン(A)を付加重合させると，高分子化合物のポリプロピレンになる。

$$n\,CH_2=CHCH_3 \xrightarrow{\text{付加重合}} {-\!\!\left[CH_2-CH(CH_3)\right]\!\!-}_n$$
プロペン(プロピレン)　　　ポリプロピレン

②(正) プロペン(A)を触媒($PdCl_2 + CuCl_2$)の存在下で，水中で酸化すると，アセトン(C)が得られる。

$$CH_2=CHCH_3 \xrightarrow[PdCl_2+CuCl_2]{+(O)} CH_3COCH_3$$
プロペン　　　　　　　　　　　　アセトン

(注) 同様の反応をエチレンで行うと，アセトアルデヒドが得られる。

$$CH_2=CH_2 \xrightarrow[PdCl_2+CuCl_2]{+(O)} CH_3CHO$$
エチレン　　　　　　　　　アセトアルデヒド

③(正) アセトン(C)は CH_3COR の構造をもち，

ヨードホルム反応を示す(陽性)。

$$CH_3-\underset{\underset{O}{\|}}{C}-R \xrightarrow[\text{加熱}]{I_2/NaOHaq} \left(CI_3\vdots\underset{\underset{O}{\|}}{C}-R\right) \longrightarrow$$

アセトン　　　　　　　　　ヨードホルム反応

$$\nearrow R-\underset{\underset{O}{\|}}{C}-ONa \quad \text{カルボン酸塩}$$

$$\searrow CHI_3\downarrow \quad \begin{array}{l}\text{ヨードホルム}\\ \text{(特異臭をもつ黄色の沈殿)}\end{array}$$

④(誤) アセトン(**C**)はケトンRCOR′の一種であり，還元性をもたないので銀鏡反応を示さない(陰性)。

問2 23 **正解③**

①(正) クメン(**B**)は炭化水素の一種であり，親水性基をもたず水に溶けにくい。

②(正) クメン(**B**)は，ベンゼン環の炭素原子の一つにイソプロピル基(CH₃)₂CH−がついた構造をもち，ベンゼンより分子量が大きいので分子間力がより強くはたらく。このため，クメンの沸点(152℃)はベンゼンの沸点(80℃)より高い。

③(誤) クメン(**B**)を構成する炭素原子は全部で9個あるが，次図に示すように，そのうちの2個©は同一平面上にない。

（H原子は省略してある）

④(正) クメン(**B**)がもつH原子1個をCl原子で置き換えてできる構造異性体の数は以下に示す5個である。

クメン
（H原子は省略してある）

問3 24 **正解②**

サリチル酸から合成されるアセチルサリチル酸とサリチル酸メチルは次の構造式で表される。

アセチルサリチル酸　　　　サリチル酸メチル

炭酸水素ナトリウム NaHCO₃ 水溶液に気体 CO₂ を発生して溶けるのは，カルボキシ基−COOH をもつアセチルサリチル酸の方だけである。(NaHCO₃ はカルボン酸のような炭酸より強い酸とは反応するが，フェノール類のような炭酸より弱い酸とは反応しない。)

$$+ \ NaHCO_3$$

$$\longrightarrow \qquad + \ H_2O \ + \ CO_2$$

塩化鉄(Ⅲ)水溶液で呈色するのは，ベンゼン環の炭素原子に直接結合したヒドロキシ基−OH(フェノール性−OH)をもつサリチル酸メチルの方だけである。

←FeCl₃で呈色する

問4 25 **正解③**

サリチル酸 C₇H₆O₃(分子量 138)1mol(138g)から得られるアセチルサリチル酸 C₉H₈O₄(分子量 180)は，理論上 1mol(180g)である。したがって，サリチル酸 2.76g から得られる理論上のアセチルサリチル酸は，

$$2.76\,g\times\frac{180}{138}=3.60\,g$$

である。実際に得られたアセチルサリチル酸は 1.80g なので，その収率(%)は定義より，

$$\frac{1.80\,g}{3.60\,g}\times100=50.0\%$$

問5 26 **正解④**

アセチルサリチル酸は解熱鎮痛剤として，サリチル酸メチルは消炎鎮痛剤として用いられる。

— 化56 —

第5問

問1 a 27 正解 ③

溶媒に対する溶解度の差を利用して，混合物から特定の物質を溶かし出して分離する操作を抽出という。食品に含まれる水溶性の「うま味」成分を，溶媒の水に溶かし出す操作もその例である。

[参考]
① 分留：沸点の差を利用して液体混合物を蒸留し，複数の留出物に分離する操作。
② ろ過：固体と液体の混合物から，ろ紙などを用いて固体を分離する操作。
④ 再結晶：不純物を含む固体を溶媒に溶かし，温度による溶解度の違いを利用して，より純粋な物質を析出させて分離する操作。
⑤ 昇華法：固体の混合物を加熱して，固体から直接気体になる成分を冷却して分離する操作。

b 28 正解 ⑤   29 正解 ④

ヌクレオチドを構成するアはリン酸 H_3PO_4（⑤），イは五炭糖である。RNA の構成単位であるヌクレオチドは，イの五炭糖がリボース $C_5H_{10}O_5$ で ④ の構造をもつ。一方，DNA の構成単位であるヌクレオチドは，五炭糖がデオキシリボース $C_5H_{10}O_4$ で ③ の構造をもつ。④ の 2 位の炭素原子に結合する $-OH$ が，③ では $-H$ になっていることに注意する。また，④，③ いずれも 1 位の炭素原子に結合する $-OH$ の位置が，ヌクレオチド中では β 型（環の上側）になっている。

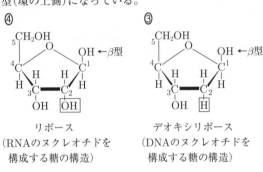

リボース
（RNAのヌクレオチドを構成する糖の構造）

デオキシリボース
（DNAのヌクレオチドを構成する糖の構造）

c 30 正解 ④

b より，シイタケのうま味成分であるヌクレオチドは，以下の三つの化合物が縮合してできた構造をもつ物質である。

ア $HO-P(=O)(OH)-OH$ (H_3PO_4 分子量 98)

イ $HO-CH_2$ 五炭糖部分 $-OH$ ($C_5H_{10}O_5$ 分子量 150)

グアニン （分子量 151）

縮合 ↓ $-2H_2O$

ヌクレオチド

よって，このヌクレオチドの分子量は，

$$98 + 150 + 151 - 2 \times 18 = \underline{363}$$

問2 a 31 正解 ①

実験で使われた 5 種のプラスチックは，次の構造式で表される。

ポリエチレンテレフタラート（PET）

$-[-C(=O)-C_6H_4-C(=O)-O-CH_2-CH_2-O-]_n-$

ポリエチレン（PE）

$-[-CH_2-CH_2-]_n-$

ポリ塩化ビニル（PVC）

$-[-CH_2-CHCl-]_n-$

ポリプロピレン（PP）

$-[-CH_2-CH(CH_3)-]_n-$

ポリスチレン（PS）

$-[-CH_2-CH(C_6H_5)-]_n-$

実験Ⅰは「バイルシュタイン試験」とよばれ，青緑色の炎色反応が見られると，その物質が Cl などのハロゲン元素を含むことがわかる。実験Ⅰの結果より，アだけにこの炎色反応が確認されたので，アは塩素 Cl を含む PVC と決まる。

① (誤) 塩素を含むプラスチックは，一般に C，H や C，H，O からなるプラスチックと比べて，燃えにくい性質（難燃性）をもつ。したがって PVC は，イ〜オのいずれよりも燃えにくいと考えられる。

②（正）　PVC を燃焼させると，塩化水素やダイオキシンなど有害な物質を生じることがある。

③（正）　PVC は，**イ～オ**のいずれにも含まれない Cl 元素を含む。

④（正）　PVC は，安価で薬品に強く，燃えにくいので，シート，ホース，パイプなどに広く利用される。また，電線の被覆材としても大量に使われている。

［参考］　バイルシュタイン試験(Cl, Br, I の検出)

　銅 Cu 線を熱した後，空気中に出し，CuO の黒色被膜をつくる。これを試料につけたとき，試料中に Cl があると，$CuCl_2$ が生じる。

$$\Downarrow$$

$CuCl_2$ が外炎の中に入ると Cu^{2+} の青緑色の炎色を示す。

b　 32 　正解 ④

　5 種類のプラスチックのうち，PE と PP はいずれも組成式が CH_2 で表される。したがって，これらの炭素含有率(質量%)は等しく，CH_2 と C の式量比より次のように求まる。

$$\frac{C}{CH_2} \times 100 \fallingdotseq \frac{12}{14} \times 100 \fallingdotseq 86\%$$

c　 33 　正解 ⑤

　実験Ⅱより，**イ**と**ウ**は燃焼試験の結果にほとんど差がない。**b** を考慮すると，**イ**と**ウ**は(PE, PP)と考えられる。PE, PP, PET, PS のうち，PS の炭素含有率は 92% で最大，PET の炭素含有率は 63% で最小である。これより PS の方が PET より，すすが多いと推測される。よって，**実験Ⅱ**より，**エ**は PS，**オ**は PET と考えられる。

［参考］

$$PS の C\% \quad \frac{C}{CH} \times 100 = \frac{12}{13} \times 100 \fallingdotseq 92\%$$

$$PET の C\% \quad \frac{5\,C}{C_5H_4O_2} \times 100 = \frac{60}{96} \times 100 \fallingdotseq 63\%$$

第 5 回

実 戦 問 題

解答・解説

化　学　　第5回　（100点満点）

（解答・配点）

問題番号（配点）	設問（配点）		解答番号	正解	自己採点欄	問題番号（配点）	設問（配点）		解答番号	正解	自己採点欄
第1問（20）	1	（4）	1	③		第4問（20）	1	（3）	21	②	
	2	（2）	2	③			2	（2）	22	③	
		（2）	3	⑤				（2）	23	②	
	3	a（4）	4	②			3	（3）	24	④	
		b（4）*	5	③			4	a（3）	25	②	
			6	②				b（3）	26	⑤	
			7	④			5	（4）	27	③	
		c（4）	8	②			小　計				
	小　計					第5問（20）	1	（4）	28	③	
第2問（20）	1	（3）	9	③			2	（4）	29	①	
	2	（3）	10	②			3	（4）	30	②	
	3	（2）	11	①			4	（4）	31	④	
		（2）	12	⑤			5	（4）	32	②	
	4	a（3）	13	④			小　計				
		b（3）	14	③			合　計				
		c（4）	15	①		（注）　*は，全部正解の場合のみ点を与える。					
	小　計										
第3問（20）	1	a（4）	16	④							
		b（4）	17	③							
	2	a（4）	18	②							
		b（4）	19	③							
		c（4）	20	②							
	小　計										

— 化60 —

解　説

第1問

問1　 1 　正解 ③

①～⑤の分子形は，以下の通りである。

① H−C≡C−H
直線形

② [H−O−H₂]⁺ 三角すい形

③ H−S−H 折れ線形

④ H−C≡N
直線形

⑤ [NH₄]⁺ 正四面体形

問2　 2 　正解 ③　 3 　正解 ⑤

・A → B の変化

圧力 P_0 のとき体積 $6V_0$（A点），圧力 $2P_0$ のとき体積 $3V_0$（B点）であり，A → B 間で圧力 P と体積 V が反比例している。これは，温度 T 一定でボイルの法則 $PV=k$（一定）が成り立っているからである。よって，「温度一定で，圧力を2倍にした」が当てはまる。

・C → D の変化

圧力 P が一定（$6P_0$）で，体積 V が $3V_0$ からその2倍の $6V_0$ に増加している。これは，P 一定でシャルルの法則 $\dfrac{V}{T}=k$（一定）が成り立っているからである。よって，「圧力一定で，絶対温度を2倍にした」が当てはまる。

なお，B → C の変化は，体積 V が一定で，圧力 P が絶対温度 T に比例していることを示す。P が $2P_0$ から3倍の $6P_0$ に変化しているので，「体積一定で，絶対温度を3倍にした」が当てはまる。

問3　a　 4 　正解 ②　b　 5 　正解 ③
　　　　　　 6 　正解 ②　　 7 　正解 ④
　　　c　 8 　正解 ②

a

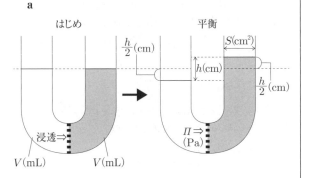

図より，右側の水溶液の体積増加分は，
$$V' - V = \dfrac{1}{2}hS \,(\mathrm{mL})$$

b　$h(\mathrm{cm})$ の液面差が生じている状態において，右側の水溶液の浸透圧 $\Pi(\mathrm{Pa})$ は，水溶液柱 $h(\mathrm{cm})$ の重力による圧力とつり合っている。題意により，1.0 cm の液面差が示す圧力を 100 Pa とすると，Π は次式で表すことができる。
$$\Pi(\mathrm{Pa}) = h(\mathrm{cm}) \times 100\,\mathrm{Pa/cm} = 100h(\mathrm{Pa})$$
平均分子量 M の高分子化合物 $w(\mathrm{g})$ の物質量は，
$$\dfrac{w(\mathrm{g})}{M(\mathrm{g/mol})} = \dfrac{w}{M}\,(\mathrm{mol})$$
よって，水溶液のモル濃度を $C(\mathrm{mol/L})$ とおくと，
$$C = \dfrac{\dfrac{w}{M}(\mathrm{mol})}{(V+\dfrac{hS}{2}) \times 10^{-3}(\mathrm{L})} = \dfrac{1000w}{M(V+\dfrac{hS}{2})}(\mathrm{mol/L})$$
さらに Π についてはファントホッフの式（$\Pi = CRT$）が成り立つ。
$$\therefore\ 100h = \dfrac{1000w}{M(V+\dfrac{hS}{2})}RT$$

$h = 8.3\,\mathrm{cm}$，$w = 1.0\,\mathrm{g}$，$V = 90\,\mathrm{mL}$，$S = 1.0\,\mathrm{cm}^2$，$R = 8.3 \times 10^3\,\mathrm{Pa \cdot L/(mol \cdot K)}$，$T = 300\,\mathrm{K}$ を代入すると，
$$100 \times 8.3 = \dfrac{1000 \times 1.0}{M(90+\dfrac{8.3 \times 1.0}{2})} \times 8.3 \times 10^3 \times 300$$

$$\therefore\ M = 3.18 \times 10^4 \fallingdotseq 3.2 \times 10^4$$

c　U字管の左側の純水に 8.3 mL の純水を加えると，断面積が 1.0 cm² なので加えた直後は左右両側の液面の高さが一致（$h=0$）するが，直ちに半透膜を通じて左側から右側へ純水が浸透していく。これにより左側の液面が下がり右側の液面が上がる。その結果，水溶液の濃度は純水を加える前より小さくなるので，長時間放置したときの液面差 h は 8.3 cm より小さくなる。よって，0 < h < 8.3 である。

第2問

問1　 9 　正解 ③

①（正）　直流電源の正極につながれた電極（陽極）では，電子を失う変化（酸化反応）が起こる。一方，直流電源の負極につながれた電極（陰極）では，電子を受けとる変化（還元反応）が起こる。

②（正）　両電極に銅 Cu を用いて $CuSO_4$ 水溶液を電気分解すると，陽極では Cu が溶け出し，陰極では Cu

が析出する。これにより，陽極の質量は小さくなり，陰極の質量は大きくなる。

陽極：$Cu \longrightarrow Cu^{2+} + 2e^-$
陰極：$Cu^{2+} + 2e^- \longrightarrow Cu$

③（誤）両電極に白金 Pt を用いて Na_2SO_4 水溶液を電気分解すると，流れた電子 e^- 4mol あたり，陽極では酸素 O_2 1mol が発生し，陰極では水素 H_2 2mol が発生する。

陽極：$2H_2O \longrightarrow \underset{1mol}{O_2}\uparrow + 4H^+ + \underset{4mol}{4e^-}$
陰極：$2H_2O + \underset{4mol}{2e^-} \longrightarrow \underset{2mol}{H_2}\uparrow + 2OH^-$

④（正）両電極に白金 Pt を用いて，希硫酸を電気分解すると，次の変化が起こる。

陽極：$2H_2O \longrightarrow O_2\uparrow + 4H^+ + 4e^-$
陰極：$2H^+ + 2e^- \longrightarrow H_2\uparrow$

また，両電極に白金 Pt を用いて，NaOH 水溶液を電気分解すると，次の変化が起こる。

陽極：$4OH^- \longrightarrow 2H_2O + O_2\uparrow + 4e^-$
陰極：$2H_2O + 2e^- \longrightarrow H_2\uparrow + 2OH^-$

いずれも陽極では O_2，陰極では H_2 が発生する。
（e^- を消去して全体の反応式をつくると，いずれも $2H_2O \longrightarrow 2H_2 + O_2$ となり，水の電解が起こることがわかる。）

問2 ☐10 正解②

$\underbrace{CH_4(気) + H_2O(気)}_{反応物} = \underbrace{CO(気) + 3H_2(気)}_{生成物} + Q(kJ)$

反応熱＝（生成物の生成熱の和）－（反応物の生成熱の和）

の関係式を用いると，表1より
$Q = (111 + 3 \times 0)kJ - (75 + 242)kJ = \underline{-206}kJ$
　　CO(気)　H_2(気)　CH_4(気)　H_2O(気)

（注）単体の生成熱は 0kJ/mol である。

《参考》

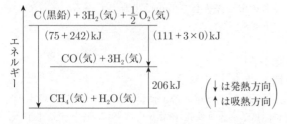

（↓は発熱方向
　↑は吸熱方向）

問3 ☐11 正解①　☐12 正解⑤

・[A]と v の関係
表2のデータを用いて，1min 間隔ごとにAの平均濃度[A]とAの平均濃度減少速度 $\overline{v}$，さらに $\dfrac{\overline{v}}{[\overline{A}]}$ を算出してみると，以下のようになる。

t (min)	0〜1	1〜2	2〜3	…
$[\overline{A}]$(mol/L)	$(1.0+0.76)\times\dfrac{1}{2}=0.88$	0.67	0.51	…
$\overline{v}$(mol/(L・min))	$\dfrac{-(0.76-1.0)}{1-0}=0.24$	0.18	0.14	…
$\dfrac{\overline{v}}{[\overline{A}]}$(/min)	$\dfrac{0.24}{0.88}\fallingdotseq 0.27$	0.27	0.27	…

$\dfrac{\overline{v}}{[\overline{A}]}$ の値がほぼ一定値（約 $0.27 min^{-1}$）になるので，この反応は一次反応と考えてよい。反応速度式は $v = k[A]$（反応速度定数 $k = 0.27 min^{-1}$）で表されるから，グラフは原点を通る直線①となる。

・t と n の関係

式(3)より，Aが n(mol)減少すると，気体Cは n(mol)増加する。Aの物質量は1次反応により時間 t とともにグラフ⑥のように減少していく（この傾向は表2のデータからもわかる）。よって，気体Cはグラフ⑤のように増加していく。

問4 a ☐13 正解④　**b** ☐14 正解③
c ☐15 正解①

a 題意より，式(4)で生成する H^+ と比べて，式(5)で生成する H^+ は無視しうる（$K_1 \gg K_2$ であるため）。

$\underset{1\ :\ 1}{H_2S \rightleftharpoons H^+ + HS^-}$ ……(4)

これより，$[H^+]$ と $[HS^-]$ はほぼ等しいと考えてよい。式(6)より，

$K_1 = \dfrac{[H^+][HS^-]}{[H_2S]} \fallingdotseq \dfrac{[H^+]^2}{[H_2S]}$

∴ $[H^+] = \sqrt{K_1[H_2S]}$

H_2S の飽和水溶液において $[H_2S]$ は $0.1 mol/L$ であり，K_1 は $1 \times 10^{-7} mol/L$ であるから，

$[H^+] = \sqrt{1 \times 10^{-7} \times 0.1} = 1 \times 10^{-4} mol/L$

∴ $pH = -\log_{10}[H^+] = -\log_{10}(1 \times 10^{-4}) = \underline{4}$

b 式(6)×式(7)より，$[HS^-]$ を消去すると，

$K_1 \times K_2 = \dfrac{[H^+][\cancel{HS^-}]}{[H_2S]} \times \dfrac{[H^+][S^{2-}]}{[\cancel{HS^-}]} = \dfrac{[H^+]^2[S^{2-}]}{[H_2S]}$

∴ $[S^{2-}] = \dfrac{[H_2S]\,K_1K_2}{[H^+]^2}$

c 金属イオン M^{2+} のモル濃度を $[M^{2+}]$ とすると，$[M^{2+}]$ と $[S^{2-}]$ の積が MS の溶解度積 K_{sp} の値を超えると，MSが沈殿する。

$[M^{2+}][S^{2-}] > K_{sp} \longrightarrow$ MS が沈殿

はじめの混合水溶液中の$[A^{2+}]$, $[B^{2+}]$, $[C^{2+}]$はいずれも1×10^{-2}mol/Lであるから, K_{sp}
$[A^{2+}][S^{2-}]=(1\times10^{-2})\times(1\times10^{-18})=1\times10^{-20}>6.5\times10^{-30}$
$[B^{2+}][S^{2-}]=(1\times10^{-2})\times(1\times10^{-18})=1\times10^{-20}<2.1\times10^{-20}$
$[C^{2+}][S^{2-}]=(1\times10^{-2})\times(1\times10^{-18})=1\times10^{-20}<2.2\times10^{-18}$
よって, <u>AS</u>だけが沈殿する。

第3問
問1 a ｜16｜ 正解 ④ b ｜17｜ 正解 ③

図1の操作手順によって, 5種類の金属イオン(Ag^+, Cu^{2+}, Zn^{2+}, Fe^{3+}, Al^{3+})は, 次のように分離される。

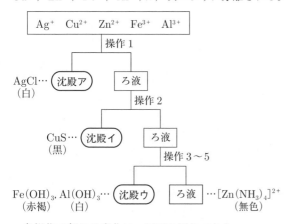

各操作で起こる変化は, 以下の通りである。
操作1：HClaqを加える。
$$Ag^+ + Cl^- \longrightarrow AgCl\downarrow$$
操作2：H_2Sを通じる。(HCl酸性下)
$$Cu^{2+} + S^{2-} \longrightarrow CuS\downarrow$$
Fe^{3+}がH_2SによりFe^{2+}に還元される。
操作3：煮沸してH_2Sを追い出す。
操作4：希硝酸を加える。
Fe^{2+}がHNO_3によりFe^{3+}に酸化される。
操作5：過剰のアンモニア水を加える。
$$Fe^{3+} + 3NH_3 + 3H_2O \longrightarrow Fe(OH)_3\downarrow + 3NH_4^+$$
$$Al^{3+} + 3NH_3 + 3H_2O \longrightarrow Al(OH)_3\downarrow + 3NH_4^+$$
$$Zn^{2+} + 4NH_3 \longrightarrow [Zn(NH_3)_4]^{2+}$$

a 沈殿ア($AgCl$)は, 過剰のアンモニア水を加えると, 錯イオン$[Ag(NH_3)_2]^+$を生じて溶ける。
$$AgCl + 2NH_3 \longrightarrow \underset{無色}{[Ag(NH_3)_2]^+} + Cl^-$$

一方, 沈殿イ(CuS)は, 過剰のアンモニア水を加えても溶けない。これはCuSの溶解度積が極めて小さく, 錯イオン$[Cu(NH_3)_4]^{2+}$(深青色)が生じにくいためである。
$$CuS + 4NH_3 \not\longrightarrow [Cu(NH_3)_4]^{2+} + S^{2-}$$

よって, ④が当てはまる。

b 沈殿ウは, 赤褐色の$Fe(OH)_3$と白色の$Al(OH)_3$の混合物である。これに過剰のNaOH水溶液を加えると, 両性水酸化物の$Al(OH)_3$は錯イオン$[Al(OH)_4]^-$を生じて溶けるが, $Fe(OH)_3$は溶けない。よってこれをろ過すると, ③赤褐色の$Fe(OH)_3$だけがろ紙上に残る。

$$Al(OH)_3 + OH^- \longrightarrow \underset{無色}{[Al(OH)_4]^-}$$
$$Fe(OH)_3 + OH^- \not\longrightarrow$$

問2 a ｜18｜ 正解 ② b ｜19｜ 正解 ③
c ｜20｜ 正解 ②

a 題意より, 複数の塩の混合物でも陽イオンの正電荷の総和と陰イオンの負電荷の総和を合わせると0になるので, イオン｜ア｜の電荷をn(nは整数)とおくと, 表1より次式が成り立つ。
$n\times0.55+(+1)\times0.45+(+2)\times0.070+(-2)\times0.034+(+1)\times0.010+(+2)\times0.0090=0$
$\therefore n=-1$
よって｜ア｜は, 1価の陰イオン(②)とわかる。

なお, 表1からわかるように, ｜ア｜やNa^+は他のイオンと比べて濃度が大きいので, 海水に最も多く含まれる塩は塩化ナトリウムであり, ｜ア｜はその成分のCl^-と考えられる。

b 表1から考えて, ある硫酸塩の二水和物は, 水に溶けにくいセッコウ$CaSO_4\cdot2H_2O$と考えられる。
①(誤) 硫酸バリウム$BaSO_4$が該当する。
②(誤) $CaCl_2$やNaOHなどが該当する。
③(正) セッコウを加熱すると, 粉末状の半水和物(焼きセッコウ)になる。焼きセッコウを水で練って放置すると, 膨張・硬化してセッコウにもどる。この性質を利用して, 建築材料・医療用ギプス・セッコウ像などに用いられる。

$$CaSO_4\cdot2H_2O \xrightarrow{120\sim140℃} \underset{焼きセッコウ}{CaSO_4\cdot\frac{1}{2}H_2O} + \frac{3}{2}H_2O$$
（膨張・硬化 ← 水）

④(誤) 水酸化カルシウム$Ca(OH)_2$(消石灰)が該当する。湿った$Ca(OH)_2$にCl_2を通じると, さらし粉が得られる。
$$Ca(OH)_2 + Cl_2 \longrightarrow \underset{さらし粉}{CaCl(ClO)\cdot H_2O}$$

⑤(誤) 炭酸カルシウム$CaCO_3$が該当する。$CaCO_3$は石灰石, 大理石, 貝殻などの主成分である。

c 表2の実験Ⅰで、下線部(ウ)のろ液は炎色反応を示さなかったので、①(Na$^+$の炎色:黄)と③(K$^+$の炎色:赤紫)と④(Ca^{2+}の炎色:橙)は除外される。よって、ろ液中に含まれていた金属イオンは②Mg^{2+}(Mg^{2+}は炎色反応を示さない)と考えられる。Mg^{2+}を含むろ液にNa$_2$CO$_3$水溶液を加えると、次の反応が起こり、MgCO$_3$の白色沈殿が生じる。

$$Mg^{2+} + CO_3^{2-} \longrightarrow MgCO_3\downarrow (白色沈殿)$$

実験Ⅱで、白色沈殿MgCO$_3$を強熱すると、次の反応が起こり、二酸化炭素CO$_2$が発生する。

$$MgCO_3 \xrightarrow{強熱} MgO + CO_2\uparrow$$

CO$_2$を石灰水Ca(OH)$_2$aqに通じると、CaCO$_3$が生じて白濁する。

$$Ca(OH)_2 + CO_2 \longrightarrow CaCO_3\downarrow + H_2O$$

実験Ⅲで、白色沈殿MgCO$_3$を希硫酸に加えると、次の反応が起こり、沈殿はすべて溶ける。

$$MgCO_3 + H_2SO_4 \longrightarrow \underset{(水溶性)}{MgSO_4} + H_2O + CO_2\uparrow$$

以上より、下線部(ウ)のろ液に含まれていた金属イオンをMg^{2+}(②)とすると、すべての観察結果と一致する。

なお、CaCO$_3$は希硫酸に溶けにくい。(生じるCaSO$_4$が水に難溶のため)

第4問
問1 　21　 正解②

①(正) 反応が進行すると、酸化剤としてはたらくK$_2$Cr$_2$O$_7$は次のように変化する。

$$Cr_2O_7^{2-} + 14H^+ + 6e^- \longrightarrow 2Cr^{3+} + 7H_2O$$

硫酸酸性下でCr$_2$O$_7{}^{2-}$は橙赤色、Cr^{3+}は緑色を示すので、この反応で水溶液の色は橙赤色から緑色に変わる。

②(誤) 反応が進行すると、エタノールが酸化されてアセトアルデヒドの蒸気が発生する。この蒸気は刺激臭をもつ。

$$\underset{エタノール}{CH_3CH_2OH} \xrightarrow[K_2Cr_2O_7]{酸化} \underset{アセトアルデヒド}{CH_3CHO}$$

③(正) 反応物の水溶液を温めるのは、この反応の反応速度を大きくするためである。ただし、加熱が激し過ぎると、エタノールが蒸発してアセトアルデヒドが得られにくくなる。

④(正) アセトアルデヒドは、沸点(20℃)の低い無色の液体で、蒸発しやすい。発生してきたアセトアルデヒドの蒸気は、氷水で冷やされ、試験管に入れた純水中に吸収される。

〔参考〕

	水	エタノール	アセトアルデヒド
沸点〔℃〕	100	78	20

問2 　22　 正解③　　　23　 正解②

分子式C$_5$H$_{12}$O(C$_n$H$_{2n+2}$O)をもつ化合物には、アルコールR−OHとエーテルR−O−R′の2種類があり、R, R′はアルキル基(飽和鎖式の炭化水素基)である。これらのうちアルコールの構造異性体は、以下の通りである。(H原子を省略し、不斉炭素原子をC*で示した。)

①　C−C−C−C−C
　　　　　　│
　　　　　　OH

②　C−C−C−C*−C
　　　　　　　│
　　　　　　　OH

③　C−C−C−C−C
　　　　　│
　　　　　OH

④　
　　　C
　　　│
C−C*−C−C
　│
　OH

⑤　
　　　C
　　　│
C−C−C−C
　　│
　　OH

⑥　
　　C
　　│
C−C−C*−C
　　　　│
　　　　OH

ヨードホルム反応陽性

⑦　
　　C
　　│
C−C−C−C
　　│
　　OH

⑧　
　　C
　　│
C−C−C
　│　│
　C　OH

- 不斉炭素原子をもつもの
②、④、⑥の3種類　22

- ヨードホルム反応を示すもの
CH$_3$−CH(OH)−Rの構造をもつ②、⑥の2種類　23

問3 　24　 正解④

サリチル酸、サリチル酸メチル、アセチルサリチル酸の各構造式は次の通りである。

フェノール性ヒドロキシ基

サリチル酸　　サリチル酸メチル　　アセチルサリチル酸

実験Ⅰ：一般にベンゼン環の炭素原子に直接結合した−OH基(フェノール性ヒドロキシ基)をもつ化合物は、塩化鉄(Ⅲ)FeCl$_3$水溶液を加えると呈色する。構造式よりサリチル酸とサリチル酸メチルは呈色するが、アセチルサリチル酸は呈色しないと判断できる。よって表1の実験結果より、溶液Aに含まれる化合物は、アセチルサリチル酸と決まる。

実験Ⅱ：炭酸より強い酸性基をもつ化合物に炭酸水素ナトリウムNaHCO$_3$水溶液を加えると、気体CO$_2$が発生して溶ける。

— 化64 —

構造式より，カルボキシ基 −C−OH をもつサリチ
　　　　　　　　　‖
　　　　　　　　　O
ル酸とアセチルサリチル酸ではこの反応が起こるが，サリチル酸メチルではこの反応が起こらない。よって表1の実験結果より，溶液Bに含まれる化合物はサリチル酸メチルと決まり，溶液Cに含まれる化合物はサリチル酸と決まる。

問4 a [25] 正解② b [26] 正解⑤

a アセトンはケトンの一種で，次の構造式で表される。

$$CH_3-\underset{\underset{O}{\|}}{C}-CH_3$$

①(誤) アセトンには還元性がないので，銀鏡反応を示さない。

②(正) アセトンは無色の液体(沸点56℃)で，水とは任意の割合で混じる。また，有機化合物をよく溶かし，有機溶媒として用いられる。

③(誤) メタン CH_4 の実験室的な製法である。

$$CH_3COONa + NaOH \xrightarrow{加熱} Na_2CO_3 + CH_4\uparrow$$
　(固)　　　(固)

(注) アセトンは，酢酸カルシウムを熱分解(乾留)すると得られる。

$$(CH_3COO)_2Ca \longrightarrow CaCO_3 + CH_3COCH_3$$

④(誤) フェノール樹脂は，フェノールとホルムアルデヒドを付加縮合させると得られる。

フェノール　ホルムアルデヒド

　付加縮合
　→　　　　フェノール樹脂

b アルケンXをオゾン分解したところ，アセトンとプロピオンアルデヒドが得られたので，アルケンXは以下のような構造をもつと考えられる。

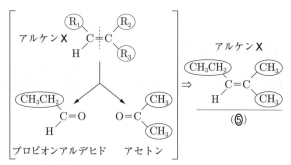

問5 [27] 正解③

スチレンと1,3-ブタジエンを $x:y$ の物質量の比で共重合させてスチレンブタジエンゴム(SBR)を合成する反応は，次の化学反応式で表すことができる。

x $CH_2=CH$ ＋ y $CH_2=CH-CH=CH_2$
　　　│　　　　　　　　　　(分子量54)
　　(ベンゼン環)
　(分子量104)

　　(繰り返し単位の並び方は，実際には様々である。)

→ [−CH_2−CH−]_x [−CH_2−CH=CH−CH_2−]_y
　　　　│　　　　　　　　　　　↑付加
　　(ベンゼン環)　　　　　　　y Br_2

　　　　　　SBR

SBRに十分な量の Br_2 を作用させると，繰り返し単位 $-CH_2-CH=CH-CH_2-$ がもつ二重結合にすべて Br_2 が付加する。SBR(分子量 $104x+54y$) 18.7gに Br_2 (分子量160) 40.0gが付加したので，次式が成り立つ。

$$\frac{18.7\text{g}}{(104x+54y)\text{g/mol}} \times y = \frac{40.0\text{g}}{160\text{g/mol}}$$

∴ $y = 5x$ よって $x:y = \underline{1:5}$

第5問

問1 [28] 正解③

①(正) デンプンに I_2 のKI水溶液を加えると，ヨウ素デンプン反応が起こり，青紫色に呈色する。これはデンプン分子のらせん構造中に I_2 分子が取り込まれるためである。

②(正) 多糖類のデンプンに希硫酸などを加えて加熱すると，加水分解反応が進行して最終的には単糖類のグルコースとなる。

③(誤) デンプンは，グルコースが直鎖状に連結したアミロースと，枝分かれ状に連結した部分を含むアミロペクチンから成る。

④(正) 水中に分散したデンプンは親水コロイドの一種であるが，高分子1分子がコロイド粒子1個の大きさとなっている。このようなコロイドを分子コロイドという。

⑤(正) 粘りがあって水に溶けにくいもち米は，ほぼ100%がアミロペクチンである。

問2 29 正解①

①(正) (ε-)カプロラクタムに少量の水を加えて加熱すると，ナイロン6が得られる。この反応は，環状構造の単量体が開環して鎖状の高分子化合物ができる重合反応なので，開環重合である。

$$n\ H_2C \begin{matrix} CH_2-CH_2-NH \\ \\ CH_2-CH_2-C=O \end{matrix} \longrightarrow \left[NH\!-\!(CH_2)_5\!CO \right]_n$$

(ε-)カプロラクタム　　　　　　　　ナイロン6

(注) 環状のアミドを「ラクタム」という。

②(誤) メラミンとホルムアルデヒドを付加縮合させると，アミノ樹脂の一種であるメラミン樹脂が得られる。

メラミン　　　　ホルムアルデヒド

メラミン樹脂

(注) 付加縮合は，付加と縮合が繰り返して進行する重合反応である。

③(誤) 多糖類のセルロースは天然高分子化合物の一種であり，β-グルコースが縮合重合した構造をもつ。

β-グルコース

セルロース

④(誤) エチレングリコールとテレフタル酸を縮合重合させると，ポリエチレンテレフタラート(PET)が得られる。

$$n\ HO-CH_2-CH_2-OH + n\ HO-\underset{O}{\overset{}{C}}-\!\!\!\!\!\!\!\!-\underset{O}{\overset{}{C}}-OH$$

エチレングリコール　　　　　テレフタル酸

$$\longrightarrow \left[O-(CH_2)_2-O-\underset{O}{\overset{}{C}}-\!\!\!\!\!\!\!\!-\underset{O}{\overset{}{C}} \right]_n + 2nH_2O$$

ポリエチレンテレフタラート(PET)

問3 30 正解②

乳酸とグリコール酸を1：1の物質量比で縮合重合させたので，この反応は次式のように表すことができる。

乳酸(分子量90)　　　　　グリコール酸(分子量76)

$$n\ HO-\underset{CH_3}{\overset{}{C}}H-\underset{O}{\overset{}{C}}-OH + n\ HO-CH_2-\underset{O}{\overset{}{C}}-OH$$

生分解性高分子

式量72　　　　式量58

$$\left[O-\underset{CH_3}{\overset{}{C}}H-\underset{O}{\overset{}{C}} \right]_n \left[O-CH_2-\underset{O}{\overset{}{C}} \right]_n + 2nH_2O \quad \begin{pmatrix} 繰り返し単位 \\ の並び方は， \\ 実際には様々 \\ である。 \end{pmatrix}$$

発生↙　　　　↘発生
(3nCO₂)　　+　(2nCO₂)

得られた生分解性高分子は0.13gなので，これから発生するCO₂の物質量は，

$$\frac{0.13\,g}{(72n+58n)\,g/mol} \times (3n+2n) = \underline{5.0\times10^{-3}\,mol}$$

問4 31 正解④

ポリ乳酸を立体網目状構造に変えるには，ポリ乳酸を所々三次元的につなぐことのできる分子(架橋剤)を加えて重合させるとよい。リンゴ酸分子は−COOH2個と−OH1個をもつので適している。(①，②，③は，加えても直鎖状にしかならない。)

リンゴ酸部分

ポリ乳酸部分

問5 32 正解②

①(正) 植物は光エネルギーを吸収して，CO₂とH₂Oからデンプンなどの糖類を合成する。このような植物のはたらきを光合成という。

— 化66 —

$$mCO_2 + nH_2O \xrightarrow{\text{光}} C_m(H_2O)_n + mO_2$$

光合成は，複数の反応プロセスが組み合わさった複雑な機構からなるが，この中で光エネルギーが化学エネルギーに変換されている。

②(誤) 光が当たると触媒のはたらきを示す物質を，光触媒という。酸化チタン(IV)TiO_2は光触媒として，空気清浄機，ビルの外壁，自動車のドアミラーなどに利用されている。TiO_2に光(紫外線)が当たると，その触媒作用により，有機物の酸化分解が促進される。これにより，有機物の汚れを除去したり，除菌などをすることができる。

③(正) 塩素Cl_2と水素H_2の混合気体に光を当てると，爆発的に反応して，塩化水素になる。

$$H_2 + Cl_2 \xrightarrow{\text{光}} 2HCl$$

④(正) 光(主に紫外線)の作用により，物理的あるいは化学的な変化を生じる高分子を，感光性高分子という。感光性高分子は，プリント配線，半導体・液晶パネルの製造，歯科の充てん材などに利用されている。

2023 年度

大学入学共通テスト
本試験

解答・解説

'23 本試解答

■ 2023 年度　本試験「化学」得点別偏差値表

下記の表は大学入試センター公表の平均点と標準偏差をもとに作成したものです。

平均点　54.01　　標準偏差　20.71　　　　　　　　　　受験者数　182,224

得　点	偏差値	得　点	偏差値	得　点	偏差値	得　点	偏差値
100	72.2	70	57.7	40	43.2	10	28.7
99	71.7	69	57.2	39	42.8	9	28.3
98	71.2	68	56.8	38	42.3	8	27.8
97	70.8	67	56.3	37	41.8	7	27.3
96	70.3	66	55.8	36	41.3	6	26.8
95	69.8	65	55.3	35	40.8	5	26.3
94	69.3	64	54.8	34	40.3	4	25.9
93	68.8	63	54.3	33	39.9	3	25.4
92	68.3	62	53.9	32	39.4	2	24.9
91	67.9	61	53.4	31	38.9	1	24.4
90	67.4	60	52.9	30	38.4	0	23.9
89	66.9	59	52.4	29	37.9		
88	66.4	58	51.9	28	37.4		
87	65.9	57	51.4	27	37.0		
86	65.4	56	51.0	26	36.5		
85	65.0	55	50.5	25	36.0		
84	64.5	54	50.0	24	35.5		
83	64.0	53	49.5	23	35.0		
82	63.5	52	49.0	22	34.5		
81	63.0	51	48.5	21	34.1		
80	62.5	50	48.1	20	33.6		
79	62.1	49	47.6	19	33.1		
78	61.6	48	47.1	18	32.6		
77	61.1	47	46.6	17	32.1		
76	60.6	46	46.1	16	31.6		
75	60.1	45	45.6	15	31.2		
74	59.7	44	45.2	14	30.7		
73	59.2	43	44.7	13	30.2		
72	58.7	42	44.2	12	29.7		
71	58.2	41	43.7	11	29.2		

※理科②では得点調整が行われましたので，次ページの表を用いて得点を換算したうえ
　でご参照ください。

2023年度　本試験　理科②換算表

　例えば「化学」の結果が50点であれば，「素点」の50の行の「化学」の列のマスにある57が調整後の「化学」の得点となります。

　また，「生物」の結果が60点であれば，「素点」の60の行の「生物」の列のマスにある72が調整後の「生物」の得点になります。

素点	物理	化学	生物	素点	物理	化学	生物	素点	物理	化学	生物
0	0	0	0	34	34	39	43	68	68	75	78
1	1	1	1	35	35	40	44	69	69	75	79
2	2	2	2	36	36	42	46	70	70	76	80
3	3	3	3	37	37	43	47	71	71	77	81
4	4	4	4	38	38	44	48	72	72	78	82
5	5	5	5	39	39	45	50	73	73	79	82
6	6	6	6	40	40	46	51	74	74	80	83
7	7	7	7	41	41	47	52	75	75	81	84
8	8	8	8	42	42	49	53	76	76	82	84
9	9	9	9	43	43	50	55	77	77	83	85
10	10	10	10	44	44	51	56	78	78	84	86
11	11	11	12	45	45	52	57	79	79	84	87
12	12	12	13	46	46	53	58	80	80	85	87
13	13	14	14	47	47	54	59	81	81	86	88
14	14	15	15	48	48	55	60	82	82	87	88
15	15	16	16	49	49	56	61	83	83	88	89
16	16	17	17	50	50	57	62	84	84	88	90
17	17	18	19	51	51	58	63	85	85	89	90
18	18	19	20	52	52	59	64	86	86	90	91
19	19	21	21	53	53	60	65	87	87	91	92
20	20	22	23	54	54	61	66	88	88	92	92
21	21	23	24	55	55	62	67	89	89	93	93
22	22	24	25	56	56	63	68	90	90	93	94
23	23	26	27	57	57	64	69	91	91	94	94
24	24	27	28	58	58	65	70	92	92	95	95
25	25	28	30	59	59	66	71	93	93	95	96
26	26	29	31	60	60	67	72	94	94	96	96
27	27	31	32	61	61	68	73	95	95	97	97
28	28	32	34	62	62	69	73	96	96	97	97
29	29	33	35	63	63	70	74	97	97	98	98
30	30	34	37	64	64	71	75	98	98	99	99
31	31	36	38	65	65	72	76	99	99	99	99
32	32	37	40	66	66	73	77	100	100	100	100
33	33	38	41	67	67	74	78				

化　学　2023年度　本試験　（100点満点）

（解答・配点）

問題番号（配点）	設問（配点）		解答番号	正解	自己採点欄
第1問 (20)	1	（3）	1	③	
	2	（3）	2	⑥	
	3	（4）	3	②	
	4	（2）	4	②	
		a（2）	5	①	
		b（3）	6	②	
		c（3）*	7	②	
			8	①	
	小　計				
第2問 (20)	1	（3）	9	⑥	
	2	（2）	10 － 11	③－④	
		（2）			
	3	（4）	12	④	
	4	a（3）	13	④	
		b（3）	14	⑥	
		c（3）	15	⑤	
	小　計				
第3問 (20)	1	（4）	16	④	
	2	（4）*	17 － 18	③－⑤	
	3	a（2）	19	⑤	
		a（2）	20	②	
		b（4）	21	③	
		c（4）	22	④	
	小　計				

問題番号（配点）	設問（配点）		解答番号	正解	自己採点欄
第4問 (20)	1	（3）	23	②	
	2	（4）	24	②	
	3	（4）	25	④	
	4	a（3）*	26	⓪	
			27	②	
			28	⓪	
		b（3）	29	③	
		c（3）	30	④	
	小　計				
第5問 (20)	1	a（4）	31	②	
		b（4）	32	①	
	2	（4）	33	③	
	3	a（4）	34	③	
		b（4）	35	④	
	小　計				
	合　計				

（注）
1　*は，全部正解の場合のみ点を与える。
2　－（ハイフン）でつながれた正解は，順序を問わない。

解　説

第1問
問1　1　正解 ③

①〜④の物質について，含まれる化学結合がわかるように表すと，以下のようになる。

```
①              ②              ③          ④
   H                                      
   |                                      
H-C-C=O        H-C≡C-H       Br-Br      Ba²⁺ Cl⁻
   |  |                                       Cl⁻
   H  H
```

①は単結合と二重結合，②は単結合と三重結合，③は単結合のみ，④はイオン結合のみからなる。よって，すべての化学結合が単結合からなる物質は③である。

問2　2　正解 ⑥

海藻のテングサを乾燥して熱湯で溶出させると，流動性のあるコロイド溶液(ゾル)が得られる。この溶液を冷却すると，流動性を失ってかたまり(a)<u>ゲル</u>となる。ゲルから水分を除去して乾燥させたものを(b)<u>キセロゲル</u>といい，テングサからはキセロゲルとして乾燥した寒天(多糖類)が得られる。

問3　3　正解 ②

圧縮前の水蒸気の物質量を n_0 とすると，気体の状態方程式($PV=nRT$)より，

$$n_0\left(=\frac{PV}{RT}\right)=\frac{3.0\times 10^3 \times 24.9}{RT} \quad\cdots\cdots(1)$$

圧縮後の飽和水蒸気の物質量を n_1 とすると，

$$n_1\left(=\frac{PV}{RT}\right)=\frac{3.6\times 10^3 \times 8.3}{RT} \quad\cdots\cdots(2)$$

圧縮前後について H_2O の全物質量は一定なので，圧縮後に生じた液体の水の物質量を n_2 とすると，次式が成り立つ。

$$n_0 = n_1 + n_2 \quad\cdots\cdots(3)$$

式(1)，(2)を式(3)に代入すると，

$$\frac{3.0\times 10^3 \times 24.9}{RT} = \frac{3.6\times 10^3 \times 8.3}{RT} + n_2$$

よって，

$$n_2 = \frac{(3.0\times 24.9 - 3.6\times 8.3)\times 10^3}{8.3\times 10^3 \times 300} \fallingdotseq \underline{0.018}\text{ mol}$$

問4　
a　4　正解 ②　　5　正解 ①
b　6　正解 ②
c　7　正解 ②　　8　正解 ①

a　ア　CaS の結晶構造(図2)は NaCl と同じ型であり，結晶中の Ca^{2+} と S^{2-} の配位数(1個のイオンに隣接する反対符号のイオンの数)は，以下の図に示すようにいずれも 4 <u>6</u> である。

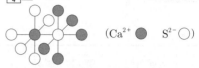

(Ca^{2+} ● 　S^{2-} ○)

(注)　1個のイオンに配位する(接する)6個のイオンは正八面体の頂点に位置している。

イ　CaS の結晶の単位格子(立方体)の一辺長は，図2より $2(R_S + r_{Ca})$ である。よって，その体積 V は，

$$V = \{2(R_S + r_{Ca})\}^3 = \underline{8(R_S + r_{Ca})^3}$$

b　CaS の結晶 40 g の体積(cm^3)は，メスシリンダーの液面の目盛より，

$$55 - 40 = 15$$

よって，CaS の結晶の密度 d (g/cm^3) は，

$$d = \frac{40\text{ g}}{15\text{ cm}^3} = \frac{8}{3}\text{ g/cm}^3$$

一方，単位格子には Ca^{2+} と S^{2-} が4個ずつ含まれる(CaS 単位として4個含まれる)ので，単位格子に含まれる CaS (式量72)の質量(g)は，

$$\frac{72\text{ g/mol}}{6.0\times 10^{23}/\text{mol}} \times 4 = 4.8\times 10^{-22}\text{ g}$$

よって，単位格子の密度は $\dfrac{4.8\times 10^{-22}}{V}$ (g/cm^3) で表される。

結晶の密度は単位格子の密度と等しいので，

$$d = \frac{4.8\times 10^{-22}}{V}(\text{g/cm}^3) = \frac{8}{3}\text{ g/cm}^3$$

$$\therefore\ V = \underline{1.8\times 10^{-22}}\text{ cm}^3$$

c　ウ，エ　題意より，大きい方のイオンの半径 R が小さい方のイオンの半径 r に比べてさらに大きくなると，次図のように大きい方のイオンどうしが接するようになる。

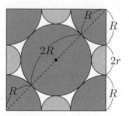

このとき，次式が成り立つ。

$$(R+2R+R):(R+2r+R) = \sqrt{2}:1$$

簡単にすると，$R + r = \sqrt{2}R$

$$\therefore\ R = \frac{r}{\sqrt{2}-1} = \frac{r(\sqrt{2}+1)}{(\sqrt{2}-1)(\sqrt{2}+1)} = (\sqrt{2}+1)r$$

よって，R が $(\sqrt{\underline{2}}+\underline{1})r$ 以上になると，結晶構造が不安定になる。

第2問

問1 | 9 | 正解 ⑥

生成熱は，化合物 1 mol がその成分元素の単体から生じるときに発生または吸収する熱量である。ある反応の反応熱を求めるには，

反応熱 ＝（生成物の生成熱の和）
　　　　－（反応物の生成熱の和）

の関係を利用すればよい。

$$\overbrace{CO_2(気) + 2NH_3(気)}^{反応物}$$

$$= \underbrace{(NH_2)_2CO(固) + H_2O(液)}_{生成物} + \overset{反応熱}{Q} \text{ kJ} \quad (1)$$

$$\underset{式(1)の反応熱}{Q} = \overbrace{(333 \text{ kJ/mol} \times 1 \text{ mol} + 286 \text{ kJ/mol} \times 1 \text{ mol})}^{生成物の生成熱の和}$$

$$\qquad - \underbrace{(394 \text{ kJ/mol} \times 1 \text{ mol} + 46 \text{ kJ/mol} \times 2 \text{ mol})}_{反応物の生成熱の和}$$

$$= 133 \text{ kJ}$$

〔参考〕

問2 | 10 | · | 11 | 正解 ③ · ④（順不同）

図1より，電解槽 V，W は直列に連結されているので，電解槽 V（$AgNO_3$ 水溶液）の各電極では，次の反応が起こる。

電極 　　　　　　　　反応
陰極 A（白金）：$Ag^+ + e^- \longrightarrow Ag$（析出）　…(i)
陽極 B（白金）：$2H_2O \longrightarrow O_2 + 4H^+ + 4e^-$ …(ii)

また，電解槽 W（NaCl 水溶液）の各電極では，次の反応が起こる（槽 V と槽 W は直列）。

電極 　　　　　　　　反応
陰極 C（炭素）：$2H_2O + 2e^- \longrightarrow H_2 + 2OH^-$ …(iii)
陽極 D（炭素）：$2Cl^- \longrightarrow Cl_2 + 2e^-$ 　　…(iv)

①（正）　電極 B では，式(ii)の反応が起こって，H^+ が水溶液中に生成したので，槽 V の水素イオン濃度が増加した。

②（正）　電極 A では，式(i)の反応が起こって，銀 Ag が極 A に析出した。

③（誤）　電極 B では，式(ii)の反応が起こって，<u>酸素 O_2</u> が発生した。

④（誤）　電極 C では，式(iii)に示すように，ナ

トリウムイオン Na^+ は還元されず，H_2O が還元されて水素 H_2 が発生した（水溶液中には OH^- が生成した）。

（注）　イオン化傾向の大きい金属のイオン（K^+，Ca^{2+}，Na^+，Mg^{2+}，Al^{3+} など）は，水溶液の電気分解では還元されない。

⑤（正）　電極 D では，式(iv)の反応が起こって，塩素 Cl_2 が発生した。

問3 | 12 | 正解 ④

容器 X の容積を V(L) とすると，一定温度 T における式(2)の平衡定数 K は，与えられたデータより以下のように求まる。

$$H_2(気) + I_2(気) \overset{K}{\rightleftharpoons} 2HI(気) \quad (2)$$
平衡　0.40 mol　0.40 mol　　3.2 mol

$$K = \frac{[HI]^2}{[H_2][I_2]} = \frac{\left(\dfrac{3.2}{V}\right)^2}{\dfrac{0.40}{V} \times \dfrac{0.40}{V}} = \left(\frac{3.2}{0.40}\right)^2 = 64$$

容積 $\dfrac{V}{2}$(L) の容器 Y に HI 1.0 mol のみを入れ，同じ一定温度 T に保って平衡状態に達したとき，HI が $2x$(mol) 減少していたとすると，平衡状態における各物質の物質量は次のように表される。

$$H_2(気) + I_2(気) \rightleftharpoons 2HI(気)$$
平衡　x(mol)　x(mol)　　$(1.0 - 2x)$ mol
〔$x > 0$，$1.0 - 2x > 0$ より，$0 < x < 0.50$〕

平衡定数 K は温度で決まるので，次式が成り立つ。

$$K = \frac{\left(\dfrac{1.0 - 2x}{\dfrac{V}{2}}\right)^2}{\dfrac{x}{\dfrac{V}{2}} \times \dfrac{x}{\dfrac{V}{2}}} = \left(\frac{1.0 - 2x}{x}\right)^2 = 64$$

$0 < x < 0.50$ より　$\dfrac{1.0 - 2x}{x} = 8.0$　∴　$x = 0.10$

よって，このときの HI の物質量は，

$$1.0 - 2x = 1.0 - 2 \times 0.10 = \underline{0.80} \text{ mol}$$

問4 a | 13 | 正解 ④　　b | 14 | 正解 ⑥
　　c | 15 | 正解 ⑤

a ①（正）　水溶液中の $FeCl_3$ は，H_2O_2 の分解反応の触媒としてはたらく。このため少量の $FeCl_3$ 水溶液を加えると，反応が促進され反応速度が大きくなる。

②（正）　肝臓，血液，植物などに含まれる酵素カタラーゼは，H_2O_2 の分解反応に対して適切な条件下では触媒としてはたらく。このため反応速度が大きくなる。

③（正）　一般に反応系の温度を上げると，活性化エネルギーを超えるエネルギーをもつ反応系粒子の割合が増

— 化73 —

すため，反応速度が大きくなる。

④（誤）　H_2O_2 の分解反応に対して MnO_2 は触媒としてはたらく。反応の前後で触媒自身は変化しない。

b　「H_2O_2 の分解反応の平均反応速度」を H_2O_2 の平均分解速度 $\overline{v}_{H_2O_2} = \dfrac{-\Delta[H_2O_2]}{\Delta t}$〔mol/(L·min)〕とすると，

$$\overline{v}_{H_2O_2} = \frac{-\Delta[H_2O_2]}{\Delta t} = \frac{\dfrac{-\Delta n_{H_2O_2}}{V}}{\Delta t} = \left(\frac{-\Delta n_{H_2O_2}}{\Delta t}\right) \times \frac{1}{V}$$

ここで，$\dfrac{-\Delta n_{H_2O_2}}{\Delta t}$ は H_2O_2 の物質量減少速度 (mol/min)，V は水溶液の体積(L)を表す（題意により，V は一定で 0.0100 L）。

式(3)より，$\dfrac{-\Delta n_{H_2O_2}}{\Delta t}$ (mol/min) は O_2 の発生速度 $\dfrac{\Delta n_{O_2}}{\Delta t}$ (mol/min) の 2 倍になるので，

$$\overline{v}_{H_2O_2} = \left(\frac{-\Delta n_{H_2O_2}}{\Delta t}\right) \times \frac{1}{V} = \frac{2\Delta n_{O_2}}{\Delta t} \times \frac{1}{V}$$

表 1 より，1.0 min から 2.0 min の間に発生した O_2 は $(0.747 - 0.417) \times 10^{-3}$ mol であるから，この間における $\overline{v}_{H_2O_2}$ は上式より，

$$\overline{v}_{H_2O_2} = \frac{2 \times (0.747 - 0.417) \times 10^{-3}\,\text{mol}}{(2.0 - 1.0)\,\text{min}} \times \frac{1}{0.0100\,\text{L}}$$
$$= 6.6 \times 10^{-2}\,\text{mol/(L·min)}$$

c　図 2 の結果を得た実験と別の反応条件であっても，同じ濃度と体積の H_2O_2 水溶液を用いたので，H_2O_2 がすべて分解するまでに発生する O_2 の物質量は同じはずである。この値を $n_{O_2(max)}$ とすると，式(3)より，

$$n_{O_2(max)} = (0.400\,\text{mol/L} \times 0.0100\,\text{L}) \times \frac{1}{2}$$
$$= 2.00 \times 10^{-3}\,\text{mol}$$

選択肢①，②，③，⑥は，発生した O_2 の物質量が $n_{O_2(max)}$ を超えているので，明らかに不適である。よって，④か⑤に限定できる。

H_2O_2 の分解速度 $v_{H_2O_2}$ は，問題文にあるように，H_2O_2 の濃度に比例(1 次反応)するので，反応速度定数を k とすると，反応速度式は次式で表される。

$$v_{H_2O_2} = k[H_2O_2]$$

別の反応条件下では，反応速度定数が 2.0 倍になるので，$[H_2O_2]$ が等しければ $v_{H_2O_2}$ は図 2 の実験のときの 2.0 倍になる。反応開始時 $(t = 0)$ は，図 2 のときと $[H_2O_2]$ が等しいので，この付近の曲線の接線の傾き ($v_{H_2O_2}$ に相当) が図 2 のときの 2 倍くらいになる⑤が適する。

第 3 問
問 1　16　正解　④

①（正）　ハロゲン化水素の水溶液のうち，フッ化水素 HF の水溶液(フッ化水素酸)だけが弱酸性を示す。その他(HCl，HBr，HI)の水溶液は，いずれも強酸性を示す。

②（正）　ハロゲン化水素の水溶液に銀イオン Ag^+ が加わると，HCl，HBr，HI の水溶液ではそれぞれ AgCl，AgBr，AgI の沈殿が生じるが，HF の水溶液では AgF が水溶性のため沈殿が生じない。

③（正）　HF は，HCl，HBr，HI と比べて分子量が最も小さいにもかかわらず，沸点が最も高い。これは HF 分子が互いに水素結合により強く引き合うためである。

$$\text{HCl} < \text{HBr} < \text{HI} \ll \text{HF}$$
沸点　低 ⟶ 高

④（誤）　ハロゲン単体の酸化力(e^- を奪う力)は $F_2 > Cl_2 > Br_2 > I_2$ の順になっているので，I_2 が HF を酸化して F_2 を生じる反応は起こらない。逆に F_2 が HI を酸化して I_2 を生じる反応が起こる。

$$F_2 + 2HI \longrightarrow 2HF + I_2$$

問 2　17・18　正解 ③・⑤（順不同）

水溶液 **A** には Ag^+，Al^{3+}，Cu^{2+}，Fe^{3+}，Zn^{2+} のうち二つの金属イオンが含まれるが，これらのすべてが含まれる水溶液を想定して，これに対して図 1 の**操作 I ～ IV** を行ってみると以下のような結果になる。

$\underline{Ag^+, Al^{3+}, Cu^{2+}, Fe^{3+}, Zn^{2+} を含む水溶液}$

操作 I｜HClaq を加える

AgCl…沈殿　ろ液(HCl 酸性)

操作 II｜H_2S を十分に吹き込む（Fe^{3+} は還元されて Fe^{2+} になる）

CuS…沈殿　　ろ液

煮沸(H_2S を追い出す)
HNO₃aq を加えて熱する
操作 III（Fe^{2+} は酸化されて Fe^{3+} になる）
冷却後，過剰量の NH₃aq を加えて弱塩基性とする

$\left.\begin{array}{l}Fe(OH)_3 \\ Al(OH)_3\end{array}\right\}$…沈殿　ろ液(NH₃ 塩基性)…$[Zn(NH_3)_4]^{2+}$

操作 IV｜H_2S を十分に吹き込む

ZnS…沈殿　　ろ液

水溶液 **A** に対する**操作 I ～ IV** の結果より，**操作 I** と**操作 III** では沈殿が生じなかったので，水溶液 **A** には Ag^+，Fe^{3+}，Al^{3+} が含まれない。よって，水溶液 **A** に含まれる二つの金属イオンは $\underline{Cu^{2+}}$ と $\underline{Zn^{2+}}$ である。

問 3　a　19　正解　⑤　　20　正解　②

— 化74 —

b 21 **正解** ③ **c** 22 **正解** ④

a 金属の単体 Y は，室温の水と反応して H_2 を発生するので，イオン化傾向が大きい 1 族の Li，Na，K，2 族の Ca のいずれかと考えられる（Mg は，室温の水とはほとんど反応しないが，熱水とは反応する）。この反応の反応式は，Y が 1 族か 2 族で以下のように異なる（なお，室温の水と反応する Y は，希塩酸（H^+）とも反応して H_2 を発生する）。

Y が 1 族のとき：

$$2Y + 2H_2O \longrightarrow 2YOH + H_2 \quad \cdots \text{(i)}$$

Y が 2 族のとき：

$$Y + 2H_2O \longrightarrow Y(OH)_2 + H_2 \quad \cdots \text{(ii)}$$

図 2 より，Y の質量 w（mg）に対する発生した H_2 の体積 V（mL）の比の値 $\dfrac{V}{w}$（直線の傾き）は約 0.50 である。

また，Y（原子量 M_Y とする）が 1 族とすると，式(i)より次の関係式が成り立つ。

$$\underset{Y}{\frac{w \times 10^{-3}\,(\text{g})}{M_Y\,(\text{g/mol})}} : \underset{H_2}{\frac{V \times 10^{-3}\,(\text{L})}{22.4\,\text{L/mol}}} = 2 : 1（物質量の比）$$

これを変形すると，

$$M_Y = 11.2 \times \frac{w}{V}$$

$$\therefore \quad M_Y = 11.2 \times \frac{1}{0.50} = 22.4$$

よって，Y の原子量は 22 〜 23 となり，Y として Na（原子量 23）が当てはまる。 20

> Y が 2 族とすると，式(ii)より Y：H_2 = 1：1 なので同様にして次の関係式が導かれる。
>
> $$M_Y = 22.4 \times \frac{w}{V} = 22.4 \times \frac{1}{0.50} = 44.8$$
>
> よって，Y の原子量は 44 〜 45 となり，Ca は当てはまらない。

一方，希塩酸（H^+）と反応して H_2 を発生する金属の単体 X は，題意より Y と異なり 2 族でイオン化傾向が比較的小さいものと考えられる。2 族の X と希塩酸の反応は次式で表される。

$$X + 2HCl \longrightarrow XCl_2 + H_2 \quad \cdots \text{(iii)}$$

図 2 より，X（原子量 M_X とする）の質量 w（mg）に対する発生した H_2 の体積 V（mL）の比の値 $\left(\dfrac{V}{w}\right)$ は，約 0.93 である。式(iii)より，Y のときと同様にして次の関係式が導かれる。

$$M_X = 22.4 \times \frac{w}{V} = 22.4 \times \frac{1}{0.93} \fallingdotseq 24.1$$

よって，X として Mg（原子量 24）が当てはまる。
21

（注） H_2 の物質量を求めるのに 22.4 L/mol を用いずに，与えられた気体定数 R の値を用いてもよい。

$PV = nRT$ より，

$$\frac{V}{n} = \frac{RT}{P} = \frac{8.31 \times 10^3 \times 273}{1.013 \times 10^5}\,\text{L/mol}$$

$$\fallingdotseq 22.4\,\text{L/mol}$$

b ソーダ石灰（NaOH と CaO の均一混合物）には H_2O と CO_2 の両方を吸収する性質がある。一方，塩化カルシウム $CaCl_2$ には H_2O を吸収する性質があるが，CO_2 を吸収する性質はない（酸化銅（Ⅱ）CuO にはいずれの性質もほとんどない）。したがって，吸収管 B，C にそれぞれ 1 種類の気体のみを捕集するには B に塩化カルシウムを，C にソーダ石灰を入れておく必要がある。

$$
\begin{array}{c}
H_2O \\ CO_2 \\ (O_2)
\end{array}
\longrightarrow
\underset{H_2O\ 吸収}{\boxed{\begin{array}{c} \mathbf{B} \\ CaCl_2 \end{array}}}
\overset{CO_2}{\underset{}{\longrightarrow}}
\underset{CO_2\ 吸収}{\boxed{\begin{array}{c} \mathbf{C} \\ ソーダ石灰 \end{array}}}
\longrightarrow \underset{(O_2)}{排気} \quad \cdots（正）
$$

$$
\begin{array}{c}
H_2O \\ CO_2 \\ (O_2)
\end{array}
\longrightarrow
\underset{\substack{H_2O \\ CO_2}吸収}{\boxed{\begin{array}{c} \mathbf{B} \\ ソーダ石灰 \end{array}}}
\overset{(O_2)}{\longrightarrow}
\boxed{\begin{array}{c} \mathbf{C} \\ CaCl_2 \end{array}}
\longrightarrow \underset{(O_2)}{排気} \quad \cdots（誤）
$$

c 図 3 の反応管の内部では，次の反応が起こる。

$$\underset{Mg(OH)_2}{1} \longrightarrow \underset{MgO}{1} + \underset{H_2O}{1} \quad \cdots \text{(iv)}$$

$$\underset{MgCO_3}{1} \longrightarrow \underset{MgO}{1} + \underset{CO_2}{1} \quad \cdots \text{(v)}$$

加熱前の混合物 A に含まれていた $Mg(OH)_2$ の物質量を x（mol），$MgCO_3$ の物質量を y（mol），MgO の物質量を z（mol）とする。

捕集された H_2O（分子量 18）は 0.18 g，CO_2（分子量 44）は 0.22 g であり，式(iv)，式(v)より，物質量の比は $Mg(OH)_2$：H_2O = 1：1，$MgCO_3$：CO_2 = 1：1 なので，

$$x = \frac{0.18\,\text{g}}{18\,\text{g/mol}} = 0.010\,\text{mol}$$

$$y = \frac{0.22\,\text{g}}{44\,\text{g/mol}} = 0.0050\,\text{mol}$$

加熱後に残ったのは MgO（式量 40）2.00 g のみなので，次式が成り立つ。

$$\underset{\substack{反応(iv)で生\\じた MgO}}{(0.010} + \underset{\substack{反応(v)で生\\じた MgO}}{0.0050} + \underset{\substack{加熱前に\\あった MgO}}{z)}\,\text{mol} \times 40\,\text{g/mol} = 2.00\,\text{g}$$

$$\therefore \quad z = 0.035\,\text{mol}$$

よって，加熱前の混合物 A に含まれていた Mg 成分のうち，MgO として存在していた Mg の割合（モル％）は，

— 化 75 —

$$\frac{z}{x+y+z} \times 100 = \frac{0.035}{0.010+0.0050+0.035} \times 100$$
$$= \underline{70}\%$$

第4問
問1　[23]　正解　②

ア　ヨードホルム反応を示すアルコールは，一般に次の構造をもつ。

$$\boxed{\begin{array}{c} CH_3-CH-R \\ | \\ OH \end{array}} \quad \left(\text{①} \boxed{\begin{array}{c} CH_3-CH-CH_3 \\ | \\ OH \end{array}} \right)$$

①（2-プロパノール）はこの構造をもつが，その他はこの構造をもたない。よって，②，③，④はヨードホルム反応を示さない。

イ　①〜④について，

$$\text{アルコール} \xrightarrow{\text{分子内脱水}} \text{アルケン} \xrightarrow{\text{臭素付加}}$$

の反応を行うと，以下のような化合物が生成する（C^*は不斉炭素原子）。

① $\begin{array}{c} CH_3-CH-CH_3 \\ | \\ OH \end{array} \xrightarrow{-H_2O} CH_3-CH=CH_2$

$\xrightarrow{+Br_2} \begin{array}{c} CH_3-C^*H-CH_2 \\ \quad | \quad\ \ | \\ \quad Br\ \ Br \end{array}$

② $\begin{array}{c} CH_3-CH_2-CH_2 \\ \qquad\quad | \\ \qquad\quad OH \end{array} \xrightarrow{-H_2O}$

③ $\begin{array}{c} \qquad CH_3 \\ \qquad | \\ CH_3-C-CH_3 \\ \qquad | \\ \qquad OH \end{array} \xrightarrow{-H_2O} \begin{array}{c} CH_3 \\ | \\ CH_3-C=CH_2 \end{array}$

$\xrightarrow{+Br_2} \begin{array}{c} \qquad CH_3 \\ \qquad | \\ CH_3-C-CH_2 \\ \qquad |\ \ \ | \\ \qquad Br\ Br \end{array}$

④ $\begin{array}{c} \qquad CH_3 \\ \qquad | \\ CH_3-CH-CH_2 \\ \qquad\qquad | \\ \qquad\qquad OH \end{array} \xrightarrow{-H_2O}$

よって，①，②から生成する化合物は不斉炭素原子をもつ。以上より，条件（ア，イ）をともに満たすアルコールは②である。

問2　[24]　正解　②

①（正）　フタル酸を加熱すると，分子内で脱水が起こり，酸無水物 $\left(\begin{array}{c} R-C\diagdown \\ \quad || \\ \quad O \end{array} \begin{array}{c} O \\ \diagup C-R \\ || \\ O \end{array} \right)$ の一種である無水フタル酸が生成する。

フタル酸 $\xrightarrow{\text{加熱}}$ 無水フタル酸 $+ H_2O$

②（誤）　アニリンは芳香族アミンの一種で，水や水酸化ナトリウム水溶液には溶けにくいが，弱塩基性なので塩酸には中和されて塩となり溶ける。

アニリン $+ HCl \longrightarrow$ アニリン塩酸塩

③（正）　ジクロロベンゼンには，次の3種類の構造異性体が存在する。

$o-$ジクロロベンゼン　　$m-$ジクロロベンゼン　　$p-$ジクロロベンゼン

④（正）　アセチルサリチル酸は，ベンゼン環の炭素原子に直接結合したヒドロキシ基$-OH$（フェノール性ヒドロキシ基）をもたないので，$FeCl_3$ 水溶液を加えても呈色しない。

アセチルサリチル酸

（注）　サリチル酸，サリチル酸メチルはフェノール性ヒドロキシ基をもつので，$FeCl_3$ 水溶液を加えると呈色する。

サリチル酸 $\xrightarrow{FeCl_3aq}$ 赤紫色　　サリチル酸メチル $\xrightarrow{FeCl_3aq}$ 赤紫色

問3　[25]　正解　④

①（正）　セルロースは，多数の $\beta-$グルコース分子が直鎖状に縮合重合した構造をもち，分子全体としては直線上に伸びている。ヒドロキシ基を多数もち，分子内および平行に並んだ分子間に水素結合が形成され，分子どうしが互いに強く結びついている。

— 化76 —

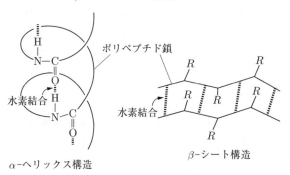

（注） デンプンは，多数の α-グルコース分子が鎖状（直鎖状または枝分かれ状）に縮合重合した構造をもち，鎖状部分はらせん構造をとり，分子内に水素結合が形成されている。

②（正） DNA 分子の二重らせん構造中では，ポリヌクレオチド鎖2本が，相互にある構成塩基のアデニンとチミン，グアニンとシトシンとの間でそれぞれ水素結合をつくり，分子間で多数の塩基対を形成している。

③（正） タンパク質のポリペプチド鎖は，分子内や分子間で形成される水素結合により次図に示すような α-ヘリックスや β-シートの二次構造をつくる。

④（誤） ポリプロピレンは C，H のみからなる高分子化合物であり，分子内や分子間で水素結合が形成されることはない。

（注） 水素結合は，電気陰性度の大きい原子（F，O，N）の間に H 原子が仲立ちとなって，分子間や分子内で生じる引力である。

問4　a　26　正解 ⓪　27　正解 ②
　　　　28　正解 ⓪
　　b　29　正解 ③　c　30　正解 ④

a　X 1分子に含まれる C=C 結合の数は4個なので，44.1 g の X（分子量882）に含まれる C=C 結合の物質量は，

$$\frac{44.1\ \text{g}}{882\ \text{g/mol}} \times 4 = 0.200\ \text{mol}$$

C=C 結合 1 mol あたり消費される H_2 は 1 mol なので，44.1 g の X に消費される H_2 は 0.200 mol である。

b　X を加水分解して得られた脂肪酸 A，B は，いずれも MnO_4^- と反応したことから，A，B はともに C=C 結合をもつと考えられる。また，X を加水分解して得られた A と B の物質量比は 1：2 であるから，図1 より X 1分子から得られる A は 1分子，B は 2分子である。よって，A 1分子に含まれる C=C 結合の数を x 個，B 1分子に含まれる C=C 結合の数を y 個とすると，X 1分子に含まれる C=C 結合の数について次式が成り立つ。

$$x \times 1 + y \times 2 = 4$$

x，y は 0 でない正の整数であるから，上式より $x = 2$，$y = 1$ と決まる。A は炭素数18で C=C 結合を2個含むので，③ が当てはまる。

c　b の考察より，X 1分子を構成する A は 1分子，B は 2分子である。X には鏡像異性体が存在するので，不斉炭素原子（C*）をもつ。これより X の構造式は次のように決まる。

$$\begin{array}{l} CH_2-O-\overset{O}{\overset{\|}{C}}-R_A \\ \overset{*}{C}H-O-\overset{O}{\overset{\|}{C}}-R_B \\ CH_2-O-\overset{O}{\overset{\|}{C}}-R_B \end{array} \quad (R_A \neq R_B)$$

X をある酵素で部分的に加水分解すると，A，B，化合物 Y のみが物質量比 1：1：1 で生成し，かつ Y は不斉炭素原子をもたないので次式のような加水分解が生じたことがわかる。

[参考] 油脂はトリグリセリドで,酵素リパーゼにより,Yのようなモノグリセリドに加水分解される。

第5問
問1 a [31] 正解 ② b [32] 正解 ①

a ①(正) 弱酸(H_2S)の塩(FeS)に強酸(希H_2SO_4aq)を加えると,弱酸(H_2S)が遊離して気体(H_2S)が発生する反応である。

$$FeS + H_2SO_4 \longrightarrow FeSO_4 + H_2S\uparrow$$

②(誤) 強酸(H_2SO_4)の塩(Na_2SO_4)に強酸(H_2SO_4)を加えても変化はない。

(注) 弱酸(H_2SO_3)の塩(Na_2SO_3)に強酸(希 H_2SO_4aq)を加えると,弱酸(H_2SO_3)が遊離して気体(SO_2)が発生する。

$$Na_2SO_3 + H_2SO_4 \longrightarrow Na_2SO_4 + H_2O + SO_2\uparrow$$

③(正) H_2S の水溶液に SO_2 を通じて反応させると,H_2S が還元剤,SO_2 が酸化剤としてはたらいて単体の硫黄 S が生じ,水溶液が白濁する。

$$2H_2\underset{-2}{S} + \underset{+4}{S}O_2 \longrightarrow 2H_2O + 3\underset{0}{S}\downarrow$$
(酸化数)

④(正) NaOH の水溶液に SO_2 を通じると,中和反応が起こり,塩(亜硫酸ナトリウム Na_2SO_3)が生じる。

$$SO_2 + H_2O \longrightarrow H_2SO_3$$
$$\underline{H_2SO_3 + 2NaOH \longrightarrow Na_2SO_3 + 2H_2O}$$
$$SO_2 + 2NaOH \longrightarrow Na_2SO_3 + H_2O$$

b $2SO_2(気) + O_2(気) \rightleftarrows 2SO_3(気)$
(右は発熱方向)

①(誤) 温度一定で平衡状態の圧力を減少させると,ルシャトリエの原理により圧力が増加する方向すなわち気体の分子数が増加する方向(左)に平衡が移動する。

②(正) 圧力一定で平衡状態の温度を上昇させると,ルシャトリエの原理により温度が低下する方向すなわち吸熱方向(左)に平衡が移動する。

③(正) 正反応(右向き)の反応速度式は,速度定数を k とすると次式のように表される。

$$v = k[SO_2]^x[O_2]^y$$

反応次数 x, y は反応式の係数と一致するとは限らない。これは1つの反応式で表された反応が1段階の反応(素反応)とは限らないからである。一般に反応次数は実験によって決定されるのが原則である。

④(正) 平衡状態では,正反応(右向き)と逆反応(左向き)の反応速度が等しくなっている。このとき各成分の濃度は一定となるので反応が停止しているように見えるが,正逆とも反応は停止していない。

問2 [33] 正解 ③

「実験」の記述より,H_2S を過剰の I_2 と反応させた後,残った I_2 を $Na_2S_2O_3$ と反応させる方法により,H_2S の量を求めることがわかる。

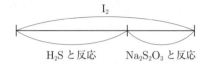

H_2S と I_2 の反応の反応式は,式(2)+式(3)より e^- を消去すると

$$H_2S + I_2 \longrightarrow S\downarrow + 2H^+ + 2I^- \quad (i)$$

(H_2S が還元剤,I_2 が酸化剤としてはたらき,単体の硫黄 S が沈殿する。)

I_2 と $Na_2S_2O_3$ の反応の反応式は,式(3)+式(4)より e^- を消去すると

$$I_2 + 2S_2O_3^{2-} \longrightarrow 2I^- + S_4O_6^{2-} \quad (ii)$$

(I_2 が酸化剤,$Na_2S_2O_3$ が還元剤としてはたらく)

(注) この酸化還元滴定の終点の少し手前(溶けている I_2 の褐色が薄くなるのでわかる)で,指示薬としてデンプンを加えると水溶液が青色になる(ヨウ素デンプン反応)。さらに滴定を続けて I_2 が完全に消失すると,青色が消えて無色になるので終点がわかる。

求める H_2S の量を x (mol)とすると,式(i)の反応で x (mol)の I_2 が減少するので,残った I_2 (分子量 254)は

$$\left(\frac{0.127}{254} - x\right) \text{mol}$$

式(ii)より,終点までに滴下した $Na_2S_2O_3$ の物質量は残った I_2 の2倍なので,次式が成り立つ。

$$\left(\frac{0.127}{254} - x\right) \text{mol} \times 2$$
$$= 5.00 \times 10^{-2} \text{mol/L} \times \frac{5.00}{1000} \text{L}$$
$$\therefore \quad x = 3.75 \times 10^{-4} \text{mol}$$

よって,この実験で用いた気体試料Aに含まれていた H_2S の 0℃,1.013×10^5 Pa における体積 V(L)は,気体の状態方程式($PV = nRT$)より,

$$V\left(= \frac{nRT}{P}\right) = \frac{3.75 \times 10^{-4} \times 8.31 \times 10^3 \times 273}{1.013 \times 10^5}$$
$$= 8.398 \times 10^{-3} \text{L} (\underline{8.40 \text{ mL}})$$

(または,
$V = 3.75 \times 10^{-4} \text{mol} \times 22.4 \times 10^3 \text{mL/mol}$
$\fallingdotseq 8.40 \text{ mL}$)

問3 a [34] 正解 ③ b [35] 正解 ④

a 表1のデータを与えられた方眼紙にプロットすると,$\log_{10}T$ とモル濃度 c は直線関係にあることが確認で

きる(次図)。これは図1の説明文にある「$\log_{10} T$ は c と比例関係」という記述に合致している。

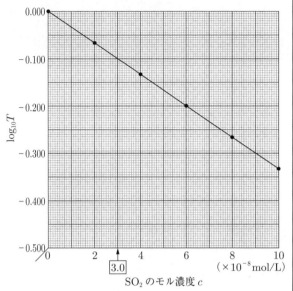

透過率 $T = 0.80$ のとき
$$\log_{10} T = \log_{10} 0.80 = \log(2^3 \times 10^{-1}) = 3\log 2 - 1$$
$$= 3 \times 0.30 - 1 = -0.10$$
なので，上図より，$\log_{10} T = -0.10$ のとき，c は $\boxed{3.0}$ $\times 10^{-8}$ mol/L と読み取れる。

(別解) 問題文にある図1の説明より，$\log_{10} T$ と c は比例関係にあるので，表1より
$$\frac{c - 2.0 \times 10^{-8}}{(4.0 - 2.0) \times 10^{-8}} = \frac{-0.10 - (-0.067)}{(-0.133) - (-0.067)}$$
$$\therefore \quad c = \boxed{3.0} \times 10^{-8} \text{ mol/L}$$

b 図1の説明文にある「$\log_{10} T$ は L と比例関係」という記述より，容器の長さ L が図2のように2倍 ($L \to 2L$) になると，$\log_{10} T$ も2倍になるはずである。よって，長さ $2L$ のときの透過率を T' とすると次式が成り立つ。
$$\log_{10} T' = 2\log_{10} T = \log_{10} T^2 = \log_{10} (0.80)^2$$
$$\therefore \quad T' = (0.80)^2 = \underline{0.64}$$

(別解) 長さ $2L$ の容器は，長さ L の容器を直列に並べたものなので，左側の L の容器を透過した光の量が I_1，さらに右側の L の容器を透過した光の量を I_2 とすると，それぞれの透過率について次式が成り立つ。

$I_0 \longrightarrow \boxed{\quad L \quad} \xrightarrow{I_1} \boxed{\quad L \quad} \longrightarrow I_2$

透過率 $\dfrac{I_1}{I_0} = 0.80 \qquad \dfrac{I_2}{I_1} = 0.80$

よって，全体の透過率 T は
$$T = \frac{I_2}{I_0} = \frac{I_1}{I_0} \times \frac{I_2}{I_1} = 0.80 \times 0.80 = \underline{0.64}$$

2022 年度

大学入学共通テスト
本試験

解答・解説

'22 本試解答

■ 2022 年度　本試験「化学」得点別偏差値表

下記の表は大学入試センター公表の平均点と標準偏差をもとに作成したものです。

平均点　47.63　　標準偏差　20.28　　　　　　　　受験者数　184,028

得　点	偏差値	得　点	偏差値	得　点	偏差値	得　点	偏差値
100	75.8	70	61.0	40	46.2	10	31.4
99	75.3	69	60.5	39	45.7	9	31.0
98	74.8	68	60.0	38	45.3	8	30.5
97	74.3	67	59.6	37	44.8	7	30.0
96	73.9	66	59.1	36	44.3	6	29.5
95	73.4	65	58.6	35	43.8	5	29.0
94	72.9	64	58.1	34	43.3	4	28.5
93	72.4	63	57.6	33	42.8	3	28.0
92	71.9	62	57.1	32	42.3	2	27.5
91	71.4	61	56.6	31	41.8	1	27.0
90	70.9	60	56.1	30	41.3	0	26.5
89	70.4	59	55.6	29	40.8		
88	69.9	58	55.1	28	40.3		
87	69.4	57	54.6	27	39.8		
86	68.9	56	54.1	26	39.3		
85	68.4	55	53.6	25	38.8		
84	67.9	54	53.1	24	38.3		
83	67.4	53	52.6	23	37.9		
82	66.9	52	52.2	22	37.4		
81	66.5	51	51.7	21	36.9		
80	66.0	50	51.2	20	36.4		
79	65.5	49	50.7	19	35.9		
78	65.0	48	50.2	18	35.4		
77	64.5	47	49.7	17	34.9		
76	64.0	46	49.2	16	34.4		
75	63.5	45	48.7	15	33.9		
74	63.0	44	48.2	14	33.4		
73	62.5	43	47.7	13	32.9		
72	62.0	42	47.2	12	32.4		
71	61.5	41	46.7	11	31.9		

化　　学　　2022 年度　本試験　　（100 点満点）

（解答・配点）

問題番号（配点）	設問（配点）		解答番号	正解	自己採点欄	問題番号（配点）	設問（配点）		解答番号	正解	自己採点欄
第1問 （20）	1	（3）	1	②		第4問 （20）	1	（3）	18	④	
	2	（3）	2	②			2	（2）	19	②	
	3	（4）	3	④				（2）	20	②	
	4	（3）	4	④			3	（4）	21	⑤	
	5	a（3）	5	②			4	a（2）	22	②	
		b（4）	6	③				b（3）	23	⑤	
	小　　　計							c（4）*1	24	④	
第2問 （20）	1	（3）	7	③			小　　　計				
	2	（3）	8	③		第5問 （20）	1	（4）	25	③	
	3	（3）	9	①			2	a（4）	26	④	
	4	a（4）	10	④				b（4）	27	③	
		b（3）	11	④				c（4）*2	28	③	
		c（4）	12	④					29	②	
	小　　　計								30	⑧	
第3問 （20）	1	（4）	13	③				d（4）*2	31	②	
	2	（4）	14	①					32	⑤	
	3	a（4）	15	⑤					33	⑤	
		b（4）	16	①			小　　　計				
		c（4）	17	②			合　　　計				
	小　　　計										

（注）
1　＊1は，③ を解答した場合は 2 点を与える。
2　＊2は，全部正解の場合のみ点を与える。

— 化 82 —

解　説

第1問

問1　**1**　正解 ②

L殻に電子を3個もつ原子の電子配置は，K殻(2)L殻(3)であるから，この原子がもつ電子の数は 2＋3＝5で，陽子の数も5である。よって，この原子の元素は原子番号5のホウ素 **B** である。

(注)　原子の電子配置

問2　**2**　正解 ②

窒素化合物に占める窒素原子の式量の割合を比べればよい。

$$(NH_2)_2CO\left(\frac{14\times 2}{60}\right) > NH_4NO_3\left(\frac{14\times 2}{80}\right)$$
$$> NH_4Cl\left(\frac{14}{53.5}\right) > (NH_4)_2SO_4\left(\frac{14\times 2}{132}\right)$$

よって，窒素の含有率(質量パーセント)が最も高いものは，$(NH_2)_2CO$ である。

問3　**3**　正解 ④

混合気体の平均モル質量を $\overline{M}$ [g/mol](平均分子量 $\overline{M}$)，質量を w [g]，体積を V [L]，絶対温度を T [K]，気体定数を R [Pa·L/(mol·K)] とすると，理想気体の状態方程式より次の式(1)が成り立つ。

$$p_0 V = \frac{w}{\overline{M}}RT \qquad \cdots\cdots(1)$$

混合気体の密度を d [g/L] とすると，$d=\dfrac{w}{V}$ であるから，式(1)より次の式(2)が得られる。

$$d = \frac{w}{V} = \frac{p_0 \overline{M}}{RT} \qquad \cdots\cdots(2)$$

一方，混合気体中の貴ガスAの分子量を M_A，分圧を p_A，貴ガスBの分子量を M_B，分圧を p_B とすると，次の式(3)が成り立つ。

$$\overline{M} = M_A \times \boxed{\frac{p_A}{p_0}} + M_B \times \boxed{\frac{p_B}{p_0}} \quad \text{モル分率}$$
$$= M_A \times \frac{p_A}{p_0} + M_B \times \frac{p_0 - p_A}{p_0} \qquad \cdots\cdots(3)$$

(注)　貴ガスは単原子分子として存在するので，分子量＝原子量である。

式(2)に式(3)を代入すると，

$$d = \frac{p_0}{RT}\left(M_A \times \frac{p_A}{p_0} + M_B \times \frac{p_0 - p_A}{p_0}\right)$$

これを選択肢のグラフの縦軸 d と横軸 p_A に合わせて変形すると，次の式(4)が得られる。

$$d = -\frac{M_B - M_A}{RT}p_A + \frac{M_B}{RT}p_0 \qquad \cdots\cdots(4)$$

(注)　題意により，$M_B > M_A$ である。

式(4)は，グラフが傾き $-\dfrac{M_B - M_A}{RT}$ (＜0)の直線(p_0，T 一定)であることを示す。よって ④ が当てはまる。

[参考]

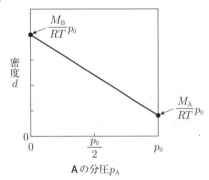

問4　**4**　正解 ④

① (正)　構成粒子が規則性をもたずに配列している固体を非晶質(アモルファス)という。非晶質は，結晶と異なり一定の融点を示さない。ガラス(ソーダ石灰ガラスなど)は，SiとOがつくる立体構造の中に，Na^+ や Ca^{2+} などが入り込んだケイ酸塩のアモルファスであり，一定の融点を示さない。

② (正)　ある種の金属や合金を融解状態から急冷すると，金属が結晶にならずに，原子が不規則に配列することがある。このような構造をもつものを，アモルファス金属またはアモルファス合金という。

③ (正)　石英ガラス(SiとOの配列が不規則になった非晶質の二酸化ケイ素)で作られた細い繊維は，光通信用の光ファイバーとして利用される。

④ (誤)　ポリエチレンなど高分子化合物の多くは，結晶の部分と非晶質の部分が入り混じった状態をとる。非晶質の部分は低密度で強度が小さいので，非晶質の部分の割合が増えると，全体として軟らかくなる。

(注)　上記のような構造をもつ高分子化合物は，加熱すると分子間力の弱い非結晶の部分から軟化するので，一定の融点を示さない。

問5　a　**5**　正解 ②　　b　**6**　正解 ③

a 図1より，1.0×10^5 Pa の O_2 の溶解度($\times 10^{-3}$ mol/1 L 水)は，10℃で 1.75，20℃で 1.40 である。よって，1.0×10^5 Pa で O_2 が水 20 L に接しているとき，同じ圧力で 10℃から 20℃にすると，溶解している O_2 は，$(1.75 - 1.40) \times 10^{-3}$ mol/L $\times$ 20 L $= \underline{7.0 \times 10^{-3} \text{ mol}}$ 減少する。

b 図1より，1.0×10^5 Pa の N_2 の溶解度($\times 10^{-3}$ mol/1 L 水)は，20℃で 0.70 である。20℃でピストンに 5.0×10^5 Pa の圧力を加えたとき，空気中の N_2 の分圧は 5.0×10^5 Pa $\times \dfrac{4}{4+1} = 4.0 \times 10^5$ Pa となる。よって，水 1.0 L に溶解している N_2 の物質量は，ヘンリーの法則より，

$$0.70 \times 10^{-3} \text{ mol} \times \frac{4.0 \times 10^5 \text{ Pa}}{1.0 \times 10^5 \text{ Pa}} = 2.8 \times 10^{-3} \text{ mol}$$

温度一定でピストンを引き上げ，空気の圧力を $\dfrac{1}{5}$ 倍の 1.0×10^5 Pa にすると，N_2 の分圧も $\dfrac{1}{5}$ 倍になるので，水 1.0 L に溶解している N_2 の物質量は，

$$2.8 \times 10^{-3} \text{ mol} \times \frac{1}{5} = 0.56 \times 10^{-3} \text{ mol}$$

以上より，遊離した N_2 の 0℃，1.013×10^5 Pa のもとでの体積を V〔L〕とすると，理想気体の状態方程式 $PV = nRT$ より，

$$V = \frac{nRT}{P}$$
$$= \frac{(2.8 - 0.56) \times 10^{-3} \times 8.31 \times 10^3 \times 273}{1.013 \times 10^5}$$

$$\therefore \ V \fallingdotseq \underline{50 \times 10^{-3} \text{ L} (50 \text{ mL})}$$

［別解］　標準状態(0℃，1.013×10^5 Pa)の気体 1 mol の体積は 22.4 L なので，

$$(2.8 - 0.56) \times 10^{-3} \text{ mol} \times 22.4 \text{ L/mol}$$
$$\fallingdotseq 50 \times 10^{-3} \text{ L} (50 \text{ mL})$$

第2問

問1　|　7　|　正解　③

① 炭化水素を酸素の中で完全燃焼させると，CO_2 と H_2O に変化し，エネルギー的に安定になる。このときのエネルギー変化分は外部へ放出されるので発熱が生じる。

（注）　一般に，物質の燃焼熱は発熱である。

② 強酸の希薄水溶液に強塩基の希薄水溶液を加えると，次の熱化学方程式で表される中和反応が起こり，発熱が生じる。

$$H^+ aq + OH^- aq = H_2O(液) + Q \text{ kJ} (Q > 0)$$

希薄水溶液中の強酸と強塩基の中和熱 Q の値は，酸・塩基の種類によらず一定で，56.5 kJ/mol である。

③ 電解質が多量の水に溶解するとき，物質により発熱が生じたり，吸熱が生じたりする。このため，溶解熱の値は，吸熱の場合，－の符号をつけて区別している。

例：$NaOH$(固)の溶解熱　44.5 kJ/mol
　　NH_4NO_3(固)の溶解熱　-25.7 kJ/mol

④ 純物質の状態変化による発熱・吸熱は，状態変化の種類により決まっている。

$$\text{固体} \underset{凝固}{\overset{融解}{\rightleftarrows}} \text{液体} \underset{凝縮}{\overset{蒸発}{\rightleftarrows}} \text{気体} \left(\begin{matrix} \longrightarrow \text{吸熱} \\ \longleftarrow \text{発熱} \end{matrix} \right)$$

常圧で純物質の液体が凝固して固体になるときは，発熱が生じる。

問2　|　8　|　正解　③

混合前の各水溶液中の酢酸ナトリウム CH_3COONa と塩化水素 HCl の物質量は，それぞれ 0.060 mol/L $\times \dfrac{50}{1000}$ L $= 3.0 \times 10^{-3}$ mol である。これらの水溶液(各 50 mL)を混合すると，次の反応が起こり，酢酸 CH_3COOH 3.0×10^{-3} mol と塩化ナトリウム $NaCl$ 3.0×10^{-3} mol が溶けた混合水溶液(100 mL)ができる。

	CH_3COONa	$+$	HCl	$\longrightarrow$	CH_3COOH	$+$	$NaCl$
反応前	3.0×10^{-3}		3.0×10^{-3}		0		0 (mol)
変化	-3.0×10^{-3}		-3.0×10^{-3}		$+3.0 \times 10^{-3}$		$+3.0 \times 10^{-3}$
反応後	0		0		3.0×10^{-3}		3.0×10^{-3}

（注）　この反応は，一般に〔弱酸の塩＋強酸 $\longrightarrow$ 弱酸＋強酸の塩〕で表される弱酸遊離の反応である。

よって，この混合水溶液の水素イオン濃度は，生成した酢酸の濃度で決まる。生成した酢酸の濃度を c (mol/L)とすると，

$$c = \frac{3.0 \times 10^{-3} \text{ mol}}{0.10 \text{ L}} = 3.0 \times 10^{-2} \text{ mol/L}$$

酢酸の電離定数を K_a (mol/L)とすると，近似式より
$$[H^+] = \sqrt{K_a c} = \sqrt{2.7 \times 10^{-5} \times 3.0 \times 10^{-2}}$$

— 化84 —

$$= \sqrt{81 \times 10^{-8}} = 9.0 \times 10^{-4} \text{ mol/L}$$

$\left(\begin{array}{l} \text{酢酸の電離度を } \alpha \text{ とすると} \\ \qquad \alpha = \sqrt{\dfrac{K_a}{c}} = \sqrt{\dfrac{2.7 \times 10^{-5}}{3.0 \times 10^{-2}}} = 3.0 \times 10^{-2} \ll 1 \\ \text{となり, } 1 - \alpha \fallingdotseq 1 \text{ と近似できる。} \end{array} \right)$

[参考] 近似式の誘導

$$CH_3COOH \rightleftharpoons CH_3COO^- + H^+$$

平衡 $\quad c(1-\alpha) \qquad\quad c\alpha \qquad\quad c\alpha$

$$K_a = \frac{[CH_3COO^-][H^+]}{[CH_3COOH]} = \frac{c\alpha \cdot c\alpha}{c(1-\alpha)} = \frac{c\alpha^2}{1-\alpha}$$

$\alpha \ll 1$ のとき $1 - \alpha \fallingdotseq 1$ より, $K_a \fallingdotseq c\alpha^2$

よって, $\alpha = \boxed{\sqrt{\dfrac{K_a}{c}}}$, $[H^+] = c\alpha = c\sqrt{\dfrac{K_a}{c}} = \boxed{\sqrt{K_a c}}$

問3 $\boxed{9}$ 正解 ①

平衡状態での $[B]$ を x (mol/L) とすると, $[A]$, $[B]$, $[C]$ の関係は, 以下のように表される。

$$\begin{array}{ccccc} & A & \rightleftharpoons & B & + & C & \cdots\cdots(1) \\ \text{はじめ} & 1 & & 0 & & 0 & \text{(mol/L)} \\ \text{変化} & -x & & +x & & +x \\ \text{平衡} & 1-x & & x & & x \end{array}$$

式(1)の平衡定数を K とすると,

$$K = \frac{[B][C]}{[A]} = \frac{x \times x}{1-x} = \frac{x^2}{1-x}$$

一方, 平衡状態では $v_1 = v_2$ が成り立つので,

$$k_1[A] = k_2[B][C]$$

$$K = \frac{[B][C]}{[A]} = \frac{k_1}{k_2} = \frac{1 \times 10^{-6} \text{ /s}}{6 \times 10^{-6} \text{ L/(mol·s)}}$$

$$= \frac{1}{6} \text{ mol/L}$$

よって, $\dfrac{x^2}{1-x} = \dfrac{1}{6}$ $(0 < x < 1)$

変形すると, $6x^2 + x - 1 = 0$ $(2x+1)(3x-1) = 0$

$\therefore \quad x = \dfrac{1}{3} \text{ mol/L}$

問4 a $\boxed{10}$ 正解 ④ b $\boxed{11}$ 正解 ④
$\boxed{12}$ 正解 ④

a 水素吸蔵合金 **X** 248 g の体積は,

$$\frac{248 \text{ g}}{6.2 \text{ g/cm}^3} = 40.0 \text{ cm}^3$$

これに吸蔵できる H_2 の体積(0℃, 1.013×10^5 Pa)は,

$$40.0 \text{ cm}^3 \times 1200 = 4.80 \times 10^4 \text{ cm}^3 = 48.0 \text{ L}$$

この H_2 の物質量を n (mol) とすると, 理想気体の状態方程式($PV = nRT$)より,

$$n = \frac{PV}{RT} = \frac{1.013 \times 10^5 \times 48.0}{8.3 \times 10^3 \times 273} \fallingdotseq \underline{2.1} \text{ mol}$$

[別解] 0℃, 1.013×10^5 Pa の理想気体 1 mol の体積は 22.4 L であるから,

$$n = \frac{48.0 \text{ L}}{22.4 \text{ L/mol}} \fallingdotseq \underline{2.1} \text{ mol}$$

b リン酸型燃料電池を放電させると, 負極・正極ではそれぞれ次の変化が起こる。

$$\text{負極：} H_2 \longrightarrow 2H^+ + 2e^- \qquad\cdots\cdots(1)$$

$$\text{正極：} O_2 + 4H^+ + 4e^- \longrightarrow 2H_2O \qquad\cdots\cdots(2)$$

負極側から $\underline{H_2(\textbf{ア})}$ を供給すると, その一部が式(1)のように変化し, 電子 e^- を外部回路に放出する。残った $\underline{H_2(\textbf{ウ})}$ は排出される。一方, 正極側から $\underline{O_2(\textbf{イ})}$ を供給すると, その一部が外部回路から電子 e^- を受け取って式(2)のように変化し, H_2O を生じる。残った O_2 と生成した $\underline{H_2O(\textbf{エ})}$ は排出される。

式(1)×2 + 式(2)より e^- を消去すると, 次の式(3)に示す全体としての反応式が得られる。

$$2H_2 + O_2 \longrightarrow 2H_2O \qquad\cdots\cdots(3)$$

c 式(3)より, H_2 2.00 mol と O_2 1.00 mol が反応したとき, 外部回路に流れた電子 e^- は 4.00 mol である。

$\left(\begin{array}{ccc} 2.00 \text{ mol} & 1.00 \text{ mol} & 2.00 \text{ mol} \\ 2H_2 & + \quad O_2 & \longrightarrow \quad 2H_2O \\ \multicolumn{3}{c}{\downarrow\!\cdots\! 4e^- \!\cdots\!\uparrow} \\ \multicolumn{3}{c}{4.00 \text{ mol}} \end{array} \right)$

よって, 流れた電気量は,

$$9.65 \times 10^4 \text{ C/mol} \times 4.00 \text{ mol} = \underline{3.86 \times 10^5} \text{ C}$$

第3問
問1 $\boxed{13}$ 正解 ③

$AlK(SO_4)_2 \cdot 12H_2O$ (ミョウバン)水溶液(無色)には Al^{3+}, K^+, SO_4^{2-} の各イオンが溶けており, NaCl 水溶液(無色)には Na^+, Cl^- の各イオンが溶けている。

ア アンモニア水を加えると, NaCl 水溶液は変化がなく, ミョウバン水溶液は白色沈殿を生じるので, 区別することができる。

$$Al^{3+} \xrightarrow{\text{NH}_3\text{ aq}} Al(OH)_3 \downarrow \text{白色沈殿}$$

イ $CaBr_2$ 水溶液を加えると, NaCl 水溶液は変化がなく, ミョウバン水溶液は白色沈殿を生じるので, 区別することができる。

$$SO_4^{2-} \xrightarrow{\text{CaBr}_2\text{ aq}} CaSO_4 \downarrow \text{白色沈殿}$$

ウ ミョウバンは, その組成式より 2 種類の塩 [$Al_2(SO_4)_3$ と K_2SO_4]が複合した塩とみることができる(このような塩を, 複塩という)。

$$2AlK(SO_4)_2 \Longrightarrow Al_2(SO_4)_3 + K_2SO_4$$

— 化85 —

したがって，ミョウバン水溶液は，これら2種類の塩を1:1の物質量比で溶かしたものと同一になる。

$Al_2(SO_4)_3$は，強酸H_2SO_4と弱塩基$Al(OH)_3$が中和してできた正塩なので，その水溶液は加水分解により弱い酸性を示す。K_2SO_4は，強酸H_2SO_4と強塩基KOHが中和してできた正塩なので，加水分解はなく，その水溶液は中性を示す。したがって，これらが合わさったミョウバン水溶液は弱い酸性を示し，フェノールフタレイン溶液を加えても無色のままである。また，NaCl水溶液は中性なので，フェノールフタレイン溶液を加えてもやはり無色のままである。よって，二つの試薬を区別することができない。

エ ミョウバン水溶液では，次の変化が起こる。

陽極：$2H_2O \longrightarrow O_2 + 4H^+ + 4e^-$

陰極：$2H_2O + 2e^- \longrightarrow H_2 + 2OH^-$

NaCl水溶液では，次の変化が起こる。

陽極：$2Cl^- \longrightarrow Cl_2 + 2e^-$

陰極：$2H_2O + 2e^- \longrightarrow H_2 + 2OH^-$

ミョウバン水溶液では陽極から無色・無臭の気体O_2が発生し，NaCl水溶液では陽極から黄緑色・刺激臭の塩素が発生するので，区別することができる。

問2 14 正解 ①

金属単体MとO_2から酸化物M_xO_yが生成する反応は，次の化学反応式で表すことができる。

$$xM + \frac{y}{2}O_2 \longrightarrow M_xO_y \qquad \cdots\cdots(1)$$

Mの物質量を変化させていくとき，生成するM_xO_yの質量が最大となるのは，MとO_2が過不足なく反応したときである。図1より，このとき反応したMの物質量は2.00×10^{-2}molである。また，Mの物質量とO_2の物質量の和は3.00×10^{-2}molに保っているので，このとき消費されたO_2の物質量は，$(3.00 \times 10^{-2} - 2.00 \times 10^{-2})mol= 1.00 \times 10^{-2}$molである。式(1)より，Mと$O_2$は$x : \frac{y}{2}$の物質量比で過不足なく反応するので，次の関係式が成り立つ。

$$x : \frac{y}{2} = 2.00 \times 10^{-2} : 1.00 \times 10^{-2} \quad \therefore \quad x = y$$

よって，酸化物の組成式は MO である。

問3 a 15 正解 ⑤ b 16 正解 ①

c 17 正解 ②

a CO_2を水に溶かすと，炭酸が生じて酸性を示す。

$$CO_2 + H_2O \rightleftharpoons \underline{H^+} + HCO_3^-$$

Na_2CO_3を水に溶かすと，加水分解が起こり，塩基性を示す。

$$Na_2CO_3 \longrightarrow 2Na^+ + CO_3^{2-}$$

$$CO_3^{2-} + H_2O \rightleftharpoons HCO_3^- + \underline{OH^-}$$

NH_4Clを水に溶かすと，加水分解が起こり，酸性を示す。

$$NH_4Cl \longrightarrow NH_4^+ + Cl^-$$

$$NH_4^+ + H_2O \rightleftharpoons NH_3 + \underline{H_3O^+}$$

b ①（誤） アンモニアソーダ法では，次の反応にともなってできる4種のイオン（Na^+，NH_4^+，Cl^-，HCO_3^-）の混合水溶液から生じうる塩の中で，$NaHCO_3$が他の塩（NaCl，NH_4Clなど）と比べて水への溶解度がかなり小さいことを利用し，$NaHCO_3$だけを沈殿させて回収している。

これをまとめると式(1)になる。

$$\overset{\text{飽和}}{NaCl} + H_2O + NH_3 + CO_2$$
$$\longrightarrow \underset{\text{沈殿}}{NaHCO_3\downarrow} + NH_4Cl \qquad \cdots\cdots(1)$$

②（正） NH_3は水に極めて溶けやすいが，CO_2は溶けやすくはない。そこでNaCl飽和水溶液に，NH_3を先に十分に溶かした後でCO_2を通じると，中和反応が起こり，CO_2を溶かしやすくすることができる。

③（正） 式(1)以外の反応は，次の通り。

$$2NaHCO_3 \longrightarrow Na_2CO_3 + H_2O + \boxed{CO_2} \quad \cdots\cdots(2)$$

$$CaCO_3 \longrightarrow CaO + \boxed{CO_2} \qquad \cdots\cdots(3)$$

$$CaO + H_2O \longrightarrow Ca(OH)_2 \qquad \cdots\cdots(4)$$

$$Ca(OH)_2 + 2NH_4Cl \longrightarrow$$
$$CaCl_2 + 2H_2O + \boxed{2NH_3} \quad \cdots\cdots(5)$$

式(1)〜(5)の反応は，いずれも触媒を必要としない。

④（正） 式(2)に示すように，$NaHCO_3$の熱分解により，Na_2CO_3とCO_2とH_2Oが生成する。

c アンモニアソーダ法の全体としての反応は，式(1)×2＋式(2)＋式(3)＋式(4)＋式(5)により，次のようにまとめることができる。

$$2NaCl + CaCO_3 \longrightarrow Na_2CO_3 + CaCl_2$$

上式より，NaCl（式量58.5）58.5 kgと反応する$CaCO_3$（式量100）をx（kg）とすると，次の関係式が成り立つ。

$$58.5 \text{ kg} : x \text{ (kg)} = 2 \times 58.5 : 100$$

— 化86 —

$$\therefore \quad x = \underline{50.0}\text{ kg}$$

第4問
問1 $\boxed{18}$ **正解** ④

①(正)　メタン CH_4 に十分な量の Cl_2 を混ぜて光(紫外線)をあてると，次の置換反応が連鎖的に起こり，4種類の塩素化物が順次生成する。

$$CH_4 \xrightarrow[\text{光}]{Cl_2} CH_3Cl \longrightarrow CH_2Cl_2 \longrightarrow CHCl_3 \longrightarrow CCl_4$$

クロロメタン　ジクロロメタン　トリ　　　テトラ
　　　　　　　　　　　　　クロロメタン　クロロメタン

例
$$H\text{-}\underset{H}{\overset{\textcircled{H}}{C}}\text{-}H + \textcircled{Cl}\text{-}Cl \longrightarrow H\text{-}\underset{H}{\overset{Cl}{C}}\text{-}H + \textcircled{H}\text{-}Cl$$

②(正)　ブロモベンゼンは極性分子で，ベンゼンは無極性分子である。また，分子量はブロモベンゼンの方がベンゼンより大きい。したがって，ブロモベンゼンの方がベンゼンより分子間力が強く，沸点が高いと推定できる。

[参考]

ブロモベンゼン　　ベンゼン

沸点(℃)　　156　　　　80

③(正)　クロロプレンなどのジエン化合物は，合成ゴムの単量体として利用される。

$$n\,CH_2=\underset{Cl}{C}-CH=CH_2 \xrightarrow{\text{付加重合}} {\left[CH_2-\underset{Cl}{C}=CH-CH_2\right]}_n$$

クロロプレン　　　　　　　ポリクロロプレン

④(誤)　プロピン $CH_3C\equiv CH$ 1分子に Br_2 2分子を付加すると，次の化合物が得られる。

$$\overset{3}{CH_3}\overset{2}{C}\equiv \overset{1}{CH} \xrightarrow{Br_2} \overset{3}{CH_3}\overset{2}{CBr}=\overset{1}{CHBr} \xrightarrow{Br_2} \overset{3}{CH_3}\overset{2}{CBr_2}\overset{1}{CHBr_2}$$

$\underline{1,1,2,2}$-テトラブロモプロパン

問2 $\boxed{19}$ **正解** ②　$\boxed{20}$ **正解** ②

問題文より，ニトロ化の反応プロセスを次のように表すことができる。

フェノール $\xrightarrow[\text{ニトロ化}]{\underset{(H_2SO_4)}{HNO_3}}$ ニトロフェノール → ジニトロフェノール → 2,4,6-トリニトロフェノール

これより，フェノールのニトロ化は，$-OH$ に対してオルト位とパラ位に起こっていくことがわかる。

オルト位 ← OH → オルト位

↑
パラ位

したがって，ニトロフェノールとしては，次に示す$\underset{19}{\underline{2}}$種類が生じたと考えられる。

OH, NO_2

OH, NO_2

また，ジニトロフェノールとしては，次に示す$\underset{20}{\underline{2}}$種類が生じたと考えられる。

O_2N, OH, NO_2

OH, NO_2, NO_2

問3 $\boxed{21}$ **正解** ⑤

①(正)　タンパク質の多くは，α-ヘリックスや β-シートのような部分的な立体構造(二次構造)の他に，分子全体が各タンパク質に特有の複雑な立体構造(三次構造)をとる。三次構造は，構成アミノ酸(α-アミノ酸 $RCH(NH_2)COOH$)の $R-$ 中の官能基どうしが相互にジスルフィド結合($-S-S-$)，イオン結合($-NH_3^+\ {}^-OOC-$)，水素結合($-N-H\cdots\cdots O=C-$)などを形成することでつくられる。

②(正)　タンパク質を加熱したり，酸・塩基，重金属イオン，アルコールなどを作用させると，二次，三次などの高次構造が変化して，分子の形状が変わる。このため，タンパク質の性質が変化する(変性)。

(注)　このとき，タンパク質をつくる構成アミノ酸の配列順序(一次構造)は，変化していない。

③(正)　セルロースをアセチル化してトリアセチルセルロースにした後，一部を加水分解してジアセチルセルロースにすると，アセトンに溶けるようになる。このアセトン溶液から紡糸して得られたものが，アセテート繊維である。

(注)　アセテートは，人工透析に必要な透析膜として利用されている。

④(正)　天然ゴムはシス形ポリイソプレンからなり，分子全体が曲がりくねった球状の形をとる。このため力が加わると分子全体が伸びた形となり，力が加わってい

— 化87 —

ないと元の形にもどる。これにより特有のゴム弾性を示す。天然ゴムを空気中に放置すると，分子内に含まれる二重結合部分が酸素によってしだいに酸化され，構造が変化する。このためゴム弾性を失い，劣化していく。

ゴム分子 　　　　　　　　　　　　ゴム分子

力を加えて
引き伸ばす
→
←
力を除くと
元にもどる

曲がりくねった状態　　　　　　引き伸ばした状態

[参考]

引き伸ばした状態のポリイソプレン

イソプレン
（2-メチル1,3-ブタジエン）

⑤（誤）　ポリエチレンテレフタラート（PET）を完全に加水分解すると，2種類の化合物（テレフタル酸とエチレングリコール）になる。一方，ポリ乳酸を完全に加水分解すると，1種類の化合物（乳酸）になる。

PET

テレフタル酸　　　　　　エチレングリコール

ポリ乳酸　　　　　　　　　　　乳酸

問4　**a**　$\boxed{22}$　正解　②　　**b**　$\boxed{23}$　正解　⑤
　　　c　$\boxed{24}$　正解　④

a　還元反応（$-COOH \longrightarrow -CH_2OH$）が進むにつれて，ジカルボン酸の割合は減少し，その分，ヒドロキシ酸と2価アルコールの割合は増加すると考えられる（0〜48 h）。ジカルボン酸がすべて消失すると（48 h），それ以降（48 h〜）はヒドロキシ酸が2価アルコールに変化していくので，ヒドロキシ酸が減少し，その分，2価アルコールが増加すると考えられる。以上の考察により，

図2の**A**はジカルボン酸，**B**は2価アルコール，**C**はヒドロキシ酸と決まる。

b　**Y**の元素分析値より，**Y**の組成式を求めてみる。

炭素 C：$176 \text{ mg} \times \dfrac{12}{44} = 48 \text{ mg}$

水素 H：$54 \text{ mg} \times \dfrac{2.0}{18} = 6.0 \text{ mg}$

酸素 O：$86 \text{ mg} - (48 + 6.0) \text{ mg} = 32 \text{ mg}$

原子数の比　$C : H : O = \dfrac{48}{12} : \dfrac{6.0}{1.0} : \dfrac{32}{16} = 2 : 3 : 1$

よって，**Y**の組成式はC_2H_3Oと決まる。

また，**Y**はC原子を4個もつので，**Y**の分子式は$(C_2H_3O) \times 2 = C_4H_6O_2$と決まる。選択肢の②$C_4H_8O_3$，④$C_4H_4O_3$，⑥$C_4H_8O_2$は**Y**と分子式が違うので**Y**ではない（①，③，⑤はいずれも分子式が**Y**と一致する）。

Yは銀鏡反応を示さないので$-CHO$基をもたない。また，$NaHCO_3$水溶液を加えてもCO_2を生じないので，$-COOH$基をもたない。これらの事実より，①，③も**Y**ではない。よって，**Y**は⑤と決まる。**Y**は，反応の途中で次のように生成したと考えられる。

ジカルボン酸　　　　　　　　還元　→

ヒドロキシ酸　　エステル化
$-H_2O$　→　環状エステル
Y（⑤）

c　分子式$C_5H_8O_4$をもつジカルボン酸に含まれる$-COOH$2個のうち1個を還元すると（$-COOH \longrightarrow -CH_2OH$），分子式$C_5H_{10}O_3$をもつヒドロキシ酸が得られる。図3にある4種類のジカルボン酸について，この反応を行うと，以下のようなヒドロキシ酸が生じる（*は不斉炭素原子）。

$HOOC-CH_2-CH_2-CH_2-COOH$

還元　→　$HOOC-CH_2-CH_2-CH_2-CH_2OH$　（1種）

$CH_3-CH-CH_2-COOH$
　　　　　$COOH$

還元　→

$CH_3-C^*H-CH_2-CH_2OH$
　　　　　　　　$COOH$

$CH_3-C^*H-CH_2-COOH$
　　　　　　　　CH_2OH

（2種）

$$CH_3-CH_2-\underset{\underset{\fbox{COOH}}{|}}{CH}-\fbox{COOH} \xrightarrow{還元} CH_3-CH_2-\underset{\underset{COOH}{|}}{\overset{*}{C}H}-\fbox{CH_2OH} \quad (1種)$$

$$CH_3-\underset{\underset{\fbox{COOH}}{|}}{\overset{\fbox{COOH}}{|}}-CH_3 \xrightarrow{還元} CH_3-\underset{\underset{COOH}{|}}{\overset{\fbox{CH_2OH}}{|}}-CH_3 \quad (1種)$$

よって，生成するヒドロキシ酸は，立体異性体を区別しないで数えると $1+2+1+1=\underset{\fbox{ア}}{5}$ 種類あり，そのうち不斉炭素原子（*）をもつものは $\underset{\fbox{イ}}{3}$ 種類存在する。

第5問
問1 25 正解 ③

①（正）エチレンなど，アルケンの炭素原子間二重結合（C＝C）は，その結合軸で自由に回転できない。

②（正）シクロアルケンは，環1個とその環内に二重結合1個をもつ炭化水素である。飽和鎖式の炭化水素（アルカン）の一般式は C_nH_{2n+2} で表されるから，シクロアルケンの一般式は，アルカンよりHが4個少ない C_nH_{2n-2} ($n \geq 3$) で表される。

シクロヘキセン（C_6H_{10}）

③（誤）1-ブチンの4個の炭素原子（$C^1 \sim C^4$）のうち3個（$C^1 \sim C^3$）は同一直線上にあるが，メチル基－CH_3 の炭素原子（C^4）はその直線上にはない。

④（正）触媒を用いてアセチレンを付加重合させると，ポリアセチレンが得られる。

$$n\,CH \equiv CH \longrightarrow -[CH=CH]_n-$$
アセチレン　　　　　　ポリアセチレン

ポリアセチレンは繰り返し単位中に二重結合を一つもつ。

[参考] ポリアセチレンにヨウ素などを加えると，金属に近い電気伝導性を示す導電性高分子が得られる。

問2 a 26 正解 ④　　b 27 正解 ③
　　　c 28 正解 ③　　29 正解 ②
　　　　　30 正解 ⑧
　　　d 31 正解 ②　　32 正解 ⑤
　　　　　33 正解 ⑤

a アルデヒドBの R^1 は，題意によりH，CH_3，CH_3CH_2 のいずれかであるが，ヨードホルム反応を示さないので，R^1 はHまたは CH_3CH_2 である。

$$\underset{H}{\overset{R^1}{>}}C=O \quad [R^1 はHまたはCH_3CH_2]$$
　　　　B

(注) $\fbox{CH_3-\underset{\underset{O}{||}}{C}-R}$（RはHまたはアルキル基）の構造をもつ化合物は，ヨードホルム反応を示す。

ケトンCの R^2，R^3 は題意によりどちらも CH_3，CH_3CH_2 のいずれかであるが，ヨードホルム反応を示すので，R^2，R^3 の片方又は両方が CH_3 である。

$$\underset{R^3}{\overset{R^2}{>}}C=O \quad \left[\begin{array}{l}(R^2, R^3) はCH_3 とCH_3CH_2 \\ またはCH_3 とCH_3\end{array}\right]$$
　　C

一方，アルケンAの分子式 C_6H_{12} より，R^1，R^2，R^3 の炭素数の合計は $6-2=4$ である。

$$\underset{H}{\overset{R^1}{>}}C=C\underset{R^3}{\overset{R^2}{<}}$$
A（分子式 C_6H_{12}）

以上を踏まえて，R^1，R^2，R^3 について可能な炭素数の割り当てを検討すればよい。R^1 をHとすると，(R^2, R^3)の炭素数合計は4となるので，当てはまらない。R^1 を $\underline{CH_3CH_2}$ とすると，(R^2, R^3) の炭素数合計は2となるので $\underline{CH_3}$，$\underline{CH_3}$ と決まる。

b 表1に生成熱のデータが与えられているので，反応熱＝（生成物の生成熱の総和）－（反応物の生成熱の総和）の関係を用いて，式(2)の反応熱 Q を生成熱を用いて表すと，次のようになる。ここで，SO_2(気)，SO_3(気) の生成熱(kJ/mol)をそれぞれ $Q_{生(SO_2)}$，$Q_{生(SO_3)}$ とおく。また，式(4)より O_3(気) の生成熱は，-143 kJ/mol である。

(注) 生成熱：生成物 1 mol が，その成分元素の単体（常温・常圧で最も安定なものとする）から生じるときに，発生または吸収する熱量

$$Q = \overbrace{\begin{pmatrix} \substack{R^1 \\ H}C=O(気), O=C\substack{R^2 \\ }(気), SO_3(気) の生成熱の総和 \end{pmatrix}}^{\text{式(2)の右辺}}$$

$$- \overbrace{\begin{pmatrix} \substack{R^1 \\ H}C=C\substack{R^2 \\ R^3}(気), O_3(気), SO_2(気) の生成熱の総和 \end{pmatrix}}^{\text{式(2)の左辺}}$$

$$= (186 \text{ kJ} + 217 \text{ kJ} + Q_{生(SO_3)})$$
$$\qquad - (67 \text{ kJ} - 143 \text{ kJ} + Q_{生(SO_2)})$$
$$= 479 \text{ kJ} + (Q_{生(SO_3)} - Q_{生(SO_2)})$$

一方，式(3)より，

$$\underset{反応熱}{99} = \underset{\substack{式(3)右辺の \\ 生成熱の総和}}{Q_{生(SO_3)}} - \underset{\substack{式(3)左辺の \\ 生成熱の総和}}{Q_{生(SO_2)}}$$

$$\therefore \quad Q = 479 \text{ kJ} + 99 \text{ kJ} = \underline{578 \text{ kJ}}$$

[参考]

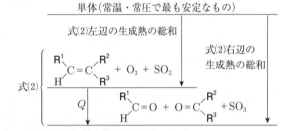

[別解]

式(2)−式(3)+式(4)より，O_3(気)，SO_2(気)，SO_3(気)を消去すると，

$$\substack{R^1 \\ H}C=C\substack{R^2 \\ R^3}(気) + O_2(気) = \substack{R^1 \\ H}C=O(気) + O=C\substack{R^2 \\ R^3}(気)$$
$$+ Q - 99 - 143 \quad \cdots (5)$$

式(5)と表1より，

$$\underset{反応熱}{(Q-99-143) \text{ kJ}} = \underset{\substack{式(5)右辺の \\ 生成熱の総和}}{(186+217) \text{ kJ}} - \underset{\substack{式(5)左辺の \\ 生成熱の総和}}{(67+0) \text{ kJ}}$$

$$\therefore \quad Q = \underline{578} \text{ kJ}$$

c 図1より，Aのモル濃度は，1.0秒後に4.4×10^{-7} mol/L, 6.0秒後に2.8×10^{-7} mol/L となっている。よって，この間のAが減少する平均の反応速度$\bar{v}$は，

$$\bar{v} = \frac{-\Delta[A]}{\Delta t} = \frac{-(2.8-4.4) \times 10^{-7} \text{ mol/L}}{(6.0-1.0) \text{ s}}$$
$$= \boxed{3}.\boxed{2} \times 10^{-\boxed{8}} \text{ mol/(L·s)}$$

d 表2の実験1, 3より，[A]を一定(1.0×10^{-7} mol/L) にして[O_3]を $\dfrac{6.0 \times 10^{-7} \text{ mol/L}}{2.0 \times 10^{-7} \text{ mol/L}} = 3$ 倍にすると，vは $\dfrac{1.5 \times 10^{-8}}{5.0 \times 10^{-9}} = 3$ 倍になることがわかる。よって，反応速度式 $v = k[A]^a[O_3]^b$ における反応次数bの値は

1であり，$v = k[A]^a[O_3]$ と表される。また，実験1, 2より，[A]を4倍，[O_3]を$\dfrac{1}{2}$倍にすると，vは2倍になるので，反応次数aの値も1である。よって，この反応の反応速度式は $v = k[A][O_3]$ と表される。

[別解] 反応次数aの決定

表2の実験1, 3より，反応速度式は $v = k[A]^a[O_3]$ と表されるので，次に $v, k, [A], [O_3]$ の単位に着目すると，

$$\quad v \qquad k \qquad [A]^a \qquad [O_3]$$
$$\text{mol/(L·s)} = \text{L/(mol·s)} \times (\text{mol/L})^a \times (\text{mol/L})$$
$$\therefore \quad \text{mol/L} = (\text{mol/L})^a$$

よって，$a = 1$ が決まる。

反応速度定数kの値は実験1〜3のいずれからも求められる(一般的には，各実験の平均値を求めるが，本問では同じ値になる)。例えば実験1より，

$$5.0 \times 10^{-9} \text{ mol/(L·s)}$$
$$= k \times (1.0 \times 10^{-7}) \text{mol/L} \times (2.0 \times 10^{-7}) \text{mol/L}$$
$$\therefore \quad k = \boxed{2}.\boxed{5} \times 10^{\boxed{5}} \text{ L/(mol·s)}$$

[参考] アルケンAとO_3から化合物Xが生成する反応は，次式で表される。

$$\substack{R^1 \\ H}C=C\substack{R^2 \\ R^3} + O_3 \longrightarrow \substack{R^1 \\ H}\underset{O-O}{\overset{O}{C-C}}\substack{R^2 \\ R^3}$$

アルケンA　　　　　　　オゾニドX
(C_6H_{12})　　　　　　　$(C_6H_{12}O_3)$

XはSO_2で還元されて，アルデヒドBとケトンCになる。

2021 年度

大学入学共通テスト
第 1 日程

解答・解説

'21 第 1 日程解答

■2021年度大学入学共通テスト第 1 日程「化学」得点別偏差値表
下記の表は大学入試センター公表の平均点と標準偏差をもとに作成したものです。

平均点　57.59　標準偏差　20.01　　　　　受験者数　182,359

得　点	偏差値	得　点	偏差値	得　点	偏差値	得　点	偏差値
100	71.2	70	56.2	40	41.2	10	26.2
99	70.7	69	55.7	39	40.7	9	25.7
98	70.2	68	55.2	38	40.2	8	25.2
97	69.7	67	54.7	37	39.7	7	24.7
96	69.2	66	54.2	36	39.2	6	24.2
95	68.7	65	53.7	35	38.7	5	23.7
94	68.2	64	53.2	34	38.2	4	23.2
93	67.7	63	52.7	33	37.7	3	22.7
92	67.2	62	52.2	32	37.2	2	22.2
91	66.7	61	51.7	31	36.7	1	21.7
90	66.2	60	51.2	30	36.2	0	21.2
89	65.7	59	50.7	29	35.7		
88	65.2	58	50.2	28	35.2		
87	64.7	57	49.7	27	34.7		
86	64.2	56	49.2	26	34.2		
85	63.7	55	48.7	25	33.7		
84	63.2	54	48.2	24	33.2		
83	62.7	53	47.7	23	32.7		
82	62.2	52	47.2	22	32.2		
81	61.7	51	46.7	21	31.7		
80	61.2	50	46.2	20	31.2		
79	60.7	49	45.7	19	30.7		
78	60.2	48	45.2	18	30.2		
77	59.7	47	44.7	17	29.7		
76	59.2	46	44.2	16	29.2		
75	58.7	45	43.7	15	28.7		
74	58.2	44	43.2	14	28.2		
73	57.7	43	42.7	13	27.7		
72	57.2	42	42.2	12	27.2		
71	56.7	41	41.7	11	26.7		

※理科②では得点調整が行われましたので，次ページの表を用いて得点を換算したうえ
　でご参照ください。

2021 年度　第 1 日程　理科②換算表

　例えば「化学」の結果が 50 点であれば，「素点」の 50 の行の「化学」の列のマスにある 58 が調整後の「化学」の得点となります。

　また,「物理」の結果が 60 点であれば,「素点」の 60 の行の「物理」の列のマスにある 66 が調整後の「物理」の得点になります。

素点	物理	化学	生物	素点	物理	化学	生物	素点	物理	化学	生物
0	0	0	0	34	38	42	34	68	73	74	68
1	1	2	1	35	40	43	35	69	74	75	69
2	2	3	2	36	41	44	36	70	75	76	70
3	3	4	3	37	42	45	37	71	76	77	71
4	4	6	4	38	43	47	38	72	76	77	72
5	5	6	5	39	44	47	39	73	77	78	73
6	6	8	6	40	45	48	40	74	78	79	74
7	7	9	7	41	46	49	41	75	79	80	75
8	8	10	8	42	47	50	42	76	80	81	76
9	9	11	9	43	48	51	43	77	81	82	77
10	11	12	10	44	50	52	44	78	82	82	78
11	12	14	11	45	51	53	45	79	83	83	79
12	13	15	12	46	52	54	46	80	83	84	80
13	14	16	13	47	53	55	47	81	84	85	81
14	15	17	14	48	54	56	48	82	85	86	82
15	16	19	15	49	55	57	49	83	86	86	83
16	17	20	16	50	56	58	50	84	87	87	84
17	18	22	17	51	57	59	51	85	88	88	85
18	19	23	18	52	58	60	52	86	89	89	86
19	20	24	19	53	59	61	53	87	89	90	87
20	22	26	20	54	60	62	54	88	90	91	88
21	23	27	21	55	61	63	55	89	91	91	89
22	24	28	22	56	62	63	56	90	92	92	90
23	25	30	23	57	63	64	57	91	93	93	91
24	26	31	24	58	64	65	58	92	94	94	92
25	28	32	25	59	65	66	59	93	94	95	93
26	29	33	26	60	66	67	60	94	95	96	94
27	30	35	27	61	66	68	61	95	96	96	95
28	31	36	28	62	67	69	62	96	97	97	96
29	33	37	29	63	68	70	63	97	98	98	97
30	34	38	30	64	69	71	64	98	98	99	98
31	35	39	31	65	70	71	65	99	99	99	99
32	36	40	32	66	71	72	66	100	100	100	100
33	37	41	33	67	72	73	67				

化　　　学　　2021 年度　第 1 日程　　（100 点満点）

（解答・配点）

問題番号（配点）	設問（配点）		解答番号	正解	自己採点欄	問題番号（配点）	設問（配点）		解答番号	正解	自己採点欄
第1問（20）	1	（4）	1	①		**第4問**（20）	1	（4）	18	①	
	2	（4）	2	⑤			2	（3）	19	③	
	3	（4）	3	②			3	a（3）	20	③	
	4	a（4）*	4	④				b（3）	21	②	
			5	②			4	（3）	22	①	
		b（4）	6	①			5	（4）	23	②	
小　　計						**小　　計**					
第2問（20）	1	（4）	7	③		**第5問**（20）	1	a（4）	24	④	
	2	（4）	8	③				b（3）	25	②	
	3	a（4）	9	①				c（3）	26	④	
		b（4）	10	②			2	（3）	27	①	
		c（4）	11	④			3	a（4）	28	④	
小　　計								b（3）	29	①	
第3問（20）	1	（4）	12	③		**小　　計**					
	2	ア（2）	13	③		**合　　計**					
		イ（2）	14	④							
	3	a（4）	15	③							
		b（4）	16	①							
		c（4）	17	④							
小　　計											

（注）　＊は，両方正解の場合のみ点を与える。

— 化 93 —

解　説

第1問

問1 ☐1 正解 ①

ア　典型元素1族，2族，13族の原子は，それぞれ1価，2価，3価の陽イオンになりやすい。これらのイオンはいずれも安定な貴(希)ガス電子配置をもつ。

1族　③　K ⟶ K⁺ + e⁻（K⁺はAr型）
2族　①　Mg ⟶ Mg²⁺ + 2e⁻（Mg²⁺はNe型）
　　　④　Ba ⟶ Ba²⁺ + 2e⁻（Ba²⁺はXe型）
13族　②　Al ⟶ Al³⁺ + 3e⁻（Al³⁺はNe型）

イ　①，②，③の硫酸塩 $MgSO_4$，$Al_2(SO_4)_3$，K_2SO_4 は水に溶けやすいが，④の硫酸塩 $BaSO_4$ は水に極めて難溶である。

（注）アルカリ土類金属（2族のうち，BeとMgを除く）とPbの硫酸塩は，水に難溶である。

よって，ア・イの両方に当てはまる金属元素は，①である。

問2 ☐2 正解 ⑤

体心立方格子の単位格子に含まれる原子の数は，

$$\underbrace{\frac{1}{8} \times 8}_{頂点} + \underbrace{1}_{内部} = 2（個）$$

であるから，単位格子の質量は，

$$\frac{M [g/mol]}{N_A [/mol]} \times 2 = \frac{2M}{N_A} [g]$$

よって，単位格子の密度（結晶の密度）は，

$$d [g/cm^3] = \frac{\frac{2M}{N_A} [g]}{L^3 [cm^3]} = \frac{2M}{N_A L^3} [g/cm^3]$$

これを変形すると

$$N_A = \frac{2M}{L^3 d} [/mol]$$

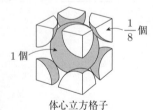

体心立方格子

問3 ☐3 正解 ②

Ⅰ（正）　2種類の物質が互いに溶け合うかどうかは，分子の極性の大小によって決まることが多い。一般的には，水のような極性の大きな溶媒は極性分子やイオン結晶をよく溶かす。一方，ベンゼンのような無極性溶媒は無極性分子をよく溶かす。ヘキサンが水にほとんど溶けないのは，水分子の極性が大きいのに対して，ヘキサン分子の極性が小さいためである。

Ⅱ（正）　ナフタレンは無極性分子であるから，極性の小さいヘキサンによく溶ける。この溶液では，ナフタレン分子とヘキサン分子の間に分子間力がはたらいている。

Ⅲ（誤）　液体では，分子間にはたらく分子間力が小さいほど，分子どうしが離れやすく，蒸気圧が高くなる。このため，その沸点は低くなる。

問4 a ☐4 正解 ④　　☐5 正解 ②
　　　 b ☐6 正解 ①

a　90℃，1.0×10^5 Pa の気体エタノールの体積を，90℃のままで5倍にすると，ボイルの法則（$PV = k$ 一定）より，その圧力は次のようになる。

$$1.0 \times 10^5 \text{ Pa} \times \frac{1}{5} = 2.0 \times 10^4 \text{ Pa}$$

この状態（90℃，2.0×10^4 Pa）から圧力を一定に保ったまま温度を下げていくと，図1からわかるように42℃で蒸気圧曲線とぶつかる（圧力＝蒸気圧）。よって，この温度で凝縮が始まる。なお，さらに温度を下げると，圧力＞蒸気圧となるので，直ちにピストンが下がり，すべて液体になる。

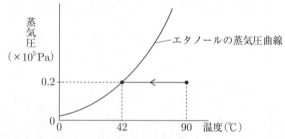

b　0.024 mol のエタノールが，温度 t ℃，容積 1.0 L の容器内で，すべて気体として存在すると仮定すると，理想気体の状態方程式（$PV = nRT$）より，その圧力 P [Pa] について次式が成り立つ。

$$P = \frac{nRT}{V} = \frac{0.024 \times 8.3 \times 10^3 \times (t+273)}{1.0}$$

$$\fallingdotseq 199(t+273)$$

この式は，P [Pa] が t ℃ に対して直線的に変化することを表している。

$t = 0$ のとき $P = 0.543 \times 10^5$，$t = 100$ のとき $P = 0.742 \times 10^5$ となるので，この式は，図2ではFGを結ぶ直線で表される。実際には，気体の圧力は液体の蒸気圧の値を超えることができないので，図2のFC間の温度範囲では，蒸気圧曲線（実線）上の点ABCを通り変化する。以上より容器内の気体のエタノールの温度と圧力は，A → B → C → G の経路を通って変化する。

第2問

問1 ┃ 7 ┃ 正解 ③

①(正) 塩素 Cl_2 と水素 H_2 の混合気体に強い光(紫外線)を照射すると，常温で次の反応が爆発的に進行して，塩化水素 HCl が生成する。

$$H_2 + Cl_2 \xrightarrow{光} 2HCl$$

(注) フッ素 F_2 と水素 H_2 は，冷暗所でも爆発的に反応し，フッ化水素 HF を生成する。

$$H_2 + F_2 \longrightarrow 2HF$$

②(正) 地上 20 ～ 30 km には，オゾンを多く含む希薄な大気の層(オゾン層)がある。この層は，太陽光線中の紫外線の一部を吸収する。これにより地上の生物は有害な紫外線から守られている。

③(誤) 植物は，光エネルギーを吸収して(吸熱反応)，CO_2 と H_2O からグルコースなどの糖類を合成し，O_2 を発生させる(光合成)。この反応は糖類の完全燃焼(発熱反応)とは，反応物と生成物が逆になっている。

光合成
[例] $6CO_2$(気) + $6H_2O$(液)
    = $C_6H_{12}O_6$(固) + $6O_2$(気) − 2807 kJ

④(正) 酸化チタン(Ⅳ) TiO_2 は，光(紫外線)を照射すると，汚れや臭いのもとである有機物などを酸化・分解する触媒として作用する。このように，光の照射により，自身は変化することなく，化学反応を促進する物質を光触媒という。TiO_2 は空気清浄機や脱臭フィルターなどに利用されている。

問2 ┃ 8 ┃ 正解 ③

正極 $O_2 + 2H_2O + 4e^- \longrightarrow 4OH^-$ ……(1)
負極 $Zn + 2OH^- \longrightarrow ZnO + H_2O + 2e^-$ ……(2)

(1)式 + (2)式×2 より e^- を消去すると，放電時における空気亜鉛電池の全体の変化を表す次式が得られる。

$$2Zn + O_2 \longrightarrow 2ZnO \quad ……(3)$$

このとき流れた e^- の物質量は，一定電流を x [mA] とおくと，

$$\frac{x \times 10^{-3}[C/s] \times 7720\,s}{9.65 \times 10^4\,C/mol} = 8.00 \times 10^{-5}\,x\,[mol]$$

(3)式からわかるように，電池の質量増加(16.0 mg)は，Zn と化合した O_2 の質量に相当するので，(1)式より，反応した O_2(分子量 32.0)と流れた e^- の物質量関係について，次式が成り立つ。

$$\frac{16.0 \times 10^{-3}\,g}{32.0\,g/mol} \times 4 = 8.00 \times 10^{-5}\,x\,[mol]$$

∴ $x = 25.0$ mA

問3 a ┃ 9 ┃ 正解 ①   b ┃ 10 ┃ 正解 ②
     c ┃ 11 ┃ 正解 ④

a 水の状態図が与えられていないので，次図のように三重点付近の状態図を簡単に描いてから考えると，まちがえにくい。水の三重点(M 点とする)よりも低温かつ低圧に保たれている氷(固)の状態を X 点とする。

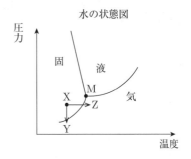

水の状態図

図より，X 点の氷(固)を直接水蒸気に変化(昇華)させるには，ア 温度を保ったまま減圧する(X→Y)方法と，ウ 圧力を保ったまま加熱する(X→Z)方法があることがわかる。

b 問題文にあるように，氷の結晶中では水素結合 1 本に水分子 2 個が関与しているので，水分子 1 mol の結晶中には水素結合が $\frac{1}{2}$ mol × 4 = 2 mol 含まれる。0℃における氷の昇華熱 Q [kJ/mol] は，水分子 1 mol の結晶中のすべての水素結合(2 mol 分)を切るためのエネルギーと等しい。よって，0℃において水分子間の水素結合 1 mol を切るために必要なエネルギーは，$\frac{1}{2}Q$ [kJ/mol] である。

c 図 2 を参考にして，0℃の H_2O(固) 1 mol から H_2O(液)を経由して 0℃の H_2O(気) 1 mol に至るまでの各段階のエネルギー変化を調べると，以下のようになる。

0℃ H_2O(固) → 0℃ H_2O(液)   6 kJ/mol (吸熱)
0℃ H_2O(液) → 25℃ H_2O(液)
  0.080 kJ/(K·mol) × (25 − 0)K = 2 kJ/mol (吸熱)
25℃ H_2O(液) → 25℃ H_2O(気)   44 kJ/mol (吸熱)
25℃ H_2O(気) → 0℃ H_2O(気)
  0.040 kJ/(K·mol) × (25 − 0)K = 1 kJ/mol (発熱)

(注) 図 2 のエネルギー変化において，上方への変化は吸熱，下方への変化は発熱である。

以上より，0℃の H_2O(固) から 0℃の H_2O(気) に直接変化するときのエネルギー変化(昇華熱 Q)は，

(6 + 2 + 44 − 1) kJ/mol = <u>51</u> kJ/mol (吸熱)

第3問

問1 ┃ 12 ┃ 正解 ③

①(正) 塩化ナトリウム NaCl の融点に比べて，鉄

Fe や黒鉛 C の融点はずっと高いので，NaCl が溶融する温度でも電極が溶融することはない。また，陽極では塩素 Cl_2 が発生するが，Cl_2 は金属を腐食するので，陽極では金属よりも黒鉛を用いる方がよい。

[参考]

	Na	NaCl	Fe
融点(℃)	98	801	1535

②(正)　陰極と陽極では，それぞれ次の反応が起こる。

陰極：$Na^+ + e^- \longrightarrow Na$ ……(1)

陽極：$2Cl^- \longrightarrow Cl_2 + 2e^-$ ……(2)

③(誤)　上で示した式(1)と式(2)から e^- を消去すると，次式が得られる。

$$2Na^+ + 2Cl^- \longrightarrow 2Na + Cl_2$$

よって，Na の単体が 1 mol 生成するとき，気体の Cl_2 が $\frac{1}{2}$ mol 発生する。

④(正)　NaCl 水溶液を電気分解すると，陰極では Na^+ よりも H_2O の方が還元されやすいので，Na^+ は変化せずに H_2O が還元されて H_2 が発生する。

陰極：$2H_2O + 2e^- \longrightarrow H_2 + 2OH^-$

陽極：$2Cl^- \longrightarrow Cl_2 + 2e^-$

問2　ア　13　正解　③　イ　14　正解　④

Ⅰ　単体が希硫酸に溶けるのは，H_2 よりイオン化傾向が大きい Sn と Zn である。

$$Sn + 2H^+ \longrightarrow Sn^{2+} + H_2$$

$$Zn + 2H^+ \longrightarrow Zn^{2+} + H_2$$

Ag は H_2 よりイオン化傾向が小さいので，希硫酸に溶けにくい。Pb は H_2 よりイオン化傾向が大きいが，$PbSO_4$ が水に難溶であるため反応が進行しにくく，希硫酸に溶けにくい。よって，アとイは(Sn，Zn)であり，ウとエは(Ag，Pb)である。

Ⅱ　2 価の塩化物($PbCl_2$，$SnCl_2$，$ZnCl_2$)のうち，$SnCl_2$ と $ZnCl_2$ は冷水に溶ける。一方，$PbCl_2$ は冷水にはほとんど溶けないが，熱水には溶ける。よって，ウは Pb であり，Ⅰよりエは Ag と決まる。

Ⅲ　同族元素アとウは，14 族の(Sn，Pb)である。(Ag は 11 族，Zn は 12 族)よって，Ⅰ，Ⅱよりアは Sn，イは Zn と決まる。

問3　a　15　正解　③　b　16　正解　①
　　　c　17　正解　④

a　実験Ⅱで得られたろ液には，Fe^{2+} と Fe^{3+} が含まれていると考えられる。

①　H_2S 水溶液を加えると，pH により Fe^{2+} と Fe^{3+} のいずれからも硫化物 FeS の黒色沈殿が生じる。

②　サリチル酸水溶液を加えると，Fe^{2+} は反応しないが，Fe^{3+} は反応して水溶液を赤紫色に呈色させる(サリチル酸がもつフェノール性 −OH との反応)。

③　$K_3[Fe(CN)_6]$ 水溶液を加えると，Fe^{2+} が反応して濃青色の沈殿を生じる。(このとき Fe^{3+} も反応して，溶液を褐色にする。)

④　KSCN 水溶液を加えると，Fe^{2+} は反応しないが，Fe^{3+} は反応して溶液を血赤色に呈色させる。

以上より，実験Ⅱで得られたろ液に Fe^{2+} が含まれていることを確かめる操作としては，③ が最も適当である。

b　問題文に示された式(1)より，1.0 mol の $[Fe(C_2O_4)_3]^{3-}$ が完全に反応すると，1.0 mol の CO_2 が生成することがわかる。

$$2[Fe(C_2O_4)_3]^{3-} \xrightarrow{\text{光}} 2[Fe(C_2O_4)_2]^{2-} + C_2O_4^{2-} + 2CO_2 \quad \cdots\cdots(1)$$

$C_2O_4^{2-}$ が酸化されて CO_2 になる変化は，次の式(2)で表される。

$$C_2O_4^{2-} \longrightarrow 2CO_2 + 2e^- \quad \cdots\cdots(2)$$

よって，式(2)より，酸化されて 1.0 mol の CO_2 になる $C_2O_4^{2-}$ の物質量は，

$$1.0 \text{ mol} \times \frac{1}{2} = \underline{0.50 \text{ mol}}$$

[参考]　このとき，$[Fe(C_2O_4)_3]^{3-}$ 中の Fe^{3+} は還元されて Fe^{2+} になり($Fe^{3+} + e^- \longrightarrow Fe^{2+}$)，$[Fe(C_2O_4)_2]^{2-}$ が生成する。

$$[Fe(C_2O_4)_3]^{3-} + e^- \longrightarrow [Fe(C_2O_4)_2]^{2-} + C_2O_4^{2-} \quad \cdots\cdots(3)$$

式(2)，(3)から e^- を消去すると，式(1)が得られる。

c　実験Ⅰにおいて，溶液中の $[Fe(C_2O_4)_3]^{3-}$ 0.0109 mol のうち $2x$ mol が $[Fe(C_2O_4)_2]^{2-}$ に変化したとすると，各成分の量関係は式(1)より以下のように表される。

実験Ⅱにおいて，錯イオン中の $C_2O_4^{2-}$ を完全に解離させたとき，溶液中に含まれるすべての $C_2O_4^{2-}$ の物質

	$2[Fe(C_2O_4)_3]^{3-}$ $\xrightarrow{\text{光}}$	$2[Fe(C_2O_4)_2]^{2-}$	$+ C_2O_4^{2-}$	$+ 2CO_2$ ……(1)
初め	0.0109	0	0	0
変化分	$-2x$	$+2x$	x	$2x$
変化後	$\underline{0.0109 - 2x}$	$\underline{2x}$	$\underline{x}$	$2x$　(単位 mol)

— 化96 —

量は，次式で表される。

$$(0.0109 - 2x) \times 3 + 2x \times 2 + x$$
$$= 0.0327 - x \,(\text{mol})$$

この $C_2O_4^{2-}$ $0.0327 - x\,(\text{mol})$ を す べ て $CaC_2O_4 \cdot H_2O$ （式量 146）として沈殿させたところ，4.38 g の沈殿が得られたので，次式が成り立つ。

$$\frac{4.38\,\text{g}}{146\,\text{g/mol}} = 0.0327 - x\,(\text{mol})$$

$\therefore \quad x = 0.00270\,\text{mol}$

よって，求める $[\text{Fe}(C_2O_4)_3]^{3-}$ の変化率（%）は，

$$\frac{2x}{0.0109} \times 100 = \frac{2 \times 0.00270}{0.0109} \times 100 = 49.5$$
$$\fallingdotseq \underline{50}\,(\%)$$

第4問

問1 18 **正解** ①

①（誤）　ナフタレンに，高温で V_2O_5 を触媒として O_2 を反応させると（酸化），無水フタル酸が生成する。なお，o-キシレンからも同様の操作で無水フタル酸が生成する。

②（正）　ベンゼンに，鉄粉または $FeCl_3$ を触媒として Cl_2 を反応させると（置換），クロロベンゼンが生成する。

（鉄粉を加えた場合，Fe が Cl_2 と反応して $FeCl_3$ となり，これが触媒としてはたらく。）

③（正）　ベンゼンに，高温で濃硫酸を反応させると（置換），ベンゼンスルホン酸が生成する。

④（正）　ベンゼン C_6H_6 に，高温・高圧で Ni を触媒として水素を反応させると（付加），シクロヘキサン C_6H_{12} が生成する。

問2 19 **正解** ③

①（正）　けん化価は，油脂 1 g を完全にけん化するのに必要な KOH（式量 56）の質量を mg 単位で表した数値で，油脂の平均分子量を M とすると，次式で表される。

$$\text{けん化価} = \frac{1\,\text{g}}{M\,[\text{g/mol}]} \times 3 \times 56 \times 10^3\,\text{mg/mol}$$

この式から明らかなように，けん化価が大きいほどその油脂の平均分子量は小さい。
（注）

②（正）　ヨウ素価は，油脂 100 g に付加するヨウ素 I_2（分子量 254）の質量を g 単位で表した数値で，油脂の不飽和度（油脂 1 分子中に含まれる C=C 結合の数）を n，油脂の平均分子量を M とすると，次式で表される。

$$\text{ヨウ素価} = \frac{100\,\text{g}}{M\,[\text{g/mol}]} \times n \times 254\,\text{g/mol}$$

この式から明らかなように，M の値が同程度のとき，ヨウ素価が大きいほど，その油脂の不飽和度は大きい。乾性油はヨウ素価が大きく，空気中で放置すると，酸化されて固化しやすい性質をもつ。

③（誤）　マーガリンの主成分である硬化油は，植物油のような液体の油脂（脂肪油）に水素 H_2 を部分的に付加させてつくられる。これにより，油脂の融点を上げ，常温で固体にすることができる。

④（正）　油脂は，①で示したように高級脂肪酸とグリセリン（1, 2, 3-プロパントリオール）のエステル（トリグリセリド）である。

問3 a 20 **正解** ③ b 21 **正解** ②

a　適当な酸化剤を作用させると，第一級アルコール（ア）からはアルデヒドが，第二級アルコール（イ，ウ，エ）からはケトンがそれぞれ生成する。

（第三級アルコール $R-\overset{R'}{\underset{OH}{\overset{|}{C}}}-R''$ は酸化されにくい。）

よって，ア〜エのうち，ケトンが生成するものは，イ，ウ，エの$\underline{3}$つである。

b　ア〜エに適切な酸触媒（濃硫酸など）を加えて加熱

— 化97 —

すると、分子内脱水が起こり、それぞれ以下のようなアルケンが生成する。

ア　CH₃-CH(CH₃)-CH₂-CH₂-OH →(-H₂O) CH₃-CH(CH₃)-CH=CH₂

イ　CH₃-CH₂-CH(OH)-CH-CH₃
→(-H₂O)
　　CH₃-CH₂-CH₂-CH=CH₂
　　CH₃-CH₂\C=C/H\H　CH₃（シス形）
　　CH₃-CH₂\C=C/CH₃\H　H（トランス形）

ウ　CH₃-CH₂-CH(OH)-CH₂-CH₃
→(-H₂O)
　　CH₃-CH₂-CH₂-CH=CH₂ ではなく、
　　CH₃-CH₂\C=C/H\H　CH₃（シス形）
　　CH₃-CH₂\C=C/CH₃\H　H（トランス形）

エ　(CH₃)₃C-CH₂(OH) 型構造
→(-H₂O)
　　CH₂=CH-CH(CH₃)-CH₃
　　CH₃-CH=C(CH₃)-CH₃

よって、生成するアルケンの異性体の数が最も多いアルコールは**イ**である。

問4　22　正解　①

①（誤） ナイロン6は、(ε-)カプロラクタムを開環重合して得られる合成高分子化合物で、繰り返し単位あたりアミド結合 -NHCO- を一つもつ。

n [CH₂-NH-CO-CH₂ / CH₂-CH₂-CH₂] →(少量H₂O, 加熱) [-N(H)-(CH₂)₅-C(=O)-]ₙ
(ε-)カプロラクタム　　　　ナイロン6

②（正） ポリ酢酸ビニルを加水分解（けん化）すると、ポリビニルアルコールが生じる。

[-CH₂-CH(O-CO-CH₃)-]ₙ + nNaOH
ポリ酢酸ビニル

→ [-CH₂-CH(OH)-]ₙ + nCH₃COONa
ポリビニルアルコール

③（正） 尿素樹脂は、尿素とホルムアルデヒドを付加縮合させて得られる熱硬化性樹脂である。

（注）付加縮合させて得られるその他の熱硬化性樹脂

フェノール →(ホルムアルデヒド)→ フェノール樹脂

メラミン →(ホルムアルデヒド)→ メラミン樹脂

④（正） 生ゴム（シス形ポリイソプレン）に数%の硫黄を加えて加熱すると、架橋構造が生じて弾性が向上する。このような操作を加硫という。

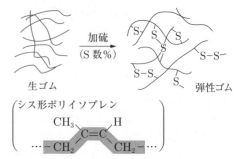

生ゴム →(加硫, S 数%)→ 弾性ゴム

（シス形ポリイソプレン
　　CH₃　　　H
　　　\C=C/
…-CH₂　　　CH₂-…　）

⑤（正） ポリエチレンテレフタラート（PET）は、ポリエステル系合成繊維としても、飲料容器（PETボトル）などの合成樹脂としても用いられる。

繊維としては、乾きやすくてしわになりにくく、樹脂としては比較的強度がある。

問5　23　正解　②

アミノ酸B（分子量89）を H₂N-CH(R)-COOH で表すと、ポリペプチド鎖Aは次式で表すことができる。

H-[N(H)-CH(R)-C(=O)-]ₙ-OH
ポリペプチド鎖A

Aの分子量は、2.56×10^4 であるから、次式が成り立つ。

$$\underbrace{(89 - 18)}_{\text{繰り返し単位}} \times n + 18 = 2.56 \times 10^4$$

∴ $n \fallingdotseq 360$

らせんのひと巻きはアミノ酸の単位3.6個分であるから、巻き数の合計は、

$$\frac{360}{3.6} = 100$$

問題文の図1からわかるように、連続するひと巻きとひと巻きの間隔の数は巻き数の合計と同じ数と考えてよいので、求めるAのらせんの全長 L は、

$$L = 0.54 \text{ nm} \times 100 = \underline{54} \text{ nm}$$

第5問

問1 a $\boxed{24}$ 正解 ④　b $\boxed{25}$ 正解 ②
　　 c $\boxed{26}$ 正解 ④

a α-グルコース 0.100 mol のうち x [mol] がβ-グルコースに変化して平衡に達したとすると，それぞれの量関係は次のように表される。（題意により，鎖状構造の分子は，その割合が少ないので無視する。）

$$\alpha\text{-グルコース} \rightleftarrows \beta\text{-グルコース}$$

	α-グルコース	β-グルコース
初め	0.100 mol	0
変化分	$-x$	$+x$
平衡	$0.100 - x$ [mol]	x [mol]

平衡に達したときのα-グルコースの物質量は，**実験Ⅰ**の表1より 0.032 mol なので，

$$0.100 - x = 0.032 \quad \therefore \quad x = 0.068$$

よって，このときのβ-グルコースの物質量は，0.068 mol である。

b β-グルコースの物質量が，平衡に達したときの 50%（$\frac{1}{2}$ 倍）になったとき，存在しているα-グルコースの物質量は，

$$0.100 \text{ mol} - \frac{0.068}{2} \text{ mol} = 0.066 \text{ mol}$$

このときまでに経過した時間は，表1より 0.5 h から 1.5 h の間（0.079 mol から 0.055 mol）にあると考えられる。よって，選択肢より ② と決まる。なお，与えられた方眼紙を使って表1のデータをプロットし，グラフにすると，α-グルコースが 0.066 mol になるときの時間を，より正確に読み取ることができる（次図参照）。

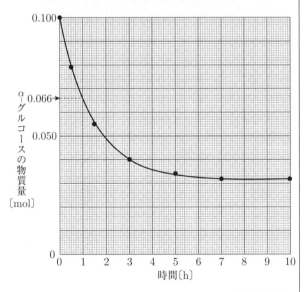

c α-グルコース $\rightleftarrows$ β-グルコースの平衡定数を K とおくと，**a** より 20℃ における K の値を求めることができる。（水溶液の体積を V [L] とする。）

$$K = \frac{[\beta\text{-グルコース}]}{[\alpha\text{-グルコース}]} = \frac{\dfrac{0.068}{V}\text{[mol/L]}}{\dfrac{0.032}{V}\text{[mol/L]}} = \frac{17}{8}$$

実験Ⅱで，さらにβ-グルコースを 0.100 mol 加えて新たな平衡（20℃）に達したとき，β-グルコースの物質量が y [mol] になったとする。この反応では，α，β両グルコースの物質量の総和は時間変化によらず常に一定（0.100 mol + 0.100 mol = 0.200 mol）であるから，次式が成り立つ。

$$K = \frac{\dfrac{y}{V}}{\dfrac{0.200 - y}{V}} = \frac{y}{0.200 - y} = \frac{17}{8}$$

$$\therefore \quad y = 0.136 \text{ mol}$$

問2 $\boxed{27}$ 正解 ①

問1の問題文にも説明されているように，水溶液中のα-グルコースとβ-グルコースは鎖状構造の分子（ホルミル基をもち，還元性を示す）を経由して相互に変換している（次図参照）。

α，β両グルコースが鎖状構造に変化できるのは，1位の炭素に −OH 基が結合しているからである（ヘミアセタール構造）。問2の図1を見ると，化合物 X のα型とβ型は，1位の炭素に結合していた −OH 基がメチル化されて −O−CH₃（アセタール構造）になっている。このため両型とも水溶液中で鎖状構造に変化できず，相互に変換することはない。また，これらの水溶液は還元性を示さない。したがって，α型の **X** 0.1 mol を，水に溶かして 20℃ に保つとき，α型の **X** は変化せず，時間が経過しても物質量は 0.1 mol のままである。よって，図 ① のようになる。

問3 a $\boxed{28}$ 正解 ④　b $\boxed{29}$ 正解 ①

a グルコース $C_6H_{12}O_6$ に，ある酸化剤を作用させると，有機化合物 Y，Z に分解する。Y，Z は，いずれも炭素 C 原子数1で水素 H 原子，酸素 O 原子を含む。

$$\text{グルコース } C_6H_{12}O_6 \xrightarrow{\text{酸化剤}} Y, Z$$

Yは還元性があり，銀鏡反応を示すので，ホルミル基
−CHO をもつと考えられるが，C 原子数は 1 なので，
ホルムアルデヒド HCHO と決まる。

また，Y が還元剤としてはたらくと（Y が酸化される
と）Z になるので，Z はギ酸 HCOOH と決まる。

$$HCHO \xrightarrow{\quad (O) \quad} HCOOH$$
$$Y \phantom{\xrightarrow{\quad (O) \quad}} Z$$

b 分解したグルコース $C_6H_{12}O_6$ を n〔mol〕とする
と，2.0 mol の Y（HCHO）と 10.0 mol の Z（HCOOH）
が生成したので，C 原子数について次式が成り立つ。

$$\text{グルコース } C_6H_{12}O_6 \longrightarrow Y\,(HCHO),\quad Z\,(HCOOH)$$
$$\phantom{\text{グルコース } C_6H_{12}O_6 \longrightarrow} n\,\text{mol} 2.0\,\text{mol} 10.0\,\text{mol}$$

C 原子　n〔mol〕$\times 6 = 2.0\,\text{mol} \times 1 + 10.0\,\text{mol} \times 1$

$\qquad \therefore \quad n = \underline{2.0}\,\text{mol}$

— 化 100 —

① 20230706